工程科学近似方法

高世桥 金 磊 著

科 学 出 版 社

北 京

内 容 简 介

本书从经典的伽辽金方法和瑞利-里茨方法的加权平均近似思想入手，在介绍变分法及其与微分方程关系的基础上，论述了试探函数、基函数和形函数的重要作用，以及分片积分方法的重要性，进而引导出了有限元法的思想，并阐述了有限元法的实质。在此基础上，介绍了广义变分原理与有限元法的关系。针对大型多维系统分析和计算过程中存在的计算量大的问题，介绍了模态方法的思想和作用、半解析半有限元法的应用，以及静力和动力子结构的方法及实施途径。针对非线性问题，介绍了迭代方法、切线或割线线性化方法以及非线性随机问题的统计线性化法的作用及实施过程，介绍了摄动方法的使用技巧和实施途径。此外，对于微分方程的直接近似求解，还介绍了有限差分法的思想和使用过程。

本书可供高等院校和科研院所的力学、机械工程、机电工程、土木工程、应用数学和应用物理等相关专业的研究生、教师和科研人员使用，也可作为航空航天、仪器仪表、电子工程等其他应用学科专业技术人员的参考用书。

图书在版编目(CIP)数据

工程科学近似方法/高世桥，金磊著. —北京：科学出版社，2023.6

ISBN 978-7-03-074158-5

Ⅰ. ①工…　Ⅱ. ①高…　②金…　Ⅲ. ①近似计算　Ⅳ. ①O242.2

中国版本图书馆CIP数据核字(2022)第234541号

责任编辑：刘翠娜 纪四稳 / 责任校对：王萌萌
责任印制：吴兆东 / 封面设计：无极书装

科学出版社 出版
北京东黄城根北街16号
邮政编码：100717
http://www.sciencep.com
中煤（北京）印务有限公司印刷
科学出版社发行　各地新华书店经销
*
2023年6月第 一 版　开本：720×1000　1/16
2025年5月第三次印刷　印张：14 1/2
字数：280 000

定价：118.00元

（如有印装质量问题，我社负责调换）

前　言

多年来，结合科研工作，作者一直想写一本关于工程问题分析方法的书籍，将工程的问题与科学的方法联系起来，为实际工程问题的解决提供一些参考。许多科学的理论可能早就呈现了，但并不意味着工程问题的解决就一蹴而就。工程的问题是面向实际的问题，它往往都是比较复杂的，无论从问题形态、成分要素组成，或是作用因素等角度看，都会呈现出十分复杂的特点。科学是对规律的认识，它更具有一般性和普适性，无论从对象描述、内在解析，还是外在因素处理等角度，都具有模型化和抽象化的特点。科学的问题相对比较严谨，精确解析的程度较高，而工程问题更多体现为实际和具体，近似计算的层面较强。因此，工程和科学之间往往存在一定的间隔界限。为了有效解决工程中的实际问题，需要将工程和科学联系在一起，用科学的理念和科学的方法解决工程的实际问题，构建起工程与科学的桥梁，消除科学与工程的间隔，抹平解析与近似的界限。本书正是基于这种认知，提出了工程科学近似方法这一理念。

本书从经典的伽辽金和瑞利-里茨近似方法的加权平均思想入手，在介绍变分法及其与微分方程关系的基础上，论述试探函数、基函数和形函数的重要作用，以及分片积分方法的重要性，进而引导出有限元法的思想和方法实质；在此基础上，介绍广义变分原理与有限元法的关系；针对大型多维系统分析和计算过程中存在的计算量大的问题，介绍模态方法的思想和作用、半解析半有限元法的应用，以及静力和动力子结构的方法及实施途径；针对非线性问题，介绍迭代方法、切线或割线线性化法以及非线性随机问题的统计线性化法的作用及使用过程，介绍摄动方法的使用技巧和实施途径；此外，对于微分方程的直接近似求解，还介绍有限差分法的思想和使用过程。

参与本书撰写的除了高世桥和金磊，徐萧博士后、李云彪博士也参与了部分初稿的撰写，孙要强博士、郭胜凯博士、杜学达博士、熊蕾博士、尚杰硕士、徐哲硕士等为资料的收集和整理做了大量的工作，在此一并表示感谢。书稿撰写过程中，参阅了许多相关的资料文献，在此对资料文献的作者也一并表示感谢。

本书的出版得到了科学出版社的大力支持，在此表示衷心的感谢。

限于作者水平，书中疏漏或不足之处在所难免，恳请广大读者提出宝贵意见。

作　者

2023 年 3 月于北京

目　　录

第1章　绪　　论

1.1　工程科学中的近似方法概述

工程中的问题往往都是比较复杂的，无论从结构形态、材料组成，还是载荷特征等方面，都会呈现十分复杂的特点。针对这样的工程问题，一般是很难得到解析解的。特别是工程中的非线性问题，更是难以得到解析的解答。为此，学者提出了许多近似求解的方法，如伽辽金方法、瑞利-里茨方法、摄动渐近解法等。近似方法的近代体现，主要集中在有限元、有限差分等数值方法方面。然而，有限元法(或有限差分法)并不是近似方法的终极形式。换言之，有限元等数值计算方法仅是源于近似方法的某种特定形式，并不能代替或涵盖全部的近似方法。例如，僵化的有限元法会带来维数过多的问题，对于一个复杂的工程问题，为了求解精度，有时要划分为很多的单元数和节点数，数量巨大，计算耗时长，数据存储容量也十分庞大，以至于一般的小型计算机无法完成计算。这里就存在一个再近似的问题。因此，不能说有了有限元等数值计算方法就无须再利用经典的近似方法。

数值计算方法和解析方法的区别是不言而喻的。数值计算方法往往是针对具体的结构和具体的参数进行的，给出的结果也是针对特定结构、特定参数、特定边界条件的。要想得到某个参数的影响规律，就需要做一系列的计算；要想得到多个参数的影响规律，就需要做更多的计算。例如，对于某个参数的规律研究，要计算 m 个点，则对于 n 个参数就需要进行 $m \times n$ 次计算。当然，也可以采用正交试验方法减少一些计算量。即使这样，要想探究参数的影响规律，用数值计算方法，还是要进行多次计算。与数值计算方法不同，解析方法会给出各参数一目了然的影响规律。因此，无论对于多么复杂的问题，总是首先想尽办法得到解析的规律。通常精确的解析规律难以获得，这时近似的规律就是一种不错的选择。通过试探函数等手段所得的近似规律更有助于认识问题的本质。从这个意义上讲，单纯的数值计算代替不了近似的解析分析。

经典的近似方法有很多，如伽辽金方法、瑞利-里茨方法、加权余量法、牛顿迭代法、差分法等，近代的近似方法也有不少，如摄动渐近解法、模态综合法、等效线性化法、有限元法、有限差分法等。

伽辽金方法是由苏联工程师、数学家伽辽金提出的，是直接针对微分方程求解问题提出的加权平均的一种近似方法，其用试探函数代替真解，并使论域内的加权平均满足微分方程，且加权函数与试探函数中的已知子函数相同。即将微分方程的求解问题转化成线性代数方程组的求解问题，从而达到求解微分方程的目的。

瑞利-里茨方法是由英国物理学家瑞利和瑞士物理学家里茨先后提出的一种求解泛函驻值问题的近似方法。也是通过选择一个试探函数来逼近问题的精确解(真解)。并将泛函驻值的求解问题转化成函数极值的求解问题，最终转化成代数方程组的求解问题。

加权余量法是比伽辽金方法更加广义的一种方法。它也是直接针对微分方程的近似求解问题,同样是借助试探函数,通过使近似解与精确解(真实解)的差(称为余量)的加权平均为零，进行近似求解。这里的权函数可以是与试探函数中已知子函数不同的函数。

牛顿迭代法是针对非线性方程求解问题提出的一种近似方法，是在设定某个初始值后，采用切线的近似解逐步逼近非线性曲线精确解的一种方法。类似地，也有学者提出用割线的近似解逐步逼近曲线精确解的方法。

差分法主要是针对微分方程，用差分代替微分，将微分方程转化成递推的代数方程。差分法中包括向前差分、向后差分和中心差分等不同的差分格式。它们的计算精度依赖于差分步长，步长越大，计算速度越快，但精度越低；步长越小，计算速度越慢，但能保证要求的精度。当然，步长也不是越小越好，步长太小还会引起较大的累积误差。

除了上述经典近似方法,针对非线性问题(包括强非线性问题和弱非线性问题)，近些年还提出了摄动渐近解和等效线性化等方法。摄动渐近解法又称小参数方法，其中包括正则摄动和奇异摄动两种类型。正则摄动可以有效处理弱非线性的问题，奇异摄动除了可以处理弱非线性问题，还可以处理一些强非线性问题。等效线性化法(又称统计线性化法或随机线性化法)主要是针对随机非线性振动问题提出的一种方法，其核心思想是用一种等效的线性项代替非线性项，等效的原则是使二者的统计平均值相同。

随着计算机技术的发展，计算速度越来越快，在经典的伽辽金方法和瑞利-里茨方法的基础上，发展出了有限元法，并成为近代使用最广泛的方法。与此同时，经典的有限差分法也被广泛地使用和发展。对于实际的复杂工程问题，为了达到所要求的计算精度，往往要将单元数划分得很多，有时其数量巨大，这就给计算机计算的速度和存储空间带来了严重挑战。为了有效解决这样的问题，在有限元数值计算过程中，还会再进行一定的近似和处理，因此又衍生出模态分析方法、模态综合法、子结构法(包括静力子结构法和动力子结构法)等一些近似方法。

模态分析方法是一种将问题的物理坐标转换成模态坐标的方法。而模态坐标具有鲜明的模态特征。模态特征，一方面表现为不同阶的固有频率特征，另一方面表现为对应的不同振型特征，此外，各振型还表现出明显的正交特征。对于一定频率载荷的激励，只有靠近该激励频率的振型才能被激发出来，而远离该激励频率的振型的响应十分微弱，在工程的意义上可以忽略。因此，将问题的物理坐标转换成模态坐标后，可以舍掉不被激励的模态，从而大大降低问题的维数，简化计算。

子结构法是有限元计算中的一种技巧。它针对具体的工程问题，将含有多个单元的某个区域看成一个超单元，将该区域内部的节点坐标都凝聚到边界的节点坐标上，从而降低问题的维数，实现工程上的计算。子结构法可以有效地应用到静力问题中，也可以应用到动力问题中。

动力子结构法针对动力问题，通过模态分析手段，将节点(特别是子结构区域内部的节点)的物理坐标转换成模态坐标，通过舍弃一些不被激发的模态，从而降低问题的维数，实现工程问题的近似计算。

所有这些方法都有其对应的理论基础和基本原理：伽辽金方法和加权余量法的原理是加权平均；瑞利-里茨方法的原理是将泛函的极值转化成函数的极值；牛顿迭代法的原理是线性化迭代逼近；摄动渐近解法的原理是通过小参数展开渐近逼近；等效线性化法的原理是统计平均；有限元法的基础则是变分原理；模态分析方法和模态综合法的机理则是共振原理。总之，任何一种方法都有其对应的理论基础，但这些方法都属工程应用上的近似方法。

近似方法在工程问题的分析中十分有效：一方面，绝大部分工程问题都很难找到精确的解析解，只有通过近似计算才能获得所需的解答；另一方面，从解析建模的角度来看，在建立理论模型的过程中，实际上已经做了很多假设，而这些建模过程中的假设实际上也是一种近似。因此，近似方法得到的解并不一定比解析的精确解准确度更低。关键要看近似的程度和对误差的判断。

除了上述方法，在工程应用中还有其他各种各样的近似方法，其目的都是实现有效的计算，特别是实现有效的简化计算。

1.2 工程科学近似方法的基本思想

从已发展起来的各种近似方法可以看出，近似方法的基本思想大都是用平均值来代替精确值。有的是小范围的平均，有的是大范围的平均。小范围的平均可以是线性的平均，也可以是非线性的平均。大范围的平均是基于试探函数(一般是非线性的)的平均。这一思想在具体的近似方法中都有所体现。

有限差分法属于小范围的平均，其用差分代替微分，用差商代替导数，都是在步长的小范围内用平均值代替精确值。这类方法的计算精度直接取决于范围的大小，范围越小，精度越高。在差分法中就是步长越小，精度越高。当然，随之带来的问题是，步长越小，计算量越大。

有些方法为了达到要求的计算精度，还要不断地变化(实际上是缩小)范围。这一过程常表现为迭代过程，如在求解非线性问题的牛顿切线近似方法或割线近似方法中，就采用了使区间范围逐步缩小的迭代过程。因此，这种方法一方面体现出区间范围内的平均，另一方面体现出区间范围不断缩小。

伽辽金方法、瑞利-里茨方法等则是大范围的平均，其核心思想是让近似解在大范围的平均(或加权平均)值与精确解的平均(或加权平均)值相等。大范围平均值的计算形式体现为积分的形式，由于范围大时很难保证近似的精度，因此在大范围内进行平均近似时一定要选定相应的试探函数。试探函数选得好，近似效果就好；选得差，近似效果就差。而在大范围内选择较好的试探函数也是个难题。为此，学者提出了分片积分的思想。通过分片积分，将大范围的积分化成小范围积分再求和的形式。这样一来，范围也被缩小，在小范围内，无论是用线性的关系进行平均，还是选用其他形式的试探函数，其问题都简化了很多。有限元法就是基于这样的理念和思想发展起来的。

除了平均的手段，近似方法中的另一特点是用代数方程的求解代替微分方程的求解。差分法中的差分直接将微分方程转化成代数方程，而其他方法则是通过基函数的线性组合，将未知函数问题转化成未知系数变量问题，进而将微分方程的求解问题或泛函的变分问题转换成代数方程的求解问题或函数的极值问题。

第 2 章　伽辽金方法与加权余量法

伽辽金方法和加权余量法属于同一类方法，都是通过加权平均来求解问题近似解的一种近似分析方法。伽辽金方法更具有代表性和先驱性，而加权余量法相对伽辽金方法更具有广义性和涵盖性。应该说，伽辽金方法是加权余量法中的一种。

2.1　伽辽金方法

伽辽金方法是由苏联数学家伽辽金发明的一种近似分析方法。针对微分方程的求解问题，伽辽金方法通过选取有限多项试探函数，将其叠加，形成具有待定系数的函数组合作为近似解。通过在求解域内及边界上的加权积分(权函数为试探函数本身)满足原方程，便可以得到一组关于待定系数的线性代数方程。而一个多维的线性方程组可以通过线性代数方法求解，从而达到求解微分方程的目的。作为一种试探函数选取形式，伽辽金方法得到的只是在原求解域内的一个近似解，仅仅是加权平均满足原方程，并非在每个点上都满足。

关于试探函数，之后有专门的章节来论述，这里简单明确一下相关的概念。试探函数就是试着找一些满足某种条件(如边界条件等)的函数，在应用中，它不是某一个函数，而是一系列已知函数的组合，这一系列已知函数可称为试探函数子函数，而由这些试探函数子函数组成的函数系列可称为试探函数集。它是构造近似解的基础，若用试探函数作为近似解，则近似解就是这一系列已知试探函数子函数的线性组合，线性组合的系数是未知的待定系数。因此，从试探函数的基本特性上看：首先，试探函数是含有待定系数的函数，试探函数子函数是已知的函数；其次，试探函数集是一个函数系列，同时试探函数是满足某种条件的函数，由它构造的近似解应满足相应的边界条件。

这种方法的核心就是将求解微分方程的问题转化成求解线性方程组的问题，而线性方程组又可以通过线性代数方法进行简化求解，从而可以达到求解微分方程的目的。

伽辽金方法直接针对的是微分方程，加权积分处理的是近似解与精确解的差值，因此通常被认为是加权余量法的一种。加权余量法是一种让近似解与精确解的差值(称为余量或残量)在定义域内的加权平均值为零的近似方法。

考虑定义域为 V 的微分方程(又称控制方程)，其一般表达式为

$$L(u)=f \tag{2-1-1}$$

其中，L 为线性微分算子；u 为未知变量；f 为已知函数。

未知变量 u 的精确解应该在定义域内的每一点都满足上述方程。如果可以找到一个近似解 $\overline{u}$，其必然与精确解之间存在一个误差 $\eta(x)$，可将该误差称为余量(或残差)，从而有

$$\eta(x)=L(\overline{u})-f \tag{2-1-2}$$

如果能找到一个近似解 $\overline{u}$ 在定义域内的每一点都使余量 $\eta(x)=0$，那么这个近似解就是精确解，但事实上找到这样的解很困难。因此，近似解不可能使余量在定义域内的每一点都为零。若做不到这一点，则可以放宽一些条件，让近似解的余量在整个区域中经加权平均后为零，即

$$\int_V \eta(x)w_i(x)\mathrm{d}V=\int_V (L(\overline{u})-f)w_i(x)\mathrm{d}V=0,\quad i=1,2,\cdots,n \tag{2-1-3}$$

其中，$w_i(x)$ 为一系列的加权函数，加权函数选取不同，对应的近似方法也不同。

近似解的选取不是一蹴而就的，通常需要按某种方式构造。最常见的构造方法是先选取一系列的已知函数 $g_j(x)$ 作为试探函数子函数，组成一个试探函数集，然后将其进行线性叠加。线性叠加的系数 C_j 为待定的系数，即

$$\overline{u}=\sum_{j=1}^{n}C_j g_j(x) \tag{2-1-4}$$

对于伽辽金方法，就是将试探函数集中的每个试探函数子函数都选作加权函数，即

$$w_i(x)=g_i(x),\quad i=1,2,\cdots,n \tag{2-1-5}$$

将其代入余量方程中，可得一系列的加权平均方程：

$$\int_V \left\{ \sum_{j=1}^{n} C_j L[g_j(x)] - f \right\} g_i(x) \mathrm{d}V = 0, \quad i = 1,2,\cdots,n \tag{2-1-6}$$

当考虑边界条件为 $B(u)=q$ 时，其余量的加权平均还要包括边界的区域，即

$$\int_V \left\{ \sum_{j=1}^{n} C_j L[g_j(x)] - f \right\} g_i(x) \mathrm{d}V + \int_B \left\{ \sum_{j=1}^{n} C_j B[g_j(x)] - q \right\} g_i(x) \mathrm{d}S = 0, \quad i = 1,2,\cdots,n \tag{2-1-7}$$

在使用伽辽金方法时，最重要的也是最难的就是试探函数的选取。试探函数集可以是一般的函数系列，也可以是基函数系列，但基函数的要求更高一些。基函数一般要求是完备的和线性无关的。完备是指基函数系列是完备的系列，通俗地讲，是指任何函数都可以展开成这些基函数系列的叠加形式。最常见的基函数是三角函数。任何函数都可以展开成傅里叶三角函数叠加求和的形式。线性无关是指某个基函数不能是其他基函数的线性组合。完备性的要求过于苛刻，在应用伽辽金方法时，经常可以放松(或放宽)这一条件。但线性无关的要求是要遵守的，否则得到的代数方程组的系数行列式就会为零，进而得不到解。

2.2　加权余量法

加权余量法是相对伽辽金方法更广义的一种方法。根据试探函数特性的不同，加权余量法又有三种不同的具体方法，分别是内部法、边界法和混合法。当试探函数满足边界条件时，消除余量的条件为在区域内部的加权积分为零，称为内部法。当试探函数满足控制方程时，消除余量的条件为在区域边界的加权积分为零，称为边界法。当试探函数不满足控制方程和边界条件时，消除余量的条件为在区域整体(既包含内部也包含边界)的加权积分为零，称为混合法。混合法对试探函数的限制最少，比较方便选取，但因涉及区域积分和边界积分，故计算工作量较大。内部法和边界法的计算工作量较小，但选取满足边界条件或控制方程的试探函数并不容易。无论哪种具体的方法，试探函数的选取都十分关键。一般来说，试探函数集应该是由完备的函数集的子集构成的，常用的有幂函数、三角函数、样条函数、贝塞尔函数、切比雪夫函数和勒让德多项式等。加权余量法除试探函数，还有一个重要的函数，就是权函数。按照权函数类型的不同，有五种类型的基本方法，分别是子域

法、配点法、最小二乘法、伽辽金方法和矩法。

1. 子域法

子域法与有限元法有些类似，是将求解区域 V 化成若干个子域 V_i，并使对应的权函数 w_i 的值在子域内取 1，而在子域外取 0，即

$$w_i = \begin{cases} 1, & V_i\text{内} \\ 0, & V_i\text{外} \end{cases} \tag{2-2-1}$$

若每个子域都分别取各自的试探函数，则与有限元法类似。这种方法也可以理解为分区域积分，即将整体区域的积分化成各分区域积分之和的形式。

2. 配点法

与子域法不同，配点法是使余量在指定的 n 个点上为零，这 n 个点称为配点。该方法的权函数可表示为

$$w_i = \delta(P - P_i) \tag{2-2-2}$$

其中，P 和 P_i 为区域内的任一点和配点；δ 为狄拉克函数，并满足：

$$\delta(x - x_i) = \begin{cases} \infty, & x = x_i \\ 0, & x \neq x_i \end{cases} \tag{2-2-3}$$

及

$$\int_a^b \delta(x - x_i)\mathrm{d}x = \begin{cases} 1, & x_i \in [a,b] \\ 0, & x_i \notin [a,b] \end{cases} \tag{2-2-4}$$

配点法只需使余量在配点上为零，因此不需要进行积分运算，方法的实施过程相对简单。

3. 最小二乘法

最小二乘法是使余量在整个求解区域的平方和最小，从而建立相应的余量条件。区域 V 上余量 R 的平方和可以描述为

$$S(C_i) = \int R^2(C_i)\mathrm{d}V \tag{2-2-5}$$

其中，C_i 为未知常数变量。取最小值意味着

$$\frac{\partial S(C_i)}{\partial C_i}=2\int R(C_i)\frac{\partial R}{\partial C_i}\mathrm{d}V=0 \tag{2-2-6}$$

因此其权函数为

$$w_i=\frac{\partial R}{\partial C_i} \tag{2-2-7}$$

4. 伽辽金方法

伽辽金方法就是本章前述的方法，它的特点是取试探函数系列中的每一个子函数作为权函数。试探函数系列也可称为试探函数集，每个试探函数子函数又可称为试探函数集的子集或子函数。当试探函数集的子集具有完备性和正交性时，对于线性问题，采用伽辽金方法可以得到精确的解。将解描述成试探函数各子函数线性叠加的形式为

$$\bar{u}=\sum_{j=1}^{n}C_j g_j(x) \tag{2-2-8}$$

其中，线性叠加系数 C_j 为待定的系数。这时，伽辽金方法的权函数为

$$w_i(x)=g_i(x),\quad i=1,2,\cdots,n \tag{2-2-9}$$

5. 矩法

在矩法中，权函数取完备函数集的基函数，但与试探函数子函数不同，而是独立于试探函数的权函数。例如，取幂函数作为权函数，使对应各次幂的权函数的加权余量积分(求和)为零。由于各次幂相当于不同阶的矩，称其为矩法。当矩法的权函数取试探函数子函数本身时，它就变成伽辽金方法。

对于一维问题，$w_i(x)=x^i$，余量的加权平均等于零的条件为

$$\int Rx^i\mathrm{d}V=0,\quad i=0,1,\cdots,n-1 \tag{2-2-10}$$

对于二维问题，$w_i(x,y)=x^i y^j$，余量的加权平均等于零的条件为

$$\int Rx^i y^j\mathrm{d}V=0,\quad i=0,1,\cdots,n-1;\ j=0,1,\cdots,n-1 \tag{2-2-11}$$

2.3　伽辽金方法的举例

例 2-3-1　一等截面悬臂梁在均布载荷作用下会发生弯曲，求梁的弯曲挠度和自由端的挠度位移。

悬臂梁弯曲的微分方程可写为

$$EI\frac{\mathrm{d}^4 y}{\mathrm{d}x^4}-q=0 \tag{2-3-1}$$

其边界条件为

$$\begin{cases} y=\dfrac{\mathrm{d}y}{\mathrm{d}x}=0, & x=0 \\ \dfrac{\mathrm{d}^2 y}{\mathrm{d}x^2}=\dfrac{\mathrm{d}^3 y}{\mathrm{d}x^3}=0, & x=l \end{cases} \tag{2-3-2}$$

其中，x 为梁长度方向坐标，$x=0$ 处是固定端，$x=l$ 处是自由端；y 为梁弯曲的挠度；E 为杨氏模量；I 为截面惯性矩；q 为载荷密度(单位长度的载荷)；l 为梁的长度。

按照伽辽金方法，近似解可选取一系列的已知函数(试探函数子函数)$g_j(x)$的线性叠加，即

$$\overline{y}=\sum_{j=1}^{n}C_j g_j(x) \tag{2-3-3}$$

这里，当只取一项时，其试探函数子函数为

$$g(x)=x^5+lx^4-14l^2x^3+26l^3x^2 \tag{2-3-4}$$

近似解(试探函数)为

$$\overline{y}=C(x^5+lx^4-14l^2x^3+26l^3x^2) \tag{2-3-5}$$

可以验证，该近似解(或试探函数)满足给定的边界条件。

该近似解与精确解的误差为

$$\eta(x)=EIC(120x+24l)-q \tag{2-3-6}$$

按照伽辽金方法，选择的权函数与试探函数子函数相同，即

$$w(x)=g(x)=x^5+lx^4-14l^2x^3+26l^3x^2 \tag{2-3-7}$$

将误差函数和权函数都代入余量方程中，得

$$\int_0^l \eta(x)w(x)\mathrm{d}x=\int_0^l [EIC(120x+24l)-q](x^5+lx^4-14l^2x^3+26l^3x^2)\mathrm{d}x=0 \tag{2-3-8}$$

由方程可解得

$$C=\frac{0.00901q}{EIl} \tag{2-3-9}$$

从而得到悬臂梁弯曲挠度的近似解为

$$\overline{y}=\frac{0.00901q}{EIl}(x^5+lx^4-14l^2x^3+26l^3x^2) \tag{2-3-10}$$

自由端的挠度位移为

$$\overline{y}_{x=l}=\frac{0.1262ql^4}{EI} \tag{2-3-11}$$

事实上，该问题有精确解，其形式为

$$y=\frac{q}{24EI}(x^4-4lx^3+6l^2x^2) \tag{2-3-12}$$

自由端的挠度的精确位移为

$$y_{x=l}=\frac{ql^4}{8EI}=\frac{0.125ql^4}{EI} \tag{2-3-13}$$

自由端位移近似解与精确解的误差为

$$\varDelta=\overline{y}_{x=l}-y_{x=l}=\frac{0.0012ql^4}{EI} \tag{2-3-14}$$

相对误差为

$$\frac{\overline{y}_{x=l}-y_{x=l}}{y_{x=l}}\times 100\%=0.96\% \tag{2-3-15}$$

在梁中间，即 $x=\frac{l}{2}$ 处，其挠度位移的近似解为

$$\bar{y}_{x=\frac{l}{2}}=\frac{0.0436ql^4}{EI} \tag{2-3-16}$$

精确解为

$$y_{x=\frac{l}{2}}=\frac{0.0443ql^4}{EI} \tag{2-3-17}$$

二者的相对误差为

$$\left|\frac{\bar{y}_{x=\frac{l}{2}}-y_{x=\frac{l}{2}}}{y_{x=\frac{l}{2}}}\right|\times 100\%=1.58\% \tag{2-3-18}$$

可见，不同位置的精确解和近似解的相对误差是不同的。

例 2-3-2　求解下列二阶常微分方程：

$$\begin{cases}\dfrac{\mathrm{d}^2u}{\mathrm{d}x^2}+u+x=0, & 0<x<1\\ u=0, & x=0\\ u=0, & x=1\end{cases} \tag{2-3-19}$$

这里的近似解可以取两项已知函数(试探函数子函数)的线性组合，两项已知试探函数子函数分别为

$$\begin{cases}g_1(x)=x(1-x)\\ g_2(x)=x^2(1-x)\end{cases} \tag{2-3-20}$$

其线性组合作为近似解函数为

$$\bar{u}=C_1x(1-x)+C_2x^2(1-x) \tag{2-3-21}$$

可以验证，该近似解函数满足给定的边界条件。

该近似解与精确解的误差为

$$\eta(x) = x + C_1(-2 + x - x^2) + C_2(2 - 6x + x^2 - x^3) \tag{2-3-22}$$

按照伽辽金方法，选择的权函数分别为对应的试探函数子函数，即

$$\begin{cases} w_1(x) = g_1(x) = x(1-x) \\ w_2(x) = g_2(x) = x^2(1-x) \end{cases} \tag{2-3-23}$$

将误差及对应的权函数分别代入下列余量方程中

$$\int_0^1 \eta(x) w_i(x) \mathrm{d}x = 0, \quad i = 1, 2 \tag{2-3-24}$$

可得

$$\begin{cases} \int_0^1 \eta(x) w_1(x) \mathrm{d}x \\ = \int_0^1 [x + C_1(-2 + x - x^2) + C_2(2 - 6x + x^2 - x^3)] x(1-x) \mathrm{d}x = 0 \\ \int_0^1 \eta(x) w_2(x) \mathrm{d}x \\ = \int_0^1 [x + C_1(-2 + x - x^2) + C_2(2 - 6x + x^2 - x^3)] x^2(1-x) \mathrm{d}x = 0 \end{cases} \tag{2-3-25}$$

由该方程组可解得待定的常系数为

$$\begin{cases} C_1 = 0.1924 \\ C_2 = 0.1707 \end{cases} \tag{2-3-26}$$

进而得其近似解为

$$\bar{u} = x(1-x)(0.1924 + 0.1707x) \tag{2-3-27}$$

在上述两个例子中，例 2-3-1 取的近似解是含一个待定系数的试探函数，例 2-3-2 取的是含两个待定系数的试探函数，即两个试探函数子函数的线性组合。对应的权函数也分别是一个和两个。应该说，试探函数子函数的个数越多，单个的试探函数会越简单，但待定的常数系数会越多，对应方程组的个数也会越多。不过这样的近似解更逼近于精确解。

例 2-3-3　一个有源静电场的两极都接地，两极之间充满电荷。该静电场

的分布是一个边值问题。其基本方程和边界条件可描述为

$$\begin{cases} \dfrac{d^2\varphi}{dx^2} = -1 \\ \varphi(0) = \varphi(1) = 0 \end{cases} \tag{2-3-28}$$

按照伽辽金方法，可选取试探函数子函数为

$$\begin{cases} g_1(x) = x(1-x^2) \\ g_2(x) = x^2(1-x) \end{cases} \tag{2-3-29}$$

通过线性组合可得近似解为

$$\bar{\varphi}(x) = C_1 g_1(x) + C_2 g_2(x) = C_1 x(1-x^2) + C_2 x^2(1-x) \tag{2-3-30}$$

其中，C_1 和 C_2 为待定的常系数。可以验证，该近似解满足边界条件。

该近似解与精确解的误差为

$$\eta(x) = -6C_1 x + 2C_2 - 6C_2 x + 1 \tag{2-3-31}$$

按照伽辽金方法，选取权函数分别为

$$\begin{cases} w_1(x) = g_1(x) = x(1-x^2) \\ w_2(x) = g_2(x) = x^2(1-x) \end{cases} \tag{2-3-32}$$

将权函数分别代入下列余量方程中

$$\int_0^1 \eta(x) w_i(x) dx = 0, \quad i = 1, 2 \tag{2-3-33}$$

可得

$$\begin{cases} \int_0^1 \eta(x) w_1(x) dx = \int_0^1 (-6C_1 x + 2C_2 - 6C_2 x + 1) x(1-x^2) dx = 0 \\ \int_0^1 \eta(x) w_2(x) dx = \int_0^1 (-6C_1 x + 2C_2 - 6C_2 x + 1) x^2(1-x) dx = 0 \end{cases} \tag{2-3-34}$$

由上述方程组可解得待定常系数分别为

$$\begin{cases} C_1 = \dfrac{1}{2} \\ C_2 = -\dfrac{1}{2} \end{cases} \tag{2-3-35}$$

从而可得近似解为

$$\bar{\varphi}(x) = \frac{1}{2}x(1-x) \tag{2-3-36}$$

事实上，该有源静电场分布函数微分方程的精确解通解可通过两次积分得到，即

$$\varphi(x) = -\frac{1}{2}x^2 + ax + b \tag{2-3-37}$$

利用边界条件可确定出 $a = \frac{1}{2}$， $b = 0$ ，进而得到精确解为

$$\varphi(x) = \frac{1}{2}x(1-x) \tag{2-3-38}$$

可以看出，该精确解和近似解是一样的，说明试探函数选择得比较恰当。

第 3 章　瑞利-里茨方法

3.1　瑞利-里茨方法的基本思想

瑞利-里茨方法最开始就是一种求泛函极值问题的近似方法，因此也是基于变分原理的一种近似方法。英国的瑞利(Rayleigh)于 1877 年在《声学理论》一书中首先采用该近似方法，后由瑞士的里茨(Ritz)于 1908 年作为一个有效方法提出，后被命名为瑞利-里茨方法。这一方法在许多力学、物理学、量子化学问题中得到应用，同时也是广泛应用于应用数学和机械工程领域的经典数值方法。

泛函，不同于函数，是从函数域向数值域的一种映射，也可以通俗地理解为函数的“函数”。设 C 为函数集(或称函数空间或函数域)，B 为实数集(或称实数空间或实数域)，如果对于 C 中的任意元素(函数) $y(x)$ ，在 B 中都有一个元素(数值) Π 与之对应，则称 Π 为 $y(x)$ 的泛函，记作 $\Pi[y(x)]$。泛函的自变量是函数，该自变量称为宗量。泛函的形式多种多样，但最常见的形式是积分形式，即

$$\Pi[y(x),y'(x)]=\int_a^b F(x,y,y')\mathrm{d}x \tag{3-1-1}$$

其中，$F(x,y,y')$ 为拉格朗日函数。该泛函形式比较简单，内涵比较明确，因此也称为最简泛函。

极值问题是指在某区域内其值达到最大或最小。对应定义域内不同的函数，泛函会有不同的取值，对于某确定的函数，泛函的值可能达到最大或最小，这就称泛函达到了极值。泛函的极值问题求解包含两个方面的含义，一方面的含义是该极值是多少，另一方面的含义是什么样的函数会使泛函取得极值。在工程实践中人们关注后者更多。如何求泛函极值的问题涉及变分法。在函数求极值时，通常采用函数求导数的方法来实现。无论是函数达到极大值还是极小值，其导数(函数相对于自变量的变化率)都为零。类似地，泛函达到极值时，泛函相对函数的变化率也应该为零。函数在微小范围内的变化称为函数的变分，对应的泛函的微小变化称为泛函的变分。

瑞利-里茨方法是将未知的函数描述成已知函数系列的线性组合的形式，其中线性组合的系数为未知量。这样就把未知的函数转化成未知的变量，进而把函数的泛函转化为变量的函数，进一步则将泛函对函数的变分转化为函数对变量的微分(或导数)。

瑞利-里茨方法通过选择一些试探函数子函数的线性组合作为试探函数(形式上的近似解)来逼近问题的精确解，线性组合中有待定的常数系数，将试探函数代入某个科学问题的泛函中，然后对泛函求驻值，以确定试探函数中的待定系数，从而获得问题的近似解。

泛函达到极值时，泛函相对函数的变化率应该为零。函数在微小范围内的变化称为函数的变分，对应的泛函的微小变化称为泛函的变分。因此，泛函取极值时，其变分应该为零，即

$$\delta\Pi\left[y(x),y'(x)\right]=\delta\int_a^b F(x,y,y')\mathrm{d}x=\int_a^b \bar{F}(x,\delta y,\delta y')\mathrm{d}x=0 \tag{3-1-2}$$

反过来说，泛函变分为零，不一定都对应泛函的极值，有时对应的是泛函的驻值。

按照瑞利-里茨方法的思想，可设待求函数的近似解 $\tilde{y}$ 为 N 个已知试探函数子函数 y_m 的线性组合，即

$$\tilde{y}=\sum_{m=1}^{N}C_m y_m \tag{3-1-3}$$

其中，C_m 为待定系数。

将其代入上述泛函变分为零(即对应泛函驻值)的方程中，把对宗量函数及泛函的变分为零的问题转换为求待定系数的微分(或导数)为零的问题，进而可得 N 个导数为零的代数方程组，即

$$\frac{\partial}{\partial C_m}\Pi\left[\tilde{y}(C_m),\tilde{y}'(C_m)\right]=\frac{\partial}{\partial C_m}\int_a^b F(x,\tilde{y}(C_m),\tilde{y}'(C_m))\mathrm{d}x=0,\quad m=1,2,\cdots,N \tag{3-1-4}$$

3.2　薄板弯曲问题的瑞利-里茨方法求解

下面以薄板的弯曲问题为例，描述用瑞利-里茨方法求解薄板弯曲问题的实施过程。

对于一个结构的弹性静力学问题，其广义势能泛函为

$$\Pi = U - W = \frac{1}{2}\int_V \boldsymbol{\sigma} : \varepsilon \mathrm{d}V - \int_V \boldsymbol{b} \cdot \boldsymbol{u} \mathrm{d}V - \int_S (\boldsymbol{\sigma} \cdot \boldsymbol{u}) \cdot \boldsymbol{n} \mathrm{d}S \tag{3-2-1}$$

其中，V 为结构的体积；S 为体积 V 的外表面积；且

$$U = \frac{1}{2}\int_V \boldsymbol{\sigma} : \varepsilon \mathrm{d}V \tag{3-2-2}$$

为结构的变形势能；而

$$W = \int_V \boldsymbol{b} \cdot \boldsymbol{u} \mathrm{d}V + \int_S (\boldsymbol{\sigma} \cdot \boldsymbol{u}) \cdot \boldsymbol{n} \mathrm{d}S \tag{3-2-3}$$

为外力(体力和面力)所做的功。

按变分法中的最小势能原理，在系统平衡时，该广义势能取极小值，即其变分应该为零：

$$\delta\Pi = \delta U - \delta W = \delta\frac{1}{2}\int_V \boldsymbol{\sigma} : \varepsilon \mathrm{d}V - \delta\int_V \boldsymbol{b} \cdot \boldsymbol{u} \mathrm{d}V - \delta\int_S (\boldsymbol{\sigma} \cdot \boldsymbol{u}) \cdot \boldsymbol{n} \mathrm{d}S = 0 \tag{3-2-4}$$

写成分量的形式为

$$\delta\Pi = \delta\frac{1}{2}\int_V \sigma_{ij}\varepsilon_{ij} \mathrm{d}V - \delta\int_V b_i u_i \mathrm{d}V - \delta\int_S (\sigma_{ij}u_i) n_j \mathrm{d}S = 0 \tag{3-2-5}$$

写成坐标的形式为

$$\begin{aligned}\delta\Pi = &\delta\int_V \frac{1}{2}(\sigma_x\varepsilon_x + \sigma_y\varepsilon_y + \sigma_z\varepsilon_z + \tau_{yz}\gamma_{yz} + \tau_{zx}\gamma_{zx} + \tau_{xy}\gamma_{xy})\mathrm{d}V \\ &- \delta\int_V \boldsymbol{b} \cdot \boldsymbol{u} \mathrm{d}V - \delta\int_S (\boldsymbol{\sigma} \cdot \boldsymbol{u}) \cdot \boldsymbol{n} \mathrm{d}S = 0\end{aligned} \tag{3-2-6}$$

其中，坐标 x、y、z 对应数字符号 $i, j = 1,2,3$，如 $\sigma_x = \sigma_{xx} = \sigma_{11}$、$\tau_{xy} = \tau_{12}$ 等。

对于薄板弯曲问题，厚度 z 方向的变形可忽略，外力 q 仅沿着厚度 z 方向的位移 w 做功，因此其广义势能泛函的极值问题可描述为

$$\delta\Pi = \delta\int_V \frac{1}{2}(\sigma_x\varepsilon_x + \sigma_y\varepsilon_y + \tau_{xy}\gamma_{xy})\mathrm{d}x\mathrm{d}y\mathrm{d}z - \delta\int_S q(x, y) w \mathrm{d}x\mathrm{d}y = 0 \tag{3-2-7}$$

弹性小变形的应变位移关系(即几何方程)可表示为

$$\varepsilon_{ij}=\frac{1}{2}(u_{j,i}+u_{i,j}) \tag{3-2-8}$$

其中，$u_{j,i}$ 和 $u_{i,j}$ 为位移矢量的分量。

当薄板小挠度弯曲时，各应变沿板厚度方向具有线性分布特征，因此其几何关系可改写为

$$\varepsilon_x=\frac{\partial u}{\partial x}=-\frac{\partial^2 w}{\partial x^2}z \tag{3-2-9}$$

$$\varepsilon_y=\frac{\partial v}{\partial y}=-\frac{\partial^2 w}{\partial y^2}z \tag{3-2-10}$$

$$\gamma_{xy}=2\varepsilon_{xy}=\frac{\partial u}{\partial y}+\frac{\partial v}{\partial x}=-2\frac{\partial^2 w}{\partial x\partial y}z \tag{3-2-11}$$

其中，z 为以中性面为零点的厚度方向的坐标。坐标表示的应变分量与数字符号表示的应变分量的对应关系同上述应力分量的对应关系。

结构弹性变形时的应力应变关系（即物理方程），可由广义胡克定律表示为

$$\sigma_{ij}=\lambda\delta_{ij}\varepsilon_{kk}+2\mu\varepsilon_{ij} \tag{3-2-12}$$

其中，ε_{ij} 为应变张量分量；δ_{ij} 为克罗内克符号；λ 和 μ 为材料介质的拉梅常数。

薄板弯曲属平面应力问题，对于平面应力问题，有

$$\sigma_z=\lambda(\varepsilon_x+\varepsilon_y+\varepsilon_z)+2\mu\varepsilon_z=0 \tag{3-2-13}$$

从而有

$$\varepsilon_z=-\frac{\lambda}{\lambda+2\mu}(\varepsilon_x+\varepsilon_y) \tag{3-2-14}$$

并有

$$\lambda(\varepsilon_x+\varepsilon_y+\varepsilon_z)=\frac{2\mu\lambda}{\lambda+2\mu}(\varepsilon_x+\varepsilon_y) \tag{3-2-15}$$

进一步可得其物理方程为

$$\sigma_x = 2\mu\left[\left(\frac{\lambda}{\lambda+2\mu}+1\right)\varepsilon_x + \frac{\lambda}{\lambda+2\mu}\varepsilon_y\right] = -z2\mu\left[\left(\frac{\lambda}{\lambda+2\mu}+1\right)\frac{\partial^2 w}{\partial x^2} + \frac{\lambda}{\lambda+2\mu}\frac{\partial^2 w}{\partial y^2}\right] \tag{3-2-16}$$

$$\sigma_y = 2\mu\left[\left(\frac{\lambda}{\lambda+2\mu}+1\right)\varepsilon_y + \frac{\lambda}{\lambda+2\mu}\varepsilon_x\right] = -z2\mu\left[\left(\frac{\lambda}{\lambda+2\mu}+1\right)\frac{\partial^2 w}{\partial y^2} + \frac{\lambda}{\lambda+2\mu}\frac{\partial^2 w}{\partial x^2}\right] \tag{3-2-17}$$

$$\tau_{xy} = 2\mu\varepsilon_{xy} = \mu\gamma_{xy} = -2\mu\frac{\partial^2 w}{\partial x\partial y}z \tag{3-2-18}$$

将其代入上述广义势能泛函变分方程，可得

$$\begin{aligned}\delta\Pi = {} & \mu\left(\frac{\lambda}{\lambda+2\mu}+1\right)\delta\int_V z^2\left[\left(\frac{\partial^2 w}{\partial x^2}+\frac{\partial^2 w}{\partial y^2}\right)^2 - \frac{\lambda+2\mu}{\lambda+\mu}\left(\frac{\partial^2 w}{\partial x^2}\frac{\partial^2 w}{\partial y^2}\right.\right. \\ & \left.\left. - \frac{\partial^2 w}{\partial x\partial y}\frac{\partial^2 w}{\partial x\partial y}\right)\right]\mathrm{d}x\mathrm{d}y\mathrm{d}z - \delta\int_S q(x,y)w\mathrm{d}x\mathrm{d}y \\ = {} & 0\end{aligned} \tag{3-2-19}$$

对于式(3-2-19)的体积积分，先对厚度 z 从 $-\frac{h}{2}$ 到 $\frac{h}{2}$ 进行一次积分，得

$$\begin{aligned}\delta\Pi = {} & \mu\left(\frac{2\lambda+2\mu}{\lambda+2\mu}\right)\delta\int_S \frac{h^3}{12}\left[\left(\frac{\partial^2 w}{\partial x^2}+\frac{\partial^2 w}{\partial y^2}\right)^2 - \frac{\lambda+2\mu}{\lambda+\mu}\left(\frac{\partial^2 w}{\partial x^2}\frac{\partial^2 w}{\partial y^2}\right.\right. \\ & \left.\left. - \frac{\partial^2 w}{\partial x\partial y}\frac{\partial^2 w}{\partial x\partial y}\right)\right]\mathrm{d}x\mathrm{d}y - \delta\int_S q(x,y)w\mathrm{d}x\mathrm{d}y \\ = {} & 0\end{aligned} \tag{3-2-20}$$

上述材料的拉梅常数与常用的杨氏模量 E、泊松比 υ 及剪切模量 G 有如下转换关系：

$$\lambda = \frac{E\upsilon}{(1+\upsilon)(1-2\upsilon)} \tag{3-2-21}$$

及

$$\mu = G = \frac{E}{2(1+\upsilon)} \tag{3-2-22}$$

对于薄板的弯曲问题，可引入薄板的抗弯刚度为

$$D = \frac{h^3}{12} 2\mu \left(\frac{2\lambda + 2\mu}{\lambda + 2\mu} \right) = \frac{Eh^3}{12(1-\upsilon^2)} \tag{3-2-23}$$

则上述泛函的变分可化为

$$\begin{aligned} \delta \Pi = & \frac{1}{2} \delta \int_S D \left[\left(\frac{\partial^2 w}{\partial x^2} + \frac{\partial^2 w}{\partial y^2} \right)^2 - \frac{\lambda + 2\mu}{\lambda + \mu} \left(\frac{\partial^2 w}{\partial x^2} \frac{\partial^2 w}{\partial y^2} - \frac{\partial^2 w}{\partial x \partial y} \frac{\partial^2 w}{\partial x \partial y} \right) \right] \mathrm{d}x\mathrm{d}y \\ & - \delta \int_S q(x,y) w \mathrm{d}x\mathrm{d}y = 0 \end{aligned} \tag{3-2-24}$$

对于等厚度板，有

$$\begin{aligned} \delta \Pi = & \frac{1}{2} D \delta \int_S \left[\left(\frac{\partial^2 w}{\partial x^2} + \frac{\partial^2 w}{\partial y^2} \right)^2 - 2(1-\upsilon) \left(\frac{\partial^2 w}{\partial x^2} \frac{\partial^2 w}{\partial y^2} - \frac{\partial^2 w}{\partial x \partial y} \frac{\partial^2 w}{\partial x \partial y} \right) \right] \mathrm{d}x\mathrm{d}y \\ & - \delta \int_S q(x,y) w \mathrm{d}x\mathrm{d}y = 0 \end{aligned} \tag{3-2-25}$$

按照瑞利-里茨方法的思想，可取近似挠度位移解 $\tilde{w}$ 为 N 个已知试探函数子函数 w_m 的线性组合，即

$$\tilde{w} = \sum_{m=1}^{N} C_m w_m \tag{3-2-26}$$

其中，C_m 为待定常数，而近似解试探函数 $\tilde{w}$ 满足给定的边界条件。

将其代入上述广义势能泛函极值公式即式(3-2-25)中，可得含有未知待定系数的泛函变分为零的公式。可变的只是作为变量的系数，因此即可将对未知函数 $\tilde{w}$ 的泛函变分问题转化为对未知系数变量 C_m 的函数微分问题。

按函数求极值的方法，可得

$$\frac{\partial U}{\partial C_m} = \int_S q(x,y) w_m \mathrm{d}x\mathrm{d}y, \quad m = 1, 2, \cdots, N \tag{3-2-27}$$

其中

$$U=\frac{1}{2}D\int_S\left[\left(\frac{\partial^2 w}{\partial x^2}+\frac{\partial^2 w}{\partial y^2}\right)^2-2(1-\upsilon)\left(\frac{\partial^2 w}{\partial x^2}\frac{\partial^2 w}{\partial y^2}-\frac{\partial^2 w}{\partial x\partial y}\frac{\partial^2 w}{\partial x\partial y}\right)\right]\mathrm{d}x\mathrm{d}y \tag{3-2-28}$$

对于圆板结构，可用极坐标表示为

$$U=\frac{1}{2}D\int_S\left\{\begin{matrix}\left(\dfrac{\partial^2 w}{\partial r^2}+\dfrac{\partial w}{r\partial r}+\dfrac{\partial^2 w}{r^2\partial\theta^2}\right)^2\\ -2(1-\upsilon)\left[\dfrac{\partial^2 w}{\partial r^2}\left(\dfrac{\partial w}{r\partial r}+\dfrac{\partial^2 w}{r^2\partial\theta^2}\right)-\left(\dfrac{\partial^2 w}{r\partial r\partial\theta}-\dfrac{\partial w}{r^2\partial\theta}\right)^2\right]\end{matrix}\right\}r\mathrm{d}r\mathrm{d}\theta \tag{3-2-29}$$

其中，r 和 θ 分别为极坐标中的径向坐标和环向坐标。

对应的函数极值问题为

$$\frac{\partial U}{\partial C_m}=\int_S q(r,\theta)w_m r\mathrm{d}r\mathrm{d}\theta,\quad m=1,2,\cdots,N \tag{3-2-30}$$

对于轴对称问题，有

$$U=\pi D\int_S\left[\left(\frac{\mathrm{d}^2 w}{\mathrm{d}r^2}\right)^2+\left(\frac{\mathrm{d}w}{r\mathrm{d}r}\right)^2+2\upsilon\frac{\mathrm{d}^2 w}{\mathrm{d}r^2}\frac{\mathrm{d}w}{r\mathrm{d}r}\right]r\mathrm{d}r \tag{3-2-31}$$

考虑固定支撑边界时，有

$$U=\pi D\int_S\left[r\left(\frac{\mathrm{d}^2 w}{\mathrm{d}r^2}\right)^2+\frac{1}{r}\left(\frac{\mathrm{d}w}{\mathrm{d}r}\right)^2\right]\mathrm{d}r \tag{3-2-32}$$

下面以一固定支撑的无孔圆板结构为例，采用瑞利-里茨方法，对其进行近似求解计算。圆板的半径为 R，中间半径为 $\bar{R}$ 的范围有均布载荷 q_0，求圆板的挠度 w。

依据边界条件，可取：

$$w_m=\left(1-\frac{r^2}{R^2}\right)^{m+1} \tag{3-2-33}$$

则试探函数的近似解为

$$\tilde{w}=\sum_{m=1}^{N}C_m\left(1-\frac{r^2}{R^2}\right)^{m+1} \tag{3-2-34}$$

当只取一项时，有

$$\tilde{w}=C_1\left(1-\frac{r^2}{R^2}\right)^2 \tag{3-2-35}$$

将其代入上述函数极值问题的方程，得

$$\frac{\partial}{\partial C_1}\left(\frac{32\pi DC_1^2}{3R^2}\right)=\frac{\pi q_0\bar{R}^2}{3}\left(3-3\frac{\bar{R}^2}{R^2}+\frac{\bar{R}^4}{R^4}\right) \tag{3-2-36}$$

解得

$$C_1=\frac{q_0R^4}{64D}\frac{\bar{R}^2}{R^2}\left(3-3\frac{\bar{R}^2}{R^2}+\frac{\bar{R}^4}{R^4}\right) \tag{3-2-37}$$

从而得

$$\tilde{w}=\frac{q_0R^4}{64D}\frac{\bar{R}^2}{R^2}\left(3-3\frac{\bar{R}^2}{R^2}+\frac{\bar{R}^4}{R^4}\right)\left(1-\frac{r^2}{R^2}\right)^2 \tag{3-2-38}$$

当 $\bar{R}=R$，即载荷布满整个板时，有

$$\tilde{w}=\frac{q_0R^4}{64D}\left(1-\frac{r^2}{R^2}\right)^2 \tag{3-2-39}$$

3.3　利用瑞利-里茨方法求解系统固有频率

瑞利-里茨方法被广泛应用于应用数学和机械工程领域，如用来计算结构的低阶固有(自然)频率，即采用瑞利-里茨方法求系统固有频率的近似解。利用瑞利-里茨求解系统固有频率的方法最先源于瑞利求解基频的方法，之后又被里茨拓展到高阶固有频率的近似求解。瑞利法又称能量方法，是基于机械

能守恒的原理来进行基频求解的。这种方法既适用于离散系统，也适用于连续系统。

以梁结构弯曲系统为例，其系统动态振动过程中的机械能包括动能和变形势能两部分，动能最大时，势能为零，势能最大时，动能为零。由于总机械能守恒，因此最大势能和最大动能应该相等。瑞利法就是利用这种最大势能和最大动能相等的原理来计算结构系统的固有频率。梁结构弯曲时的动能可表示为

$$T = \frac{1}{2}\int_0^l \mu(x)\dot{y}^2(x)\mathrm{d}x \tag{3-3-1}$$

其中，$\mu(x)$ 为梁结构单位长度的质量；$\dot{y}$ 为梁弯曲时的横向速度；l 为梁的长度。梁结构弯曲时的变形势能可表示为

$$U = \frac{1}{2}\int_0^l EI(x)y''^2(x)\mathrm{d}x \tag{3-3-2}$$

其中，$y''(x)$ 为梁的弯曲曲率；$EI(x)$ 为梁的弯曲刚度，且 E 为杨氏模量，$I(x)$ 为截面惯性矩。

对于简谐振动，可令

$$y(x,t) = Y(x)\sin(\omega t) \tag{3-3-3}$$

其中，$Y(x)$ 为梁结构振动时的形态，即振型；ω 为振动的频率。则有

$$\dot{y}(x,t) = \omega Y(x)\cos(\omega t) \tag{3-3-4}$$

及

$$y''(x,t) = Y''(x)\sin(\omega t) \tag{3-3-5}$$

则最大动能为

$$T_{\max} = \frac{1}{2}\omega^2\int_0^l \mu(x)Y^2(x)\mathrm{d}x \tag{3-3-6}$$

最大势能为

$$U_{\max} = \frac{1}{2}\int_0^l EI(x)Y''^2(x)\mathrm{d}x \tag{3-3-7}$$

由于总机械能守恒，最大势能和最大动能应相等，因此有

$$\frac{1}{2}\omega^2\int_0^l \mu(x)Y^2(x)\mathrm{d}x=\frac{1}{2}\int_0^l EI(x)Y''^2(x)\mathrm{d}x \tag{3-3-8}$$

从而可得

$$\omega^2=\frac{\int_0^l EI(x)Y''^2(x)\mathrm{d}x}{\int_0^l \mu(x)Y^2(x)\mathrm{d}x} \tag{3-3-9}$$

式(3-3-9)也称为瑞利商，即

$$R=\omega^2=\frac{\int_0^l EI(x)Y''^2(x)\mathrm{d}x}{\int_0^l \mu(x)Y^2(x)\mathrm{d}x} \tag{3-3-10}$$

由式(3-3-10)可以看出，只要知道了振型$Y(x)$，就可以求得固有频率。由于当梁结构振动时，会有不同的振型，因此可按式(3-3-10)求得不同的固有频率。但由于振型$Y(x)$通常是未知的，也无法求得对应的固有频率。瑞利近似求解固有频率的思想是用结构静态弯曲的形状代替一阶振型，从而利用式(3-3-10)求得一阶固有频率，即基频。假设的静态弯曲振型相对真实的一阶振型无形中增加了约束，因此增加了系统的刚性，所求得的频率会比真实的频率基频高。

为了近似求出更精确的基频并求出其他高阶的固有频率，里茨拓展了瑞利的方法，形成瑞利-里茨的近似方法。不同于瑞利方法的只取单个静态变形的形状函数作为一阶振型，瑞利-里茨方法取多个不同形状函数的线性组合作为振型函数，即

$$Y_i(x)=\sum_{i=1}^{n}C_i g_i(x) \tag{3-3-11}$$

其中，n为形状函数的个数；$g_i(x)$为不同的形状函数，也可视为试探函数的子函数(基函数)系列；C_i为待定的系数。为了保证振型函数满足结构的边界条件，要求基函数系列$g_i(x)$也满足边界条件，除此之外，基函数系列$g_i(x)$还应满足独立性的条件和可导的条件。

待定系数 C_i 的确定原则是使近似的振型函数更接近于真实的振型，这就要求求出的固有频率更接近于真实的固有频率，而接近于真实的固有频率意味着频率值应最小，即使瑞利商取最小值，或描述为

$$\frac{\partial R}{\partial C_i}=\frac{\partial}{\partial C_i}\left\{\frac{\int_0^l EI(x)\left[\sum_{i=1}^n C_i g_i''(x)\right]^2 \mathrm{d}x}{\int_0^l \mu(x)\left[\sum_{i=1}^n C_i g_i(x)\right]^2 \mathrm{d}x}\right\}=0 \tag{3-3-12}$$

即

$$\frac{\partial}{\partial C_i}\int_0^l EI(x)\left[\sum_{i=1}^n C_i g_i''(x)\right]^2 \mathrm{d}x-\omega^2\frac{\partial}{\partial C_i}\int_0^l \mu(x)\left[\sum_{i=1}^n C_i g_i(x)\right]^2 \mathrm{d}x=0 \tag{3-3-13}$$

这也相当于使动能和势能的差最小，亦即

$$\sum_{j=1}^n C_j\left[\int_0^l EI(x)g_i''(x)g_j''(x)\mathrm{d}x-\omega^2\sum_{i=1}^n\int_0^l \mu(x)g_i(x)g_j(x)\mathrm{d}x\right]=0,\quad i=1,2,\cdots,n \tag{3-3-14}$$

可写为

$$\sum_{j=1}^n C_j(k_{ij}-\omega^2 m_{ij})=0 \tag{3-3-15}$$

其中，$k_{ij}=\int_0^l EI(x)g_i''(x)g_j''(x)\mathrm{d}x$；$m_{ij}=\int_0^l \mu(x)g_i(x)g_j(x)\mathrm{d}x$。

写成矩阵形式为

$$[\boldsymbol{K}-\omega^2\boldsymbol{M}]\boldsymbol{C}=\boldsymbol{0} \tag{3-3-16}$$

这是一个特征方程，由此可求得对应的 n 个特征值 ω^2 和 n 个特征向量 $\boldsymbol{C}$。

需要说明的是，在瑞利-里茨方法中选取了 n 个形状函数进行线性组合，若这 n 个形状函数就是真实的振型函数，则所得的特征值和特征向量对应真实的固有频率和真实的振型。但通常选取的振型函数并不是真实的振型，因此得到的特征值和特征向量只是对应频率和振型的近似值。但从近似的程度

上讲，基频的近似误差最小，高阶频率的近似误差较大，振型的近似误差一般也是比较大的。在工程上，要想得到 p 阶的固有频率近似值，振型函数个数的选取应该比 p 大许多，即 $n \gg p$ 。即使这样，最终所求出的各个不同阶的固有频率也仅是近似值。

第4章　变　分　法

4.1　变分法及欧拉-拉格朗日方程

变分法是17世纪末发展起来的一门数学分支，是处理泛函极值的一种方法。类似于函数领域求极值时的微分求导，涉及的是泛函的变分，其目的是确定使泛函取得极大值或极小值的函数宗量。变分法起源于一些具体的物理学问题，最典型的三个古典问题，分别是最速降线问题、最短线程问题和等周问题。最速降线问题描述的是一个物体(或粒子)在重力作用下从 A 点到达不直接在它底下的 B 点，走什么路径所需的时间最短。最短线程问题是指在曲面 $g(x,y,z)=0$ 上两点之间的连线中，什么样的曲线最短。等周问题是指在平面内所有的等长度封闭曲线中什么样的曲线围成的面积最大。无论是路径还是曲线都指的是一种函数，而所需的时间、曲线长度或围成的面积都是一种泛函。最短时间、最短线长或最大面积都是指泛函的极值。因此，这三个古典问题都是泛函的极值问题。

第3章简要介绍了泛函的概念和泛函极值问题的含义，这里可再与函数的极值问题做一对比。在分析函数极值问题时，因为极值点两侧的斜率必定改变符号，所以极值点处的斜率一定为零，即极值点处的导数一定为零。函数的导数代表函数相对自变量的变化率，因此导数为零意味着函数相对自变量的变化率为零。类似于函数极值特性的这种分析和认识，泛函在极值点两侧相对于函数的变化率也应该改变符号，在极值点处的这种变化也应该为零。为了区别于函数中自变量的微分，在此将泛函中函数自变量(宗量)的微小变化称为函数(自变量函数)的变分，对应地，引起泛函的微小变化称为泛函的变分。可以看出，泛函在极值点处的变分应该为零。当然，从另一角度讲，泛函变分为零的点未必一定是极值点，也可能是拐点。为了描述方便，将泛函变分为零的点(包括极值点和拐点)统称驻值点。综上所述，可以看出，从一般意义上讲，变分法就是利用泛函变分的手段分析泛函驻值的一种方法。

变分法中最重要的定理是欧拉-拉格朗日方程，其推导过程如下。

对于泛函，有

$$\Pi = \int_{x_1}^{x_2} L(x, y, y')\mathrm{d}x \tag{4-1-1}$$

为了便于分析，当泛函 Π 取得极值时，设对应的宗量函数为 $y = g(x)$，固定两个端点，在微小范围内选取一个与它最“靠近”的另一个宗量函数为 $g(x) + \delta g(x)$，其中 $\delta g(x)$ 在区间 $[x_1,x_2]$ 上都是可变化的小量，且在这两个端点上满足 $\delta g(x_1) = \delta g(x_2) = 0$。这种可微小变化的宗量小量 $\delta g(x)$ 称为宗量函数 $g(x)$ 的变分。

因为用任何函数 $g(x) + \delta g(x)$ 代替函数 $g(x)$ 都不会使得泛函 Π 取得极值，所以用 $g(x) + \delta g(x)$ 代替 $g(x)$ 势必使得泛函产生一个增量，其增量为

$$\delta\Pi = \int_{x_1}^{x_2} L(x, g + \delta g, g' + \delta g')\mathrm{d}x - \int_{x_1}^{x_2} L(x, g, g')\mathrm{d}x \tag{4-1-2}$$

由于 $\delta g(x)$ 和 $\delta g'(x)$ 都是小量，将第一项 $L(x, g + \delta g, g' + \delta g')$ 按 $\delta g(x)$ 和 $\delta g'(x)$ 幂级数展开并略去二阶以及二阶以上的高阶小量项，可得关于 $\delta g(x)$ 和 $\delta g'(x)$ 一次项的和。运算后得

$$\delta\Pi = \int_{x_1}^{x_2} \left(\frac{\partial L}{\partial g}\delta g + \frac{\partial L}{\partial g'}\delta g' \right)\mathrm{d}x \tag{4-1-3}$$

将第二项进行分部积分，得

$$\delta\Pi = \frac{\partial L}{\partial g'}\delta g(x)\bigg|_{x_1}^{x_2} + \int_{x_1}^{x_2} \left[\frac{\partial L}{\partial g} - \frac{\mathrm{d}}{\mathrm{d}x}\left(\frac{\partial L}{\partial g'} \right) \right]\delta g\mathrm{d}x \tag{4-1-4}$$

由于 $\delta g(x_1) = \delta g(x_2) = 0$，式(4-1-4)可化为

$$\delta\Pi = \int_{x_1}^{x_2} \left[\frac{\partial L}{\partial g} - \frac{\mathrm{d}}{\mathrm{d}x}\left(\frac{\partial L}{\partial g'} \right) \right]\delta g\mathrm{d}x \tag{4-1-5}$$

要使 Π 取得极值，必须使 Π 的一阶变分为零，因此有

$$\delta\Pi = \int_{x_1}^{x_2} \left[\frac{\partial L}{\partial g} - \frac{\mathrm{d}}{\mathrm{d}x}\left(\frac{\partial L}{\partial g'} \right) \right]\delta g\mathrm{d}x = 0 \tag{4-1-6}$$

由于 $\delta g(x)$ 在微小范围内可以任意变化，要使式(4-1-6)为零，必须使

$$\frac{\partial L}{\partial g}-\frac{\mathrm{d}}{\mathrm{d}x}\left(\frac{\partial L}{\partial g'}\right)=0 \tag{4-1-7}$$

这就是欧拉-拉格朗日方程。但该方程只针对含一个宗量且只含宗量一阶导数的泛函。对于含多个宗量且有高阶导数的泛函，如

$$\Pi=\int_{x_1}^{x_2}F(x,y_1,y_2,\cdots,y_n,y_1',y_2',\cdots,y_n',y_1'',y_2'',\cdots,y_n'',\cdots,y_1^{(m)},y_2^{(m)},\cdots,y_n^{(m)})\mathrm{d}x \tag{4-1-8}$$

利用上述同样的方法，也可以得到泛函极值问题的方程，其形式如下：

$$\frac{\partial F}{\partial y_i}-\frac{\mathrm{d}}{\mathrm{d}x}\left(\frac{\partial F}{\partial y_i'}\right)+\frac{\mathrm{d}^2}{\mathrm{d}x^2}\left(\frac{\partial F}{\partial y_i''}\right)+\cdots+(-1)^m\frac{\mathrm{d}^m}{\mathrm{d}x^m}\left(\frac{\partial F}{\partial {y_i}^{(m)}}\right)=0,\quad i=1,2,\cdots,n \tag{4-1-9}$$

式(4-1-9)称为欧拉-泊松(Euler-Poisson)方程。

无论是单宗量泛函还是多宗量泛函，是含一阶导数的泛函还是含高阶导数的泛函，其极值问题都是无约束条件的极值。在实际的物理分析中，除无约束极值问题，还经常遇到有约束的极值问题。如曲面上的最短线程问题，就不是空间两点的任意连线最短，而是指经过曲面的两点连线曲线最短，因此其最短线程是约束在曲面上的。

对于这类问题，可以从约束条件的关系式中，解出一个宗量和其他宗量的关系，并将其代入泛函中，从而将两(或多)宗量的条件(约束)极值问题化为单(或少)宗量的无约束条件极值问题。除此之外，还可以利用拉格朗日乘子的方法，将约束条件纳入泛函中，写成新的泛函，将原泛函的有条件极值问题转化为新泛函的无条件的驻值问题。这里强调的驻值与极值有所不同，极值问题属于驻值问题的一部分，但极值问题不能涵盖整个驻值问题。原泛函的极值不能代表新泛函的极值。

将有条件极值问题化为无条件极值问题的一种方法是拉格朗日乘子法，该方法的具体处理过程如下所述。

针对泛函：

$$\Pi=\int_{x_1}^{x_2}F(x,y_1,y_2,\cdots,y_n,y_1',y_2',\cdots,y_n')\mathrm{d}x \tag{4-1-10}$$

若在约束条件

$$\phi_j(x,y_1,y_2,\cdots,y_n)=0,\quad j=1,2,\cdots,k,\quad k<n \tag{4-1-11}$$

下取极值，则可构造新的泛函为

$$\Pi^*=\int_{x_1}^{x_2}F(x,y_1,y_2,\cdots,y_n,y_1',y_2',\cdots,y_n')\mathrm{d}x+\sum_{j=1}^{k}\int_{x_1}^{x_2}\lambda_j(x)\phi_j(x,y_1,y_2,\cdots,y_n)\mathrm{d}x \tag{4-1-12}$$

其中，$\lambda_j(x)$为拉格朗日乘子。然后求新泛函的驻值$\delta\Pi^*=0$，从而可得

$$\frac{\partial F}{\partial y_i}-\frac{\mathrm{d}}{\mathrm{d}x}\left(\frac{\partial F}{\partial y_i'}\right)+\sum_{j=1}^{k}\lambda_j(x)\frac{\partial\phi_j}{\partial y_i}=0,\quad i=1,2,\cdots,n \tag{4-1-13}$$

$$\phi_j(x,y_1,y_2,\cdots,y_n)=0,\quad j=1,2,\cdots,k \tag{4-1-14}$$

且其中

$$\left|\frac{\partial\phi_j}{\partial y_i}\right|\neq 0 \tag{4-1-15}$$

上述三个古典的变分问题有的是无条件的极值问题，有的是有条件的极值问题。根据欧拉-拉格朗日方程和拉格朗日乘子方法，可以对上述三个古典变分问题进行分析和求解。

4.2 经典变分问题

4.2.1 最速降线问题

最速降线问题，按照粒子(质点)在自身重力下运动的规律，可以得出走任意路径$y(x)$时所用的时间。

设粒子在初始点A(y方向高度为y_A)的速度为v_A，质量为单位质量，沿路径$y(x)$到任意点(高度为y)的瞬时速度为v，则由能量守恒定律得

$$\frac{1}{2}{v_A}^2+gy_A=\frac{1}{2}v^2+gy \tag{4-2-1}$$

可得瞬时速度为

$$v=\sqrt{v_A^2+2g(y_A-y)} \tag{4-2-2}$$

沿路径 $y(x)$ 从点 $A(x_A,y_A)$ 到点 $B(x_B,y_B)$ 所需的时间为

$$T(x,y,y')=\int_A^B \frac{\mathrm{d}s}{v(s)}=\int_{x_A}^{x_B}\frac{\sqrt{1+[y'(x)]^2}}{v(x)}\mathrm{d}x=\int_{x_A}^{x_B}\frac{\sqrt{1+[y'(x)]^2}}{\sqrt{v_A^2+2g[y_A-y(x)]}}\mathrm{d}x \tag{4-2-3}$$

考虑初始点高度为零，初速为零，并以向下的坐标为正方向，则式(4-2-3)可化为

$$T(x,y,y')=\int_{x_A}^{x_B}\frac{\sqrt{1+[y'(x)]^2}}{\sqrt{2gy(x)}}\mathrm{d}x \tag{4-2-4}$$

这是一个典型的最简泛函形式，该泛函的拉格朗日函数为

$$L(x,y,y')=\frac{\sqrt{1+[y'(x)]^2}}{\sqrt{2gy(x)}} \tag{4-2-5}$$

且有

$$\frac{\partial}{\partial y}L(x,y,y')=-\frac{\sqrt{1+[y'(x)]^2}}{2\sqrt{2g}\sqrt{y(x)}^3} \tag{4-2-6}$$

$$\frac{\partial}{\partial y'}L(x,y,y')=\frac{y'(x)}{\sqrt{2gy(x)}\sqrt{1+[y'(x)]^2}} \tag{4-2-7}$$

$$\frac{\mathrm{d}}{\mathrm{d}x}\left[\frac{\partial}{\partial y'}L(x,y,y')\right]=-\frac{y'^2(x)}{2\sqrt{2g}\sqrt{y(x)}^3\sqrt{1+[y'(x)]^2}}+\frac{y''(x)}{\sqrt{2gy(x)}\sqrt{1+[y'(x)]^2}^3} \tag{4-2-8}$$

该泛函取极值时应满足欧拉-拉格朗日方程。将拉格朗日函数(4-2-5)代入欧拉-拉格朗日方程中，得

$$\frac{\sqrt{1+[y'(x)]^2}}{2\sqrt{2g}\sqrt{y(x)}^3}-\frac{y'^2(x)}{2\sqrt{2g}\sqrt{y(x)}^3\sqrt{1+[y'(x)]^2}}+\frac{y''(x)}{\sqrt{2gy(x)}\sqrt{1+[y'(x)]^2}^3}=0 \tag{4-2-9}$$

即

$$\frac{1}{2\sqrt{2g}\sqrt{y(x)}\sqrt{1+[y'(x)]^2}}\left[\frac{1}{2y(x)}+\frac{y''(x)}{1+y'^2(x)}\right]=0 \tag{4-2-10}$$

也就是

$$\frac{1}{2y(x)}+\frac{y''(x)}{1+y'^2(x)}=0 \tag{4-2-11}$$

或

$$2y''(x)=-\frac{1+y'^2(x)}{y(x)} \tag{4-2-12}$$

由于

$$2y''(x)=\frac{\mathrm{d}}{\mathrm{d}y}[y'^2(x)] \tag{4-2-13}$$

有

$$\frac{\mathrm{d}[y'^2(x)]}{1+y'^2(x)}=-\frac{1}{y(x)}\mathrm{d}y \tag{4-2-14}$$

从而解得

$$y(x)[1+y'^2(x)]=C \tag{4-2-15}$$

其中，C 为待定常数，进而有

$$\sqrt{\frac{y(x)}{C-y(x)}}\mathrm{d}y=\mathrm{d}x \tag{4-2-16}$$

为了求解该微分方程，可采用参数形式，令 $y=\frac{C}{2}(1-\cos\theta)$，则得

$$\sqrt{\frac{1-\cos\theta}{1+\cos\theta}}\frac{C}{2}\sin\theta\mathrm{d}\theta=\mathrm{d}x \tag{4-2-17}$$

进一步有

$$dx = \frac{C}{2}(1-\cos\theta)d\theta \tag{4-2-18}$$

解得

$$x = \frac{C}{2}(\theta - \sin\theta) \tag{4-2-19}$$

因此，方程的解为

$$\begin{cases} x = \dfrac{C}{2}(t - \sin\theta) \\ y = \dfrac{C}{2}(1-\cos\theta) \end{cases} \tag{4-2-20}$$

该方程是一条摆线的方程，也等同于螺旋线的方程，相当于一个直径为 C 的圆轮滚动时，轮周上某一固定点的轨迹。

可以看出，粒子在自身重力作用下，沿摆线路径从 $A(x_A, y_A)$ 点到 $B(x_B, y_B)$ 点所需的时间最短。以 $A(0,0)$ 点到 $B\left(\dfrac{\pi C}{2}, C\right)$ 点为例，其参数 θ 的变化范围为 0～π。所走的路径总弧长为

$$S = \int_0^{\pi}\sqrt{x'^2 + y'^2}d\theta = C\int_0^{\pi}\sqrt{\frac{1-\cos\theta}{2}}d\theta = C\int_0^{\pi}\sin\frac{\theta}{2}d\theta = 2C \tag{4-2-21}$$

所用的时间为

$$T = \int_0^{\pi}\frac{\sqrt{x'^2 + y'^2}}{\sqrt{2gy(x)}}d\theta = \sqrt{\frac{C}{2g}}\int_0^{\pi}d\theta = \pi\sqrt{\frac{C}{2g}} \tag{4-2-22}$$

4.2.2　最短线程问题

最短线程问题是针对某一曲面上的两点的最短曲线问题。设最短线程问题的曲面为 $G(x,y,z)=0$ 或 $z=z(x,y)$ 。其上两点分别是 $A(x_A, y_A, z_A)$ 和 $B(x_B, y_B, z_B)$，连接两点的曲线方程可写为

$$\begin{cases} y = y(x) \\ z = z(x) \end{cases} \tag{4-2-23}$$

曲线的长度为

$$l(y,z,y',z')=\int_{x_A}^{x_B}\sqrt{1+y'^2+z'^2}\mathrm{d}x \tag{4-2-24}$$

最短线程问题是一个有条件的泛函极值问题，可以采用两种途径对其进行求解：一种途径是将约束方程中的一个宗量作为显函数直接代入泛函中，这样一方面消除了约束条件，使条件极值问题变成无条件极值问题，另一方面也使泛函的宗量由原来的两个减少为一个；另一种途径是利用拉格朗日乘子方法将约束条件纳入所构造的新泛函中，使原来泛函的有条件极值问题变成新泛函的无条件的驻值问题。

按照第一种途径，若曲面方程可以描述成 z 的显函数，即 $z=z(x,y)$，则将其代入曲线弧长方程中得

$$l[y,z(x,y),y',z'(x,y')]=\int_{x_A}^{x_B}\sqrt{1+y'^2+z'^2(y,y')}\mathrm{d}x=\int_{x_A}^{x_B}L(y,y')\mathrm{d}x=l(y,y') \tag{4-2-25}$$

利用欧拉-拉格朗日方程

$$\frac{\partial L}{\partial y}-\frac{\mathrm{d}}{\mathrm{d}x}\left(\frac{\partial L}{\partial y'}\right)=0 \tag{4-2-26}$$

就可以对其求解了。

按照第二种途径，可构造新泛函为

$$l^*(y,z,y',z')=\int_{x_A}^{x_B}\left[\sqrt{1+y'^2+z'^2}+\lambda(x)G(x,y,z)\right]\mathrm{d}x \tag{4-2-27}$$

其驻值的解满足：

$$\lambda(x)\frac{\partial G}{\partial y}-\frac{\mathrm{d}}{\mathrm{d}x}\left(\frac{y'}{\sqrt{1+y'^2+z'^2}}\right)=0 \tag{4-2-28}$$

$$\lambda(x)\frac{\partial G}{\partial z}-\frac{\mathrm{d}}{\mathrm{d}x}\left(\frac{z'}{\sqrt{1+y'^2+z'^2}}\right)=0 \tag{4-2-29}$$

$$G(x,y,z)=0 \tag{4-2-30}$$

对于平面上的两点，其平面的空间曲面方程可描述为$z(x,y)=0$。事实上，只要将空间的两点放在同一坐标平面$z(x,y)=0$上，平面上的两点也可代表空间的两点。这样一来，也将空间上的两个宗量的泛函问题化成一个单宗量的泛函问题。其曲线长度可写为

$$l(x,y,y')=\int_{x_A}^{x_B}\sqrt{1+y'^2}\,\mathrm{d}x \tag{4-2-31}$$

将其代入欧拉-拉格朗日方程，得

$$\frac{\partial L}{\partial y}-\frac{\mathrm{d}}{\mathrm{d}x}\left(\frac{\partial L}{\partial y'}\right)=-\frac{\mathrm{d}}{\mathrm{d}x}\left(\frac{y'}{\sqrt{1+y'^2}}\right)=0 \tag{4-2-32}$$

其通过$A(x_A,y_A)$和$B(x_B,y_B)$两点的解为

$$y=\frac{y_B-y_A}{x_B-x_A}x-\frac{y_B-y_A}{x_B-x_A}x_A+y_A \tag{4-2-33}$$

显然该曲线为一条直线，也说明了两点间的连线中直线型的线段最短。

将其代入弧长公式中得

$$l_{\min}=\sqrt{(x_B-x_A)^2+(y_B-y_A)^2} \tag{4-2-34}$$

对于圆柱面，如果将对称轴作为圆柱轴线方向的坐标，则其曲面方程为$x^2+y^2=1$。其最短线程问题可描述为，在曲面$\phi=y-\sqrt{1-x^2}=0$或$y=\sqrt{1-x^2}$的约束条件下，求线长泛函

$$l(y,z,y',z')=\int_{x_A}^{x_B}\sqrt{1+y'^2+z'^2}\,\mathrm{d}x \tag{4-2-35}$$

的极值。线长泛函的极值问题是一个含两个宗量y和z的条件极值问题。

按照第一种途径$z=z(x,y)$，将宗量y显函数的曲面方程$y=\sqrt{1-x^2}$代入曲线弧长方程中得

$$l[x,y,z,y',z']=l(x,z')=\int_{x_A}^{x_B}\sqrt{1+\frac{x^2}{1-x^2}+z'^2}\,\mathrm{d}x \tag{4-2-36}$$

利用欧拉-拉格朗日方程：

$$\frac{\partial L}{\partial z}-\frac{\mathrm{d}}{\mathrm{d}x}\left(\frac{\partial L}{\partial z'}\right)=0 \tag{4-2-37}$$

得

$$\frac{\mathrm{d}}{\mathrm{d}x}\left(\frac{\partial L}{\partial z'}\right)=\frac{\mathrm{d}}{\mathrm{d}x}\left(\frac{z'}{\sqrt{\frac{1}{1-x^2}+z'^2}}\right)=z''\left(\frac{1}{\sqrt{\frac{1}{1-x^2}+z'^2}}\right)-z'\frac{\frac{x}{(1-x^2)^2}+z'z''}{\left(\sqrt{\frac{1}{1-x^2}+z'^2}\right)^3}=0 \tag{4-2-38}$$

即

$$z''\left(\frac{1}{1-x^2}+z'^2\right)-z'\left(\frac{1}{1-x^2}+z'z''\right)=0 \tag{4-2-39}$$

也就是

$$z''=z'\frac{x}{1-x^2} \tag{4-2-40}$$

积分一次，解得

$$z'=\frac{c_1}{\sqrt{1-x^2}} \tag{4-2-41}$$

再积分一次，得

$$x=\sin(c_1z+c_2) \tag{4-2-42}$$

将其代入曲面方程中，得

$$y=\cos(c_1z+c_2) \tag{4-2-43}$$

其中，积分常数 c_1、c_2 可由两点坐标确定。

该曲线的解对应的是圆柱面 $y=\sqrt{1-x^2}$ 上的螺旋线。

按照第二种途径，可构造新泛函为

$$l^*(y,z,y',z')=\int_{x_A}^{x_B}\left[\sqrt{1+y'^2+z'^2}+\lambda(x)\phi(x,y,z)\right]\mathrm{d}x \tag{4-2-44}$$

取驻值时，宗量函数等应满足：

$$\lambda(x)\frac{\partial\phi}{\partial y}-\frac{\mathrm{d}}{\mathrm{d}x}\left(\frac{y'}{\sqrt{1+y'^2+z'^2}}\right)=0 \tag{4-2-45}$$

$$\lambda(x)\frac{\partial\phi}{\partial z}-\frac{\mathrm{d}}{\mathrm{d}x}\left(\frac{z'}{\sqrt{1+y'^2+z'^2}}\right)=0 \tag{4-2-46}$$

$$\phi=y-\sqrt{1-x^2} \tag{4-2-47}$$

以弧长 s 作为自变量，并利用 $\mathrm{d}s=\sqrt{1+y'^2+z'^2}\mathrm{d}x$ ，则有

$$\frac{\mathrm{d}y'}{\mathrm{d}s}=\lambda(x) \tag{4-2-48}$$

$$\frac{\mathrm{d}z'}{\mathrm{d}s}=0 \tag{4-2-49}$$

$$y=\sqrt{1-x^2} \tag{4-2-50}$$

即

$$\frac{\mathrm{d}y}{\mathrm{d}s}=A(x)=\int_0^x\lambda(x)\mathrm{d}x+c_1 \tag{4-2-51}$$

$$\frac{\mathrm{d}z}{\mathrm{d}s}=c_2 \tag{4-2-52}$$

$$\frac{\mathrm{d}x}{\mathrm{d}s}=-\frac{\sqrt{1-x^2}}{x}\frac{\mathrm{d}y}{\mathrm{d}s}=-\frac{\sqrt{1-x^2}}{x}A(x) \tag{4-2-53}$$

进而得

$$\mathrm{d}y=A(x)\mathrm{d}s \tag{4-2-54}$$

$$\mathrm{d}z=c_2\mathrm{d}s \tag{4-2-55}$$

$$dx = -\frac{\sqrt{1-x^2}}{x}A(x)ds \tag{4-2-56}$$

由于

$$(ds)^2 = (dx)^2 + (dy)^2 + (dz)^2 \tag{4-2-57}$$

因此有

$$\frac{1-x^2}{x^2}A^2(x) + A^2(x) + c_2^2 = 1 \tag{4-2-58}$$

即

$$\frac{1}{x^2}A^2(x) + c_2^2 = 1 \tag{4-2-59}$$

或

$$A(x) = \sqrt{(1-c_2^2)}x \tag{4-2-60}$$

将式(4-2-60)代入式(4-2-56)消去 $A(x)$，可得

$$dx = -\sqrt{1-x^2}\sqrt{(1-c_2^2)}ds \tag{4-2-61}$$

即

$$-\frac{dx}{\sqrt{1-x^2}} = \sqrt{(1-c_2^2)}ds \tag{4-2-62}$$

积分后得

$$x = \cos\left[\sqrt{(1-c_2^2)}s + c_3\right] \tag{4-2-63}$$

同时得

$$y = \sin\left[\sqrt{(1-c_2^2)}s + c_3\right] \tag{4-2-64}$$

$$z = c_2 s + c_4 \tag{4-2-65}$$

其中，常数 c_2、c_3、c_4 可由两点坐标确定。该曲线是圆柱面 $y=\sqrt{1-x^2}$ 上的螺旋线。

将 $z=c_2s+c_4$ 代入式(4-2-63)和式(4-2-64)，消去 s 可得

$$x=\sin(C_1z+C_2) \tag{4-2-66}$$

$$y=\cos(C_1z+C_2) \tag{4-2-67}$$

其形式和第一种途径的结果是一样的。

对于球曲面，用球坐标 (θ,ϕ,r) 描述的曲面方程为

$$r(\theta,\phi)=R \tag{4-2-68}$$

曲面上两点 $A(r_A,\theta_A,\phi_A)$ 和 $B(r_B,\theta_B,\phi_B)$ 连线的弧长为

$$l(y,z,y',z')=l(\theta,\phi,\phi')=\int_{\theta_A}^{\theta_B}R\sqrt{1+\sin^2\theta\phi'^2}\,\mathrm{d}\theta \tag{4-2-69}$$

其拉格朗日函数为

$$L(\theta,\phi,\phi')=R\sqrt{1+\sin^2\theta\phi'^2} \tag{4-2-70}$$

将式(4-2-70)代入欧拉-拉格朗日方程，得

$$\frac{\partial L}{\partial\phi}-\frac{\mathrm{d}}{\mathrm{d}\theta}\left(\frac{\partial L}{\partial\phi'}\right)=-R\frac{\mathrm{d}}{\mathrm{d}\theta}\left[\frac{\sin^2\theta\phi'}{\sqrt{1+(\sin\theta\phi')^2}}\right]=0 \tag{4-2-71}$$

即

$$\frac{\sin^2\theta\phi'}{\sqrt{1+(\sin\theta\phi')^2}}=C \tag{4-2-72}$$

基于对称性考虑，不失一般性，可设点 A 的坐标为 $A(R,0,0)$，点 B 的坐标为 $B(R,\theta_B,\phi_B)$，则有 $C=0$。从而有 $\phi=D$，D 为常数。由 B 的坐标 (R,θ_B,ϕ_B) 得

$$\phi=\phi_B \tag{4-2-73}$$

即球面上两点的最短连线是两点在球面上的大圆弧线线段。

4.2.3 等周问题

等周问题描述的是平面内长度一定的闭合曲线，围成最大的面积的形状是什么。即在长度一定的封闭曲线中，什么曲线所围成的面积最大。若用弧长作为参数，封闭曲线的方程可描述成以弧长 s 为参数的方程，即

$$x = x(s) \tag{4-2-74}$$

$$y = y(s) \tag{4-2-75}$$

由于是封闭的曲线，有 $x(0) = x(s_1)$，$y(0) = y(s_1)$，曲线的长度为

$$l = \int_0^{s_1} \sqrt{\left(\frac{\mathrm{d}x}{\mathrm{d}s}\right)^2 + \left(\frac{\mathrm{d}y}{\mathrm{d}s}\right)^2}\,\mathrm{d}s \tag{4-2-76}$$

所围的面积为

$$A(x,y) = \iint_A \mathrm{d}x\mathrm{d}y = \frac{1}{2}\oint_l (x\mathrm{d}y - y\mathrm{d}x) = \frac{1}{2}\int_0^{s_1}\left(x\frac{\mathrm{d}y}{\mathrm{d}s} - y\frac{\mathrm{d}x}{\mathrm{d}s}\right)\mathrm{d}s \tag{4-2-77}$$

这样一来，等周问题就可以描述为求约束条件 $l = \int_0^{s_1} \sqrt{\left(\frac{\mathrm{d}x}{\mathrm{d}s}\right)^2 + \left(\frac{\mathrm{d}y}{\mathrm{d}s}\right)^2}\,\mathrm{d}s$ 下泛函 $A(s,x,y) = \frac{1}{2}\int_0^{s_1}\left(x\frac{\mathrm{d}y}{\mathrm{d}s} - y\frac{\mathrm{d}x}{\mathrm{d}s}\right)\mathrm{d}s$ 的极值问题。

为此，可以采用拉格朗日乘子法进行求解。首先构造一个涵盖约束条件的新的泛函，即

$$\begin{aligned}A^*(s,x,y) &= \frac{1}{2}\int_0^{s_1}\left(x\frac{\mathrm{d}y}{\mathrm{d}s} - y\frac{\mathrm{d}x}{\mathrm{d}s}\right)\mathrm{d}s + \lambda(s)\left[\int_0^{s_1}\sqrt{\left(\frac{\mathrm{d}x}{\mathrm{d}s}\right)^2 + \left(\frac{\mathrm{d}y}{\mathrm{d}s}\right)^2}\,\mathrm{d}s - l\right] \\ &= \int_0^{s_1} L^*(s,x,y,x',y',\lambda)\mathrm{d}s - \lambda(s)l\end{aligned} \tag{4-2-78}$$

其中，拉格朗日函数为

$$L^*(s,x,y,x',y',\lambda) = \frac{1}{2}(xy' - yx') + \lambda(s)\sqrt{x'^2 + y'^2} \tag{4-2-79}$$

利用欧拉-拉格朗日方程，即

$$\frac{\partial L^*}{\partial x}-\frac{\mathrm{d}}{\mathrm{d}s}\left(\frac{\partial L^*}{\partial x'}\right)=0$$

$$\frac{\partial L^*}{\partial y}-\frac{\mathrm{d}}{\mathrm{d}s}\left(\frac{\partial L^*}{\partial y'}\right)=0$$

得

$$y'-\frac{\mathrm{d}}{\mathrm{d}s}\left(-y+\frac{\lambda x'}{\sqrt{x'^2+y'^2}}\right)=0 \tag{4-2-80}$$

$$-x'-\frac{\mathrm{d}}{\mathrm{d}s}\left(x+\frac{\lambda y'}{\sqrt{x'^2+y'^2}}\right)=0 \tag{4-2-81}$$

此外，约束条件方程为

$$\int_0^{s_1}\sqrt{\left(\frac{\mathrm{d}x}{\mathrm{d}s}\right)^2+\left(\frac{\mathrm{d}y}{\mathrm{d}s}\right)^2}\mathrm{d}s-l=0 \tag{4-2-82}$$

积分一次后得

$$y-\frac{\lambda x'}{2\sqrt{x'^2+y'^2}}=C_1 \tag{4-2-83}$$

$$x+\frac{\lambda y'}{2\sqrt{x'^2+y'^2}}=C_2 \tag{4-2-84}$$

即

$$y-C_1=\frac{\lambda x'}{2\sqrt{x'^2+y'^2}} \tag{4-2-85}$$

$$x-C_2=-\frac{\lambda y'}{2\sqrt{x'^2+y'^2}} \tag{4-2-86}$$

将式(4-2-85)和式(4-2-86)分别平方相加得

$$(x-C_2)^2+(y-C_1)^2=\frac{1}{4}\lambda^2 \tag{4-2-87}$$

这是一个圆的方程，写成参数形式为

$$x-C_2=\frac{\lambda}{2}\cos\theta \tag{4-2-88}$$

$$y-C_1=\frac{\lambda}{2}\sin\theta \tag{4-2-89}$$

将其代入约束条件中得

$$\int_0^{s_1}\sqrt{\left(\frac{\mathrm{d}x}{\mathrm{d}s}\right)^2+\left(\frac{\mathrm{d}y}{\mathrm{d}s}\right)^2}\mathrm{d}s-l=\int_0^{2\pi}\sqrt{\left(\frac{\mathrm{d}x}{\mathrm{d}\theta}\right)^2+\left(\frac{\mathrm{d}y}{\mathrm{d}\theta}\right)^2}\mathrm{d}\theta-l=\pi\lambda-l=0 \tag{4-2-90}$$

解得 $\lambda=\frac{l}{\pi}$。

则该圆的方程可写为

$$(x-C_2)^2+(y-C_1)^2=\left(\frac{l}{2\pi}\right)^2 \tag{4-2-91}$$

所围成的面积为 $A=\frac{l^2}{4\pi}$。

4.3 现代变分法的思想

上述古典变分实例提供了一些变分问题的类型。在变分问题的泛函中，其宗量的个数可以是一个，也可以是多个。宗量的导数可以是一阶的，也可以包含多阶。泛函的变分可以是无约束条件的无条件泛函变分，也可以是有约束条件的有条件泛函变分。有条件泛函变分可以采用“将约束条件中的显函数形式的宗量代入泛函中以消除一些宗量”的手段将有条件泛函变分问题转化为无条件泛函变分问题，也可以利用“拉格朗日乘子的方法，将约束条件通过拉格朗日乘子加入扩展的新泛函中”的手段，将原来有条件泛函变分问题化为新泛函的无条件泛函变分问题。

从上述几个古典变分问题可以看出，古典变分问题同时关心两个层面的问题，一个层面是泛函取极值时的宗量函数是什么，另一个层面是泛函所取的极值是什么。与古典变分问题的理念有些不同，现代变分问题更关心宗量函数解的问题，而不去关心极值是什么的问题。事实上，对于驻值问题，其驻值是什么并不重要，例如，在弹性力学静力问题中，用最小势能原理来确定应力的空间分布和应变的空间分布，其中的应力或应变都是势能泛函中的宗量函数。问题也主要是求解静力平衡时宗量函数的解，而对最小的势能是什么并不关心。又如，在弹性动力学的问题中，能量泛函中的拉格朗日函数为包含动能和势能的哈密顿作用量。当系统处于动态平衡时，能量泛函应取极小值，其中主要关心的是泛函中的宗量函数的解，而不太关心对应的最小能量是多少。

第5章　变分法与微分方程

变分法的近代应用十分广泛和普遍，但在分析问题的思路上与古典变分问题的分析思路并不相同。古典变分问题的思路比较简单，就是通过变分法确定出使泛函取极值的宗量函数。近代变分法的思路更多地关注微分方程的近似求解以及数值计算。其中主要涉及两个问题，一个是微分方程与泛函极值问题的转换，另一个是问题的近似求解和数值计算。微分方程与泛函极值问题的转换是指：针对一个物理问题，可以用一组含边界条件的微分方程来描述，也可以用一个泛函的极值问题来描述。近似求解和数值计算是指：可以针对微分方程进行直接近似求解和数值计算，也可以针对同样问题的泛函极值进行近似求解和数值计算。

描述一个物理问题最基本的模型通常是微分方程，通过微分方程与泛函极值问题的转换，也可以用泛函极值的方法描述这个物理问题。当然，有些物理问题也可以直接描述成泛函极值的问题。把一个物理问题(或其他学科的问题)用变分法化为求泛函极值(或驻值)的问题，就称为该物理问题（或其他学科的问题)的变分原理。通常泛函的极值问题都是有约束条件的极值问题，如果建立了一个新泛函，解除了原有的某些约束条件，就称为该问题的广义变分原理；如果解除了所有的约束条件，就称为无条件广义变分原理，或完全的广义变分原理。

5.1　弹性静力学问题的微分方程和变分形式

一个结构的弹性静力学求解问题，传统的做法是先列出一系列的方程，再对方程进行求解。这一系列方程包括平衡方程、物理方程和几何方程等。

平衡方程可描述为

$$\sigma_{ji,j} + b_i = 0 \tag{5-1-1}$$

其中，$\sigma_{ji,j}$为应力张量；b_i为体力密度。

物理方程表示为

$$\sigma_{ij} = \lambda\delta_{ij}\varepsilon_{kk} + 2\mu\varepsilon_{ij} \tag{5-1-2}$$

其中，ε_{ij} 为应变张量；δ_{ij} 为克罗内克符号；λ 和 μ 为材料介质的拉梅常数。

几何方程的形式为

$$\varepsilon_{ij}=\frac{1}{2}(u_{j,i}+u_{i,j}) \tag{5-1-3}$$

其中，$u_{j,i}$ 和 $u_{i,j}$ 为位移矢量的分量。

这些方程中包含了应力、应变、位移等一系列的变量。但由于变量数和独立的方程数一样多，都是 15 个，因此构成了封闭的方程组。在给定相应边界条件的情况下，就可以对这些微分方程进行求解。

虽然针对给定边界条件的封闭方程组，理论上讲是可以求解的，但实际上只有一些简单(形状简单、维数简单等)的问题才能有解析解，而绝大多数问题是找不到精确解析解的。为此，可以试图寻求一些数值近似的求解方法，如差分法等。但由于近似程度直接受差分网格划分、差分步长选择等的影响，对于很多问题其近似计算效果并不理想。

同样这个问题也可以按变分法中的最小势能原理来描述。针对体积为 V 的介质，其变形势能可表示为

$$U=\int_V \boldsymbol{\sigma}:\boldsymbol{\varepsilon}\mathrm{d}V \tag{5-1-4}$$

外力(体力和面力)所做的功为

$$W=\int_V \boldsymbol{b}\cdot\boldsymbol{u}\mathrm{d}V+\int_S(\boldsymbol{\sigma}\cdot\boldsymbol{u})\cdot\boldsymbol{n}\mathrm{d}S \tag{5-1-5}$$

其中，S 为体积 V 的外表面积。

总的广义势能为

$$\Pi=U-W=\int_V \boldsymbol{\sigma}:\boldsymbol{\varepsilon}\mathrm{d}V-\int_V \boldsymbol{b}\cdot\boldsymbol{u}\mathrm{d}V-\int_S(\boldsymbol{\sigma}\cdot\boldsymbol{u})\cdot\boldsymbol{n}\mathrm{d}S \tag{5-1-6}$$

当系统平衡时，总的广义势能应取极小值，即其变分应该为零，即

$$\delta\Pi=\delta U-\delta W=\delta\int_V \boldsymbol{\sigma}:\boldsymbol{\varepsilon}\mathrm{d}V-\delta\int_V \boldsymbol{b}\cdot\boldsymbol{u}\mathrm{d}V-\delta\int_S(\boldsymbol{\sigma}\cdot\boldsymbol{u})\cdot\boldsymbol{n}\mathrm{d}S=0 \tag{5-1-7}$$

等价于

$$\int_V \boldsymbol{\sigma}:\delta\boldsymbol{\varepsilon}\mathrm{d}V=\int_V \boldsymbol{b}\cdot\delta\boldsymbol{u}\mathrm{d}V+\int_S(\boldsymbol{\sigma}\cdot\delta\boldsymbol{u})\cdot\boldsymbol{n}\mathrm{d}S \tag{5-1-8}$$

由于

$$\begin{aligned}\int_S(\boldsymbol{\sigma}\cdot\delta\boldsymbol{u})\cdot\boldsymbol{n}\mathrm{d}S-\int_V(\boldsymbol{\sigma}:\delta\boldsymbol{\varepsilon})\mathrm{d}V&=\int_V\mathrm{div}(\boldsymbol{\sigma}\cdot\delta\boldsymbol{u})\mathrm{d}V-\int_V(\boldsymbol{\sigma}:\delta\nabla\boldsymbol{u})\mathrm{d}V\\&=\int_V(\mathrm{div}\boldsymbol{\sigma}\cdot\delta\boldsymbol{u})\mathrm{d}V\end{aligned}\tag{5-1-9}$$

有

$$\int_V(\boldsymbol{b}+\mathrm{div}\boldsymbol{\sigma})\cdot\delta\boldsymbol{u}\mathrm{d}V=0\tag{5-1-10}$$

考虑到变分 $\delta\boldsymbol{u}$ 的任意性，有

$$\int_V(\boldsymbol{b}+\mathrm{div}\boldsymbol{\sigma})\mathrm{d}V=0\tag{5-1-11}$$

考虑到体积 V 的任意性，有

$$\mathrm{div}\boldsymbol{\sigma}+\boldsymbol{b}=\boldsymbol{0}\tag{5-1-12}$$

即

$$\sigma_{ji,j}+b_i=0\tag{5-1-13}$$

可以看出，最小势能原理和平衡方程是等价的，但其中利用了几何方程的关系。因此，弹性静力学问题的 15 个方程，可以描述为满足如下物理条件

$$\sigma_{ij}=\lambda\delta_{ij}\varepsilon_{kk}+2\mu\varepsilon_{ij}$$

和如下几何条件

$$\varepsilon_{ij}=\frac{1}{2}(u_{j,i}+u_{i,j})$$

的泛函

$$\Pi=U-W=\int_V\boldsymbol{\sigma}:\varepsilon\mathrm{d}V-\int_V\boldsymbol{b}\cdot\boldsymbol{u}\mathrm{d}V-\int_S(\boldsymbol{\sigma}\cdot\boldsymbol{u})\cdot\boldsymbol{n}\mathrm{d}S$$

的极值问题。

从这个例子可以看出，微分方程与泛函极值问题是可以相互转换的。对于一个物理问题，有时可以直接用微分方程的形式描述，从而转为求解微分

方程的问题；当不太容易用微分方程的形式描述时，可以用泛函极值问题的形式描述，问题成为求解泛函的极值问题。然而，无论哪种描述形式，能得到解析解的例子都是十分有限的。因此，通常情况下都需要寻求近似求解的途径。

从近似求解的角度讲，微分方程的近似求解方法有差分法和加权余量法，泛函极值问题的近似求解方法则是对近似函数极值的求解方法。

差分法是将微分问题通过近似的差分代替，将求解微分方程的问题转化为求解代数方程的问题，这种方法的近似程度直接取决于差分格式的选择和差分步长的选择。差分格式的不同会直接影响解的稳定性；差分步长的不同会直接影响计算的速度和精度，差分步长越大，精度越低，差分步长越小，计算量越大。对于微分方程组和高阶微分问题其计算量更大。差分法中最常用的就是有限差分法。

加权余量法针对微分方程选取有限多个试探函数子函数(或者是基函数或形函数)，用一系列未知的系数叠加起来，并满足边界条件，作为微分方程解函数的近似。进一步，再要求近似解与精确解的差值(称为余量或残量)在定义域内与一系列加权函数的积分(即加权平均值)为零，便可以得到一组易于求解的线性代数方程，从而将微分方程的求解问题转化为代数方程的求解问题，进而达到求解微分方程的目的。加权余量法中最常用的方法之一就是伽辽金方法。

近似函数极值法是将未知的泛函宗量用一系列已知函数(试探函数子函数或基函数)的未知系数的线性组合近似代替，将未知宗量函数的泛函极值问题转化为未知系数变量的函数极值问题。这种方法的近似程度直接依赖于基函数类型和项数的选择。近似函数极值法中最常用的是瑞利-里茨方法。

5.2 变分方程与微分方程的转换

事实上，泛函极值问题的欧拉-拉格朗日方程，已经将泛函的变分问题转化成微分方程的问题。

让泛函

$$\Pi = \int_{x_1}^{x_2} L(x, y, y')\mathrm{d}x \tag{5-2-1}$$

取得极值，应使泛函 Π 的一阶变分为零，即

$$\delta\Pi = \int_{x_1}^{x_2} \left[\frac{\partial L}{\partial y} - \frac{\mathrm{d}}{\mathrm{d}x}\left(\frac{\partial L}{\partial y'} \right) \right] \delta y \mathrm{d}x = 0 \tag{5-2-2}$$

从而得

$$\frac{\partial L}{\partial y} - \frac{\mathrm{d}}{\mathrm{d}x}\left(\frac{\partial L}{\partial y'} \right) = 0 \tag{5-2-3}$$

式(5-2-3)即欧拉-拉格朗日方程，实际上就是一个微分方程，多维的和高阶的也都类似，有条件的和无条件的也类似。

而将一个微分方程转化为泛函的变分问题可试着按照其逆推过程来进行。对于一个二阶线性微分方程(包括变系数的)

$$\mathcal{L}(y) = p(x)\frac{\mathrm{d}^2 y}{\mathrm{d}x^2} + q(x)y = f(x) \tag{5-2-4}$$

的齐次边界条件的边值问题，可将其对应的泛函描述为

$$\Pi = \int_{x_1}^{x_2} \left[\frac{1}{2}\mathcal{L}(y) - f \right] y \mathrm{d}x = \int_{x_1}^{x_2} \left\{ \frac{1}{2}\left[p(x)\frac{\mathrm{d}^2 y}{\mathrm{d}x^2} + q(x)y \right] - f \right\} y \mathrm{d}x \tag{5-2-5}$$

为了分析该泛函极值问题与上述微分方程的等价性，可通过使其变分为零，得到对应的微分方程形式。为此，先对该泛函的第一项进行分部积分，得

$$\Pi = \frac{1}{2}p(x)\frac{\mathrm{d}y}{\mathrm{d}x}y\bigg|_{x_1}^{x_2} - \frac{1}{2}\int_{x_1}^{x_2} \left[p(x)\frac{\mathrm{d}y}{\mathrm{d}x}\frac{\mathrm{d}y}{\mathrm{d}x} \right] \mathrm{d}x + \frac{1}{2}\int_{x_1}^{x_2} \left[q(x)y^2 \right] \mathrm{d}x - \int_{x_1}^{x_2} f(x)y \mathrm{d}x \tag{5-2-6}$$

对于零边界条件，有

$$\Pi = -\frac{1}{2}\int_{x_1}^{x_2} \left[p(x)\frac{\mathrm{d}y}{\mathrm{d}x}\frac{\mathrm{d}y}{\mathrm{d}x} \right] \mathrm{d}x + \frac{1}{2}\int_{x_1}^{x_2} \left[q(x)y^2 \right] \mathrm{d}x - \int_{x_1}^{x_2} f(x)y \mathrm{d}x \tag{5-2-7}$$

对其进行变分，得

$$\delta\Pi = -\int_{x_1}^{x_2} \left[p(x)\frac{\mathrm{d}y}{\mathrm{d}x}\frac{\mathrm{d}\delta y}{\mathrm{d}x} \right] \mathrm{d}x + \int_{x_1}^{x_2} \left[q(x)y\delta y \right] \mathrm{d}x - \int_{x_1}^{x_2} f(x)\delta y \mathrm{d}x \tag{5-2-8}$$

再对其进行分部积分，得

$$\delta\Pi=-\left[p(x)\frac{\mathrm{d}y}{\mathrm{d}x}\delta y\right]\Bigg|_{x_1}^{x_2}+\int_{x_1}^{x_2}\left[p(x)\frac{\mathrm{d}^2y}{\mathrm{d}x^2}\right]\delta y\mathrm{d}x+\int_{x_1}^{x_2}[q(x)y\delta y]\mathrm{d}x-\int_{x_1}^{x_2}f(x)\delta y\mathrm{d}x \tag{5-2-9}$$

由于边界上的变分为零，有

$$\delta\Pi=\int_{x_1}^{x_2}\left[p(x)\frac{\mathrm{d}^2y}{\mathrm{d}x^2}+q(x)y-f(x)\right]\delta y\mathrm{d}x \tag{5-2-10}$$

该泛函取极值时，其变分为零，即

$$\delta\Pi=\int_{x_1}^{x_2}\left[p(x)\frac{\mathrm{d}^2y}{\mathrm{d}x^2}+q(x)y-f(x)\right]\delta y\mathrm{d}x=0 \tag{5-2-11}$$

也有

$$p(x)\frac{\mathrm{d}^2y}{\mathrm{d}x^2}+q(x)y-f(x)=0 \tag{5-2-12}$$

可以看出，通过变分为零，让泛函取驻值(包括极值)，可得到(回归到)原来的微分方程。

事实上，只要微分方程的线性微分算子$\mathcal{L}(y)$满足正定和对称条件，其微分方程，即

$$\mathcal{L}(y)=f(x) \tag{5-2-13}$$

的求解问题都可以等价地描述成泛函

$$\Pi=\int_{x_1}^{x_2}\left[\frac{1}{2}\mathcal{L}(y)-f\right]y\mathrm{d}x \tag{5-2-14}$$

求驻值的问题，即

$$\delta\Pi=\int_{x_1}^{x_2}\left[\frac{1}{2}\mathcal{L}(y)-f\right]y\mathrm{d}x=0 \tag{5-2-15}$$

若定义函数$u(x)$和$v(x)$的内积为

$$\langle u(x), v(x)\rangle = \int_{x_1}^{x_2} u(x)v(x)\mathrm{d}x \tag{5-2-16}$$

则线性微分算子 $\mathcal{L}(y)$ 正定是指

$$\langle \mathcal{L}(y), y\rangle = \int_{x_1}^{x_2} \mathcal{L}(y)y\mathrm{d}x \geqslant 0 \tag{5-2-17}$$

算子 $\mathcal{L}(y)$ 对称是指

$$\langle \mathcal{L}(y), z(x)\rangle = \langle \mathcal{L}(z), y(x)\rangle \tag{5-2-18}$$

假设 y_0 是微分方程的解，则有

$$\mathcal{L}(y_0) = f(x) \tag{5-2-19}$$

现给其一增量 η ，并代入泛函中，得

$$\Pi(y_0+\eta) = \left\langle \frac{1}{2}\mathcal{L}(y_0+\eta) - f, y_0+\eta \right\rangle \tag{5-2-20}$$

即

$$\Pi(y_0+\eta) = \left\langle \frac{1}{2}\mathcal{L}(y_0+\eta), y_0+\eta \right\rangle - \langle f, y_0+\eta\rangle \tag{5-2-21}$$

对于线性微分算子，有

$$\begin{aligned}\Pi(y_0+\eta) = &\left\langle \frac{1}{2}\mathcal{L}(y_0), y_0 \right\rangle + \left\langle \frac{1}{2}\mathcal{L}(y_0), \eta \right\rangle + \left\langle \frac{1}{2}\mathcal{L}(\eta), y_0 \right\rangle + \left\langle \frac{1}{2}\mathcal{L}(\eta), \eta \right\rangle \\ &- \langle f, y_0\rangle - \langle f, \eta\rangle\end{aligned} \tag{5-2-22}$$

对于对称算子，有 $\left\langle \frac{1}{2}\mathcal{L}(\eta), y_0 \right\rangle = \left\langle \frac{1}{2}\mathcal{L}(y_0), \eta \right\rangle$ ，因此有

$$\Pi(y_0+\eta) = \left\langle \frac{1}{2}\mathcal{L}(y_0), y_0 \right\rangle - \langle f, y_0\rangle + \langle \mathcal{L}(y_0), \eta\rangle - \langle f, \eta\rangle + \left\langle \frac{1}{2}\mathcal{L}(\eta), \eta \right\rangle \tag{5-2-23}$$

由于 $\mathcal{L}(y_0) - f = 0$ ，有

$$\Pi(y_0+\eta) = \Pi(y_0) + \left\langle \frac{1}{2}\mathcal{L}(\eta), \eta \right\rangle \tag{5-2-24}$$

对于正定算子，有 $\left\langle \frac{1}{2}\mathcal{L}(\eta),\eta \right\rangle \geqslant 0$，因此有

$$\Pi(y_0+\eta) \geqslant \Pi(y_0) \tag{5-2-25}$$

说明任何偏离 $y=y_0$ 的点，其泛函值都比 $y=y_0$ 点的值大，从而可知，$y=y_0$ 时泛函取极小值，该点泛函的变分应该为零，即

$$\delta\Pi(y_0)=0 \tag{5-2-26}$$

5.3 泊松方程的边值问题

5.2 节针对的是一维问题，对于二维或三维问题也有类似的方法。齐次边界条件中的第一类边界条件是函数在边界上为零，第二类边界条件是函数的导数在边界上为零，第三类边界条件是函数与导数的线性组合在边界上为零。下面分析二维泊松方程的第一类边值问题。

二维泊松方程第一类边值问题的方程和边界条件为

$$\begin{cases} -\Delta u = -\nabla^2 u = -\left(\dfrac{\partial^2 u}{\partial x^2}+\dfrac{\partial^2 u}{\partial y^2}\right) = f(x,y), & (x,y)\in\Omega \\ u\big|_{\Gamma}=0, & \Gamma\text{是}\Omega\text{的边界} \end{cases} \tag{5-3-1}$$

可以证明该算子 $-\Delta u$ 满足正定和对称性条件。

首先，看一下算子 $-\Delta u$ 与函数 v 的内积，即

$$\langle -\Delta u, v\rangle = -\iint_{\Omega}\left(\frac{\partial^2 u}{\partial x^2}+\frac{\partial^2 u}{\partial y^2}\right)v\mathrm{d}x\mathrm{d}y \tag{5-3-2}$$

利用关系式

$$\left(\frac{\partial^2 u}{\partial x^2}+\frac{\partial^2 u}{\partial y^2}\right)v = \frac{\partial}{\partial x}\left(v\frac{\partial u}{\partial x}\right)+\frac{\partial}{\partial y}\left(v\frac{\partial u}{\partial y}\right)-\left(\frac{\partial v}{\partial x}\frac{\partial u}{\partial x}+\frac{\partial v}{\partial y}\frac{\partial u}{\partial y}\right) \tag{5-3-3}$$

及格林公式

$$\iint_{\Omega}\left[\frac{\partial}{\partial x}\left(v\frac{\partial u}{\partial x}\right)+\frac{\partial}{\partial y}\left(v\frac{\partial u}{\partial y}\right)\right]\mathrm{d}x\mathrm{d}y = \int_{\Gamma} v\frac{\partial u}{\partial n}\mathrm{d}s \tag{5-3-4}$$

则得

$$\langle -\Delta u, v\rangle = -\iint_{\Omega}\left(\frac{\partial^2 u}{\partial x^2}+\frac{\partial^2 u}{\partial y^2}\right)v\mathrm{d}x\mathrm{d}y = \iint_{\Omega}\left(\frac{\partial v}{\partial x}\frac{\partial u}{\partial x}+\frac{\partial v}{\partial y}\frac{\partial u}{\partial y}\right)\mathrm{d}x\mathrm{d}y - \int_{\Gamma} v\frac{\partial u}{\partial n}\mathrm{d}s \tag{5-3-5}$$

考虑到边界上有 $v|_{\Gamma}=0$ ，因此得

$$\langle -\Delta u, v\rangle = \iint_{\Omega}\left(\frac{\partial v}{\partial x}\frac{\partial u}{\partial x}+\frac{\partial v}{\partial y}\frac{\partial u}{\partial y}\right)\mathrm{d}x\mathrm{d}y = \langle -\Delta v, u\rangle \tag{5-3-6}$$

说明算子 $-\Delta u$ 是对称的。

其次，取 $v=u$ ，得

$$\langle -\Delta u, u\rangle = \iint_{\Omega}\left[\left(\frac{\partial u}{\partial x}\right)^2+\left(\frac{\partial u}{\partial y}\right)^2\right]\mathrm{d}x\mathrm{d}y \geqslant 0 \tag{5-3-7}$$

说明算子 $-\Delta u$ 是正定的。

因此，其等价的泛函可写为

$$\Pi = \frac{1}{2}\langle -\Delta u, u\rangle - \langle f, u\rangle = \iint_{\Omega}\left[-\frac{1}{2}\left(\frac{\partial^2 u}{\partial x^2}+\frac{\partial^2 u}{\partial y^2}\right)-f\right]u\mathrm{d}x\mathrm{d}y \tag{5-3-8}$$

按上述的推导，可得

$$\Pi = \iint_{\Omega}\left\{\frac{1}{2}\left[\left(\frac{\partial u}{\partial x}\right)^2+\left(\frac{\partial u}{\partial y}\right)^2\right]-fu\right\}\mathrm{d}x\mathrm{d}y \tag{5-3-9}$$

该泛函取驻值时对应的宗量函数就是原二维泊松微分方程第一类边值问题的解。这样一来，就把二维泊松方程第一类边值问题的微分方程转化成泛函驻值的问题。

第6章　试探函数、基函数与形函数

在进行近似计算时，经常要用到试探函数、基函数、形函数或插值函数等方面的内容。可以说，没有试探函数等的应用，就无法进行近似求解。为此，本章分别对试探函数、基函数、形函数等进行论述，阐明它们各自的特征和彼此之间的相互联系。

6.1　试 探 函 数

无论是微分方程近似求解中的加权余量法，还是泛函极值近似求解中的瑞利-里茨方法，都涉及试探函数的问题。试探函数就是试着找一种满足某种条件(如边界条件等)的函数形式。它是由一系列的已知函数和一系列未知变量组成的函数形式，这种试探函数形式可以作为近似解的形式。因此，近似解就是这一系列已知函数的线性组合，并且线性组合的系数是未知的待定系数。为了便于分析，这里厘清一下本书中的概念。关于试探函数，本章中明确以下几个概念：

(1)试探函数。试探函数是由一系列的已知函数和一系列未知变量组成并满足某种条件(如边界条件等)的函数形式，且可以作为近似解的形式。

(2)试探函数子函数。组成试探函数形式中的已知函数称为试探函数子函数，其一般为一系列的已知函数。

(3)试探函数集。由一系列已知试探函数子函数所构成的集合称为试探函数集。

这里需要明确一下，这种定义或规定仅限于本书中的描述。这样一来，可以明确，试探函数是近似解的一种形式。试探函数子函数是一系列的已知函数，近似解是这一系列已知函数的线性组合，线性组合的系数是未知的待定系数。试探函数形式的选取很重要，任何近似的计算都是从试探函数这一点入手的。试探函数选取得好坏直接关系到近似解的精度和计算的速度。到底什么样的试探函数更有利于近似计算，需要从试探函数的性质和特征上进行分析。

首先，组成试探函数的已知函数是一个由若干个函数构成的函数集，而不是某个单个函数，即 $\phi_n(\boldsymbol{x})$，$n=1,2,\cdots,N$，且 $N>1$。因为一个单个函数只能有一个待定系数，没有太多的调节余地。因此，试探函数一定是由若干个已知函数或一系列已知函数组合起来的。其次，组成试探函数集中的这些已知函数应该是相互独立的或线性无关的，否则，待定的未知系数变量就会不独立，转化的代数方程组就构不成封闭的方程组。由于要求这些已知函数具备以上两个基本性质，因此有时也称这些函数为试探基函数。但严格来讲，它不一定是基函数，因为基函数按其定义应有更严格的特征要求。

试探函数的组成形式多种多样，它可以由幂函数组成，如 x^n。其线性组合为

$$f(x)=\sum_{n=1}^{N}C_n x^n \tag{6-1-1}$$

也可以由三角函数组成，如 $\cos\dfrac{2\pi nx}{l}$、$\sin\dfrac{2\pi nx}{l}$。其线性组合为

$$f(x)=a_0+\sum_{n=1}^{\infty}\left(a_n\cos\frac{2\pi nx}{l}+b_n\sin\frac{2\pi nx}{l}\right) \tag{6-1-2}$$

还可以由指数函数 e^{-nx} (或对数函数) 组成。其线性组合为

$$f(x)=\sum_{n=1}^{N}C_n\mathrm{e}^{-nx} \tag{6-1-3}$$

当然，线性组合也可以是不同种类试探函数的线性组合，如

$$f(x)=C_1x^n+C_2\cos(mx)+C_3\mathrm{e}^{-px} \tag{6-1-4}$$

不管是哪种形式的试探函数，组成试探函数的子函数都是各类已知函数，其线性组合的形式中都包含待定系数，待定系数都可视为变量。待定系数的个数决定了问题的维数。待定系数越多，所得的近似解越能逼近真实的解，但与此同时，求解问题的复杂程度也就越高。待定系数越少，越容易求解，但所得的近似解逼近真实解的程度就会越差。除此之外，不管是哪类已知函数，其构成的试探函数都应满足问题的边界条件。

如针对简支梁的弯曲问题，其弯曲平衡方程为

$$\begin{cases}EI\dfrac{\mathrm{d}^4w}{\mathrm{d}x^4}-q=0\\ w(0)=0,\quad w(l)=0\end{cases} \tag{6-1-5}$$

其中，w 为挠度；x 为长度方向的坐标；EI 为抗弯刚度；l 为梁的长度；q 为载荷密度(单位长度的载荷)。

按照边界条件，可取三角函数型的试探函数，则其近似解可描述为

$$w(x)=\sum_{n=1}^{N}\left[b_n\sin\frac{(2n-1)\pi x}{l}\right] \tag{6-1-6}$$

可以看出，$w(x)$ 满足边界条件 $w(0)=0$、$w(l)=0$，其中的已知函数集 $\sin\frac{(2n-1)\pi x}{l}$ 也是满足边界条件的。

若只取两项，则有

$$w(x)=b_1\sin\frac{\pi x}{l}+b_2\sin\frac{3\pi x}{l} \tag{6-1-7}$$

6.2 基 函 数

基函数是指函数空间中的一组函数系列 $\psi_n(\boldsymbol{x})$，$n=1,2,\cdots,N$，N 可以趋近无穷大。函数空间中的任何连续函数都可以表示为这组函数系列的线性组合(或线性叠加)，即

$$f(x)=\sum_{n=1}^{N}C_n\psi_n(\boldsymbol{x}) \tag{6-2-1}$$

其中，C_n 为常数，与向量空间中的基矢量有些类似。因为向量空间中的任何向量都可以表示为基矢量的线性组合(或线性叠加)。

基函数具有几个最基本的特性：一个是独立性，即线性无关性；另一个是完备性；除此之外有些基函数还具备正交的特性。独立性是指某个基函数不能是其他基函数的线性组合，即基函数之间是线性无关的。完备性是指基函数系列是完备的，通俗地讲，是指任何连续函数都可以用这些基函数系列的线性组合表示出来，也就是都能展开成这些基函数系列的叠加求和形式。正交性的提法源于向量的正交。向量的正交是指两个向量相互垂直，因此其点乘为零。基函数的正交是指两个基函数的乘积在一个区域(一维线段、二维面积或三维体积)的积分(或加权积分)为零，即

$$\int_0^l\psi_n(\boldsymbol{x})\psi_m(\boldsymbol{x})W(\boldsymbol{x})\mathrm{d}\boldsymbol{x}=\begin{cases}A_n(\neq 0), & n=m\\ 0, & n\neq m\end{cases} \tag{6-2-2}$$

其中，$W(\boldsymbol{x})$ 为权函数。

最典型的基函数是三角函数 $\psi_n(\boldsymbol{x}) = \sin\dfrac{2\pi nx}{l}$ ，$\bar{\psi}_n(\boldsymbol{x}) = \cos\dfrac{2\pi nx}{l}$ ，$n=1, 2,\cdots,N$ 。首先，三角函数是完备的，任何一个平方可积的函数都可以表示为

$$f(x) = a_0 + \sum_{n=1}^{\infty}\left(a_n \cos\frac{2\pi nx}{l} + b_n \sin\frac{2\pi nx}{l}\right) \tag{6-2-3}$$

其次，三角函数是线性无关的且又是正交的，因为

$$\int_0^l \cos\frac{2\pi nx}{l}\cos\frac{2\pi mx}{l}\mathrm{d}x = \begin{cases}\dfrac{l}{2}, & n=m\\ 0, & n\neq m\end{cases} \tag{6-2-4}$$

$$\int_0^l \sin\frac{2\pi nx}{l}\sin\frac{2\pi mx}{l}\mathrm{d}x = \begin{cases}\dfrac{l}{2}, & n=m\\ 0, & n\neq m\end{cases} \tag{6-2-5}$$

$$\int_0^l \sin\frac{2\pi nx}{l}\cos\frac{2\pi mx}{l}\mathrm{d}x = 0 \tag{6-2-6}$$

可以看出，将一个未知函数用已知基函数的线性叠加来描述(或表示)的途径是可行的。因此，以基函数为已知函数构造出的试探函数也是完全可行的，而且由基函数构造出的试探函数还是一种比较完备的函数。但一般来说，当用基函数构造一个函数时，要求的叠加项数需无穷多个，因此待定的未知系数变量也有无穷多个，这是不符合近似计算的原则的。而在近似计算过程中，总是试图用有限多个(实际上应尽量少)项数来描述一个未知函数，进而处理有限多个未知系数变量的问题。为了用有限多个试探函数子函数来表征未知函数，并且要保证一定的精度，就不能拘泥于一定选完备的基函数，而是要结合问题的实际来选定相应的试探函数。

一般来说，试探函数的选取及近似解精度的高低取决于函数的分析范围，范围越大，对试探函数性态的要求就越高，试探函数的形式也就越复杂。为了解决范围大、试探函数难以选取且近似解精度低的问题，学者提出了分片(应该说一维是分段、二维是分片、三维是分块)化的思想，即将大范围的区域化成有限多个(finite)小片区域。使试探函数仅在小片区域选取就可以了。小片区域内的试探函数容易选择，可以选择线性的、二阶非线性的、幂函数或指数函数等。小片区域(小段、小片或小块内)的试探函数更能够适应区域

的类型和形状，并且可以用区域边界节点的值作为待定系数，形成一种插值形式，此时也把小片区域内的试探函数称为形函数。随着方法的进一步发展，学者把这种分片的小片区域称为单元，并把这种分片(段、块)化近似求解的方法称为有限元法。

6.3 形 函 数

形函数实际上是一种插值函数。设小片区域上有 N 个节点，用试探函数子函数线性组合表示的近似解为

$$f(\boldsymbol{x})=\sum_{n=1}^{N}C_n\psi_n(\boldsymbol{x}) \tag{6-3-1}$$

则在节点上的解为

$$f_j=f(\boldsymbol{x}_j)=\sum_{n=1}^{N}C_n\psi_n(\boldsymbol{x}_j) \tag{6-3-2}$$

将其写成矩阵形式为

$$[f_j]_N=[\psi_n(\boldsymbol{x}_j)]_{N\times N}[C_n]_N \tag{6-3-3}$$

其中，$[\cdot]_N$ 为 N 阶列阵；$[\cdot]_{N\times N}$ 为 $N\times N$ 方阵。若 $[\psi_n(\boldsymbol{x}_j)]_{N\times N}$ 存在逆矩阵 $[\psi_n(\boldsymbol{x}_j)]_{N\times N}^{-1}$，则有

$$[C_n]_N=[\psi_n(\boldsymbol{x}_j)]_{N\times N}^{-1}[f_j]_N \tag{6-3-4}$$

将其再代回近似解公式中，得

$$f(\boldsymbol{x})=\sum_{n=1}^{N}C_n\psi_n(\boldsymbol{x})=[\psi_n(\boldsymbol{x})]_N^{\mathrm{T}}[C_n]_N=[\psi_n(\boldsymbol{x})]_N^{\mathrm{T}}[\psi_n(\boldsymbol{x}_j)]_{N\times N}^{-1}[f_j]_N \tag{6-3-5}$$

其中，$[\cdot]_N^{\mathrm{T}}$ 为 N 阶行阵。

若令 $N(\boldsymbol{x})=[\psi_n(\boldsymbol{x})]_N^{\mathrm{T}}[\psi_n(\boldsymbol{x}_j)]_{N\times N}^{-1}$，则有

$$f(\boldsymbol{x})=N(\boldsymbol{x})[f_j]_N \tag{6-3-6}$$

由于 $N(\boldsymbol{x})$ 与节点及小片区域的形状有关，因此也称为形函数。

利用已知的试探函数子函数 $\psi_n(\boldsymbol{x})$，可将近似解的未知函数 $f(\boldsymbol{x})$ 转化为

近似解的未知待定系数变量 C_n。由于形函数 $N(\boldsymbol{x})$ 也是已知函数，可以把近似解的未知待定系数变量 C_n 转化为节点上解的未知变量 $[f_j]_N$。这样一来，无穷维的连续解函数的求解问题就转化为有限维的离散解的求解问题。因此，形函数的确定，也是一个连续问题离散化的过程。

在分片化处理之后，无论是加权平均中的积分区域，还是泛函的积分区域，都是单片的小区域，为了分析和处理方便，可以单独将单个小片区域为对象来处理，在坐标系的使用上，可以用局部坐标系 ξ 代替整体坐标系 $\boldsymbol{x}$，并且可以做归一化处理，从而其形函数可以表示为 $N(\xi)$ 且 $-1 \leqslant \xi \leqslant 1$。

现以两个例子来说明形函数的具体确定，一个是一维的“线”问题，另一个是二维的“面”问题。

对于一维的“线”问题，以一维一次两节点 x_i 和 x_j 线段（小段区域）为例，设函数 $f(x)$ 沿 x 轴方向呈线性变化，即 $f(x)=a_1+a_2x$。这意味着 $\psi_1(x)=1$，$\psi_2(x)=x$，$N=2$。写成矩阵形式为

$$f(x)=[1\quad x]\begin{bmatrix}a_1\\a_2\end{bmatrix} \tag{6-3-7}$$

两个节点处的函数为

$$\begin{bmatrix}f_i\\f_j\end{bmatrix}=\begin{bmatrix}f(x_i)\\f(x_j)\end{bmatrix}=\begin{bmatrix}1 & x_i\\1 & x_j\end{bmatrix}\begin{bmatrix}a_1\\a_2\end{bmatrix} \tag{6-3-8}$$

解得

$$\begin{bmatrix}a_1\\a_2\end{bmatrix}=\begin{bmatrix}1 & x_i\\1 & x_j\end{bmatrix}^{-1}\begin{bmatrix}f_i\\f_j\end{bmatrix} \tag{6-3-9}$$

从而得

$$f(x)=[1\quad x]\begin{bmatrix}1 & x_i\\1 & x_j\end{bmatrix}^{-1}\begin{bmatrix}f_i\\f_j\end{bmatrix} \tag{6-3-10}$$

取

$$N(x)=[1\quad x]\begin{bmatrix}1 & x_i\\1 & x_j\end{bmatrix}^{-1}$$

则有

$$f(x)=N(x)\begin{bmatrix} f_i \\ f_j \end{bmatrix} \tag{6-3-11}$$

其中，$N(x)=[1 \quad x]\begin{bmatrix} 1 & x_i \\ 1 & x_j \end{bmatrix}^{-1}=[N_i \quad N_j]=\begin{bmatrix} \dfrac{x_j-x}{x_j-x_i} & \dfrac{x-x_i}{x_j-x_i} \end{bmatrix}$

采用局部坐标系ξ，并使两节点在局部坐标系中的坐标分别为$\xi_i=-1$和$\xi_j=1$。则得

$$N(\xi)=[N_i \quad N_j]=\begin{bmatrix} \dfrac{1-\xi}{2} & \dfrac{1+\xi}{2} \end{bmatrix} \tag{6-3-12}$$

对于二维的“面”问题，以二维一次四节点(x_i,y_i)、(x_j,y_j)、(x_k,y_k)和(x_l,y_l)组成的四边形平面(矩形小片区域)为例。由于是矩形，四点坐标并非任意，其对应的坐标可以分别表示为(x_i,y_i)、(x_i+2l,y_i)、(x_i+2l,y_i+2w)和(x_i,y_i+2w)，其中$2l$和$2w$分别为矩形的长度和宽度。在总体坐标系下，任一点的函数$f(x)$为$f(x)=a_1+a_2x+a_3y+a_4xy$，这意味着$\psi_1(x,y)=1$，$\psi_2(x,y)=x$，$\psi_3(x,y)=y$，$\psi_4(x,y)=xy$，$N=4$。写成矩阵形式为

$$f(x)=\begin{bmatrix} 1 & x & y & xy \end{bmatrix}\begin{bmatrix} a_1 \\ a_2 \\ a_3 \\ a_4 \end{bmatrix} \tag{6-3-13}$$

进而有

$$\begin{bmatrix} f_i \\ f_j \\ f_k \\ f_l \end{bmatrix}=\begin{bmatrix} 1 & x_i & y_i & x_iy_i \\ 1 & x_j & y_j & x_jy_j \\ 1 & x_k & y_k & x_ky_k \\ 1 & x_l & y_l & x_ly_l \end{bmatrix}\begin{bmatrix} a_1 \\ a_2 \\ a_3 \\ a_4 \end{bmatrix} \tag{6-3-14}$$

解得

$$\begin{bmatrix} a_1 \\ a_2 \\ a_3 \\ a_4 \end{bmatrix}=\begin{bmatrix} 1 & x_i & y_i & x_iy_i \\ 1 & x_j & y_j & x_jy_j \\ 1 & x_k & y_k & x_ky_k \\ 1 & x_l & y_l & x_ly_l \end{bmatrix}^{-1}\begin{bmatrix} f_i \\ f_j \\ f_k \\ f_l \end{bmatrix}$$

代回式(6-3-13)，得

$$f(x,y)=\begin{bmatrix}1 & x & y & xy\end{bmatrix}\begin{bmatrix}a_1\\a_2\\a_3\\a_4\end{bmatrix}=\begin{bmatrix}1 & x & y & xy\end{bmatrix}\begin{bmatrix}1 & x_i & y_i & x_iy_i\\1 & x_j & y_j & x_jy_j\\1 & x_k & y_k & x_ky_k\\1 & x_l & y_l & x_ly_l\end{bmatrix}^{-1}\begin{bmatrix}f_i\\f_j\\f_k\\f_l\end{bmatrix} \tag{6-3-15}$$

可写为

$$f(x,y)=\begin{bmatrix}N(x,y)\end{bmatrix}\begin{bmatrix}f_i\\f_j\\f_k\\f_l\end{bmatrix} \tag{6-3-16}$$

其中

$$\begin{bmatrix}N(x,y)\end{bmatrix}=\begin{bmatrix}N_i & N_j & N_k & N_l\end{bmatrix}=\begin{bmatrix}1 & x & y & xy\end{bmatrix}\begin{bmatrix}1 & x_i & y_i & x_iy_i\\1 & x_j & y_j & x_jy_j\\1 & x_k & y_k & x_ky_k\\1 & x_l & y_l & x_ly_l\end{bmatrix}^{-1}$$

整理后，得形函数矩阵中各元素的表达式为

$$N_i=\frac{(x_i+2l-x)(y_i+2w-y)}{4lw} \tag{6-3-17}$$

$$N_j=\frac{(x-x_i)(y_i+2w-y)}{4lw} \tag{6-3-18}$$

$$N_k=\frac{(x-x_i)(y-y_i)}{4lw} \tag{6-3-19}$$

$$N_l=\frac{(x_i+2l-x)(y-y_i)}{4lw} \tag{6-3-20}$$

利用坐标变换有

$$\xi=\frac{x-x_i}{l}-1 \tag{6-3-21}$$

$$\eta = \frac{y - y_i}{w} - 1 \tag{6-3-22}$$

将原来的整体坐标 (x, y) 变成局部坐标 (ξ, η) ，四节点的局部坐标则为 $(-1, -1)$ 、$(1, -1)$ 、$(1,1)$ 和 $(-1,1)$ ，则形函数可表示为

$$N_m = \frac{(1 + \xi_m \xi)(1 + \eta_m \eta)}{4},\ \ m = i, j, k, l \tag{6-3-23}$$

在有限元的计算方法中，针对不同的结构形状和不同的计算精度要求，还有很多种单元的类型，故对应很多种形函数。

从形函数的特性可以看出，形函数也相当于一种插值函数。因为插值函数就是在离散点基础上的补插函数。如果把节点视为离散点，离散点的函数值就是要求解的一系列变量。即对于待求的未知函数 $f(\boldsymbol{x})$ ，节点 $\boldsymbol{x}_i$ 上的值就是待求函数的值 $f_i = f(\boldsymbol{x}_i)$ ，而节点之间的值是通过形函数 $N(\boldsymbol{x})$ 插值得到的，即

$$f(\boldsymbol{x}) = N(\boldsymbol{x})\left[f_i\right]_N \tag{6-3-24}$$

从这个意义上讲，形函数也是一种插值函数。

上述的一维一次两节点形函数就是一种线性插值，而二维一次四节点形函数就是一种非线性插值。当然一维问题也可以有一维二次三节点、一维三次四节点等的非线性插值，二维问题也有二维一次三节点的线性插值以及平面四边形八节点的非线性插值等。

第7章　分片积分、离散化与有限元法

近似求解方法的实质是用近似解来代替精确解。而近似解的构成都是通过已知函数的线性组合来实现的。这里包含两个层面的内容，一个是已知函数的确定，另一个是未知变量的转化。已知函数可以是严格的基函数，也可以不是严格的基函数，组成近似解的形式可以是插值类型的形函数，也可以是其他形式的函数。但无论如何已知函数选择的好坏都是近似求解的关键。未知变量的转化实质上是个离散化的过程，它将原来的无穷维连续函数的求解转化为有限维的未知系数变量的求解。这一点对于插值形式的线性组合表现得更加明显。因此，未知系数的多少以及未知系数的内涵在近似求解过程中也显得十分关键。鉴于大范围的已知试探函数子函数难以选取，对范围进行分块处理成为一种有效的途径。这在问题求解中表现为分片积分。

7.1　分片积分

无论是泛函的积分还是加权余量的积分，都涉及一个大区域范围的积分问题。如前所述大范围积分中的试探函数比较复杂、难以选定，为此需寻求其他有效方法。鉴于小范围的试探函数容易选定，可以将一个大范围的积分问题化成若干个小范围的积分问题求和。这种化整为零的方法称为分片化(一维是分段、二维是分片、三维是分块)处理。从积分的角度，就是将大范围的积分化成若干小片范围积分再求和的形式，可称为分片积分。

泛函的常见形式是积分的形式，采用伽辽金方法(或加权余量法)求解微分方程时，得到的也是积分的形式。由于区域的积分本身就是区域内的求和，积分形式的问题都可以采用分片积分的方法进行处理，即对各个分片区域积分之后再进行求和。

对于微分方程：

$$L(f)=p \tag{7-1-1}$$

利用伽辽金方法，取 $\bar{f}$ 为 f 的近似解，则有

$$\int_V \eta(\boldsymbol{x})w_i(\boldsymbol{x})\mathrm{d}V=\int_V (L(\bar{f})-p)w_i(\boldsymbol{x})\mathrm{d}V=0 \tag{7-1-2}$$

将积分区域 V 拆分成 N 个小区域 V_j，进行分片化处理后，则上述对总区域 V 的积分可化成对 N 个小区域 V_j 积分再求和的形式，即

$$\sum_{j=1}^{N}\int_{V_j}[L(\bar{f})-p]w_i(\boldsymbol{x})\mathrm{d}V=0 \tag{7-1-3}$$

对于某一片区域(第 j 片区域)，取该片区域的近似函数 $\bar{f}_j$ 为插值函数，即 $\bar{f}_j(\boldsymbol{x})=[N_j(\boldsymbol{x})][f_k]_j$，其中 $[f_k]_j$ 为第 j 片区域各节点的待定值，$[N_j(\boldsymbol{x})]$ 为对应的形函数。

取 $w_i(\boldsymbol{x})=N_i(\boldsymbol{x})$，则有

$$\sum_{j=1}^{N}\left(\left\{\int_{V_j}N_i(\boldsymbol{x})[L(N_j(\boldsymbol{x}))]\mathrm{d}V\right\}[f_k]_j-\int_{V_j}N_i(\boldsymbol{x})p\mathrm{d}V\right)=0 \tag{7-1-4}$$

若对第 j 片的 $p_j(\boldsymbol{x})$ 也按照形函数方式进行插值，使其离散化，即

$$p_j(\boldsymbol{x})=[P_j(\boldsymbol{x})][p_k]_j \tag{7-1-5}$$

其中，$[p_k]_j$ 为第 j 片 $p_j(\boldsymbol{x})$ 各节点的值；$[P_j(\boldsymbol{x})]$ 为对应的形函数。则式(7-1-4)化为

$$\sum_{j=1}^{N}\left(\left\{\int_{V_j}N_i(\boldsymbol{x})[L(N_j(\boldsymbol{x}))]\mathrm{d}V\right\}[f_k]_j-\left\{\int_{V_j}N_i(\boldsymbol{x})[P_j(\boldsymbol{x})]\mathrm{d}V\right\}[p_k]_j\right)=0 \tag{7-1-6}$$

式(7-1-6)求和中的每一片 j 都可看成一个单元。若取

$$[K]_j=\int_{V_j}N_i(\boldsymbol{x})[L(N_j(\boldsymbol{x}))]\mathrm{d}V \tag{7-1-7}$$

和

$$[P]_j=\int_{V_j}N_i(\boldsymbol{x})[P_j(\boldsymbol{x})]\mathrm{d}V \tag{7-1-8}$$

分别称为第 j 个单元的刚度矩阵和力插值矩阵，则式(7-1-6)可化为

$$\sum_{j=1}^{N}([K]_j[f_k]_j-[P]_j[p_k]_j)=0 \tag{7-1-9}$$

这实质上就是有限元法的基本方程，并且是一个关于各节点函数值变量的线性代数方程组。由于每一片的各节点都有可能和相邻片共用，可通过矩阵总装的方式把不同单元共用节点的待定值$[f_k]_j$叠加起来，即可列出一个总体的矩阵方程为

$$[K][f]-[P][p]=0 \tag{7-1-10}$$

形函数具有试探函数和插值函数两重层面的特性。从试探函数层面的特性讲，是把一个未知的连续函数转化成未知的离散节点变量，因此形函数起了离散化的作用。在空间维度上，连续函数的维数是无穷多维的，转化成离散的节点变量，其维数就变为有限多个，因此离散化的过程也是一个降低维数的过程。从插值函数层面的特性讲，形函数是依托有限个离散节点的变量来确定整个空间各点函数的过程，又把有限多个离散节点变量转化成全域的连续函数，起连续化的作用。因此，形函数在近似计算中，特别是有限元计算中，起到非常重要的作用。

由于每一个单元的规模都比较小，形函数的选取比较容易，例如，可采用最简单的线性函数，也可选用稍复杂的二次函数等。

对于一个泛函的变分问题，其分片积分的思想也是一样的。满足物理条件$\boldsymbol{\sigma}=\boldsymbol{D}\cdot\boldsymbol{\varepsilon}$和几何条件$\boldsymbol{\varepsilon}=\nabla\boldsymbol{u}$这两个约束条件下的势能泛函为

$$\varPi=U-W=\int_V \boldsymbol{\sigma}:\varepsilon\mathrm{d}V-\int_V \boldsymbol{b}\cdot\boldsymbol{u}\mathrm{d}V-\int_S(\boldsymbol{\sigma}\cdot\boldsymbol{u})\cdot\boldsymbol{n}\mathrm{d}S \tag{7-1-11}$$

若将两个约束代入泛函中，可将三个宗量函数$\boldsymbol{\sigma}$、$\boldsymbol{\varepsilon}$和$\boldsymbol{u}$统一成一个宗量函数$\boldsymbol{u}$，则有

$$\varPi=U-W=\int_V \frac{1}{2}(\boldsymbol{D}\cdot\nabla\boldsymbol{u}):\nabla\boldsymbol{u}\mathrm{d}V-\int_V \boldsymbol{b}\cdot\boldsymbol{u}\mathrm{d}V-\int_S(\boldsymbol{\sigma}\cdot\boldsymbol{u})\cdot\boldsymbol{n}\mathrm{d}S \tag{7-1-12}$$

若通过整体空间的形函数$N(\boldsymbol{x})$，把空间任一点的位移函数$\boldsymbol{u}(\boldsymbol{x})$与节点的位移值$\boldsymbol{u}_k$联系起来，即

$$\boldsymbol{u}(\boldsymbol{x})=\boldsymbol{N}(\boldsymbol{x})\cdot\boldsymbol{u}_k \tag{7-1-13}$$

代入式(7-1-12)得

$$\begin{aligned}\varPi=&\int_V \frac{1}{2}\boldsymbol{u}_k^{\mathrm{T}}\cdot\{[\boldsymbol{D}\cdot\nabla\boldsymbol{N}(\boldsymbol{x})]^{\mathrm{T}}:\nabla\boldsymbol{N}(\boldsymbol{x})\}\cdot\boldsymbol{u}_k\mathrm{d}V-\int_V[\boldsymbol{b}\cdot\boldsymbol{N}(\boldsymbol{x})]\cdot\boldsymbol{u}_k\mathrm{d}V\\&-\int_S[\boldsymbol{\sigma}\cdot\boldsymbol{N}(\boldsymbol{x})]\cdot\boldsymbol{u}_k\cdot\boldsymbol{n}\mathrm{d}S\end{aligned} \tag{7-1-14}$$

在对该泛函取驻值的过程中，将原来泛函对宗量函数 $\boldsymbol{u}(\boldsymbol{x})$ 的变分为零转化为对变量 $\boldsymbol{u}_k$ 的微分或导数为零，即

$$\frac{\partial \Pi}{\partial \boldsymbol{u}_k}=0 \tag{7-1-15}$$

从而得到离散化的代数方程为

$$\left(\int_V \{[\boldsymbol{D}\cdot\nabla \boldsymbol{N}(\boldsymbol{x})]^{\mathrm{T}}:\nabla \boldsymbol{N}(\boldsymbol{x})\}\mathrm{d}V\right)\cdot \boldsymbol{u}_k-\int_V [\boldsymbol{b}\cdot \boldsymbol{N}(\boldsymbol{x})]\mathrm{d}V-\int_S [\boldsymbol{\sigma}\cdot \boldsymbol{N}(\boldsymbol{x})]\cdot \boldsymbol{n}\mathrm{d}S=0 \tag{7-1-16}$$

即

$$\left(\int_V \{[\boldsymbol{D}\cdot\nabla \boldsymbol{N}(\boldsymbol{x})]^{\mathrm{T}}:\nabla \boldsymbol{N}(\boldsymbol{x})\}\mathrm{d}V\right)\cdot \boldsymbol{u}_k=\int_V [\boldsymbol{b}\cdot \boldsymbol{N}(\boldsymbol{x})]\mathrm{d}V+\int_S [\boldsymbol{\sigma}\cdot \boldsymbol{N}(\boldsymbol{x})]\cdot \boldsymbol{n}\mathrm{d}S \tag{7-1-17}$$

或

$$\boldsymbol{K}\cdot \boldsymbol{u}_k=\boldsymbol{F} \tag{7-1-18}$$

然而，整体空间的形函数 $N(\boldsymbol{x})$ 是难以选取的，随意选取一个线性函数或非线性函数，都会带来较大的误差。因此，有效的途径还是对积分进行分片化处理，将整体大范围空间的积分化成若干小范围积分再求和的形式，即

$$\Pi=\sum_{j=1}^{N}\left(\int_{V_j}\frac{1}{2}(\boldsymbol{D}\cdot\nabla \boldsymbol{u}):\nabla \boldsymbol{u}\mathrm{d}V-\int_{V_j}\boldsymbol{b}\cdot \boldsymbol{u}\mathrm{d}V-\int_{S_j}(\boldsymbol{\sigma}\cdot \boldsymbol{u})\cdot \boldsymbol{n}\mathrm{d}S\right) \tag{7-1-19}$$

其中面积分仅在外边界上进行。

在小范围内，对于第 j 片区域，取

$$\boldsymbol{u}_j(\boldsymbol{x})=\boldsymbol{N}_j(\boldsymbol{x})\cdot \boldsymbol{u}_{jk} \tag{7-1-20}$$

其中，$\boldsymbol{u}_{jk}$ 为第 j 片区域第 k 个节点的位移值；$\boldsymbol{N}_j(\boldsymbol{x})$ 为第 j 片区域小范围的形函数，代入式(7-1-19)得

$$\begin{aligned}\Pi=\sum_{j=1}^{N}\Bigg(&\int_{V_j}\frac{1}{2}\boldsymbol{u}_{jk}^{\mathrm{T}}\cdot\{[\boldsymbol{D}\cdot\nabla \boldsymbol{N}_j(\boldsymbol{x})]^{\mathrm{T}}:\nabla \boldsymbol{N}_j(\boldsymbol{x})\}\cdot \boldsymbol{u}_{jk}\mathrm{d}V\\&-\int_{V_j}[\boldsymbol{b}\cdot \boldsymbol{N}_j(\boldsymbol{x})]\cdot \boldsymbol{u}_{jk}\mathrm{d}V-\int_{S_j}[\boldsymbol{\sigma}\cdot \boldsymbol{N}_j(\boldsymbol{x})]\cdot \boldsymbol{u}_{jk}\cdot \boldsymbol{n}\mathrm{d}S\Bigg)\end{aligned} \tag{7-1-21}$$

对该泛函取驻值，相当于对变量 $\boldsymbol{u}_{jk}$ 的求导为零，即

$$\frac{\partial \Pi}{\partial \boldsymbol{u}_{jk}}=0 \tag{7-1-22}$$

从而得

$$\begin{aligned}&\sum_{j=1}^{N}\left(\int_{V_j}\{[\boldsymbol{D}\cdot\nabla\boldsymbol{N}_j(\boldsymbol{x})]^{\mathrm{T}}:\nabla\boldsymbol{N}_j(\boldsymbol{x})\}\mathrm{d}V\cdot\boldsymbol{u}_{jk}-\int_{V_j}[\boldsymbol{b}\cdot\boldsymbol{N}_j(\boldsymbol{x})]\mathrm{d}V\right.\\&\left.-\int_{S_j}[\boldsymbol{\sigma}\cdot\boldsymbol{N}_j(\boldsymbol{x})]\cdot\boldsymbol{n}\mathrm{d}S\right)=0\end{aligned} \tag{7-1-23}$$

其中的面积分仅对外部边界进行，也可表示为

$$\sum_{j=1}^{N}\int_{V_j}\{[\boldsymbol{D}\cdot\nabla\boldsymbol{N}_j(\boldsymbol{x})]^{\mathrm{T}}:\nabla\boldsymbol{N}_j(\boldsymbol{x})\}\mathrm{d}V\cdot\boldsymbol{u}_{jk}=\sum_{j=1}^{N}\left(\int_{V_j}[\boldsymbol{b}\cdot\boldsymbol{N}_j(\boldsymbol{x})]\mathrm{d}V-\int_{S_j}[\boldsymbol{\sigma}\cdot\boldsymbol{N}_j(\boldsymbol{x})]\cdot\boldsymbol{n}\mathrm{d}S\right) \tag{7-1-24}$$

将外体力和外面力通过插值函数转化到节点上，从而可得

$$\sum_{j=1}^{N}(\boldsymbol{K}_j\cdot\boldsymbol{u}_{jk}-\boldsymbol{P}_j\cdot\boldsymbol{p}_{jk})=0 \tag{7-1-25}$$

其中

$$\boldsymbol{K}_j=\int_{V_j}\{[\boldsymbol{D}\cdot\nabla\boldsymbol{N}_j(\boldsymbol{x})]^{\mathrm{T}}:\nabla\boldsymbol{N}_j(\boldsymbol{x})\}\mathrm{d}V$$

$$\boldsymbol{P}_j\cdot\boldsymbol{p}_{jk}=\int_{V_j}[\boldsymbol{b}\cdot\boldsymbol{N}_j(\boldsymbol{x})]\mathrm{d}V-\int_{S_j}[\boldsymbol{\sigma}\cdot\boldsymbol{N}_j(\boldsymbol{x})]\cdot\boldsymbol{n}\mathrm{d}S$$

通过各单元的叠加进行矩阵总装，得

$$\boldsymbol{K}\cdot\boldsymbol{u}_k=\boldsymbol{F} \tag{7-1-26}$$

无论是求解微分方程的伽辽金方法，还是泛函的变分问题，都可以通过分片化积分处理和形函数的离散化处理，将原来无穷维的连续性问题转化为有限维的离散化问题，并且解决了形函数的选取问题，最终建立了有限元的代数方程求解问题。整个过程就是有限元法的建立过程。

7.2　局部形函数

对于一般的近似解，其试探函数为已知函数的线性组合。组合系数可以有多种物理含义，也可以没有特定的物理含义，其含义取决于已知函数的类型。若已知函数是振型函数，则其系数就有模态的含义；若已知函数是节点的插值函数，则其系数具有节点值的含义。在有限元法中，一般都是采用插值函数的形式，其系数具有节点值的含义，这时的已知函数就是形函数。

局部形函数的确定有多种方式，但都适应于局部解的类型。一般来说，局部形函数的形式既取决于局部的几何形状，也取决于节点的数量。第 6 章中，对于一维一次两节点的单元，以及二维一次四节点的单元，给出了相应的形函数形式。在实践中，对于一维问题，有一维二次三节点、一维三次四节点和一维三次二节点等单元的形函数形式；对于二维问题，有二维一次三节点等单元的形函数形式；对于三维问题，有三维一次四节点、三维一次八节点单元的形函数形式。

7.2.1　一维二次三节点单元形函数

对于一维二次函数，需要有三个待定系数，因此需要对应三个节点。此时，未知函数(如位移、应力等)可表示为

$$f(x)=\begin{bmatrix}1 & x & x^2\end{bmatrix}\begin{bmatrix}a_1\\a_2\\a_3\end{bmatrix} \tag{7-2-1}$$

对应三个节点 x_i、x_j、x_k 的函数值为

$$\begin{bmatrix}f_i\\f_j\\f_k\end{bmatrix}=\begin{bmatrix}1 & x_i & x_i^2\\1 & x_j & x_j^2\\1 & x_k & x_k^2\end{bmatrix}\begin{bmatrix}a_1\\a_2\\a_3\end{bmatrix} \tag{7-2-2}$$

解得

$$\begin{bmatrix}a_1\\a_2\\a_3\end{bmatrix}=\begin{bmatrix}1 & x_i & x_i^2\\1 & x_j & x_j^2\\1 & x_k & x_k^2\end{bmatrix}^{-1}\begin{bmatrix}f_i\\f_j\\f_k\end{bmatrix} \tag{7-2-3}$$

再将其代回式(7-2-1)中，可得

$$f(x)=\begin{bmatrix}1 & x & x^2\end{bmatrix}\begin{bmatrix}1 & x_i & x_i^2\\ 1 & x_j & x_j^2\\ 1 & x_k & x_k^2\end{bmatrix}^{-1}\begin{bmatrix}f_i\\ f_j\\ f_k\end{bmatrix} \tag{7-2-4}$$

进一步整理，可得

$$f(x)=\begin{bmatrix}\dfrac{(x-x_j)(x-x_k)}{(x_i-x_j)(x_i-x_k)} & \dfrac{(x-x_i)(x-x_k)}{(x_j-x_i)(x_j-x_k)} & \dfrac{(x-x_i)(x-x_j)}{(x_k-x_i)(x_k-x_j)}\end{bmatrix}\begin{bmatrix}f_i\\ f_j\\ f_k\end{bmatrix} \tag{7-2-5}$$

其形函数矩阵为

$$\begin{bmatrix}N(x)\end{bmatrix}=\begin{bmatrix}N_i(x) & N_j(x) & N_k(x)\end{bmatrix} \tag{7-2-6}$$

其中

$$N_i(x)=\frac{(x-x_j)(x-x_k)}{(x_i-x_j)(x_i-x_k)}$$

$$N_j(x)=\frac{(x-x_i)(x-x_k)}{(x_j-x_i)(x_j-x_k)}$$

$$N_k(x)=\frac{(x-x_i)(x-x_j)}{(x_k-x_i)(x_k-x_j)}$$

7.2.2　一维三次四节点单元形函数

一维三次函数对应四个待定系数，为确定单元形函数，需要四个节点，可分别用 i、j、k、l 代表。四节点单元形函数也称为拉格朗日型单元形函数，未知函数(如位移、应力等)可表示为

$$f(x)=\begin{bmatrix}1 & x & x^2 & x^3\end{bmatrix}\begin{bmatrix}a_1\\ a_2\\ a_3\\ a_4\end{bmatrix} \tag{7-2-7}$$

对应节点 x_i 、 x_j 、 x_k 、 x_l 的函数值为

$$\begin{bmatrix} f_i \\ f_j \\ f_k \\ f_l \end{bmatrix} = \begin{bmatrix} 1 & x_i & x_i^2 & x_i^3 \\ 1 & x_j & x_j^2 & x_j^3 \\ 1 & x_k & x_k^2 & x_k^3 \\ 1 & x_l & x_l^2 & x_l^3 \end{bmatrix} \begin{bmatrix} a_1 \\ a_2 \\ a_3 \\ a_4 \end{bmatrix} \tag{7-2-8}$$

解得

$$\begin{bmatrix} a_1 \\ a_2 \\ a_3 \\ a_4 \end{bmatrix} = \begin{bmatrix} 1 & x_i & x_i^2 & x_i^3 \\ 1 & x_j & x_j^2 & x_j^3 \\ 1 & x_k & x_k^2 & x_k^3 \\ 1 & x_l & x_l^2 & x_l^3 \end{bmatrix}^{-1} \begin{bmatrix} f_i \\ f_j \\ f_k \\ f_l \end{bmatrix} \tag{7-2-9}$$

再将其代入式(7-2-7)，可得

$$f(x) = [1 \quad x \quad x^2 \quad x^3] \begin{bmatrix} 1 & x_i & x_i^2 & x_i^3 \\ 1 & x_j & x_j^2 & x_j^3 \\ 1 & x_k & x_k^2 & x_k^3 \\ 1 & x_l & x_l^2 & x_l^3 \end{bmatrix}^{-1} \begin{bmatrix} f_i \\ f_j \\ f_k \\ f_l \end{bmatrix} \tag{7-2-10}$$

整理之后，可得

$$f(x) = \begin{bmatrix} N_i(x) & N_j(x) & N_k(x) & N_l(x) \end{bmatrix} \begin{bmatrix} f_i \\ f_j \\ f_k \\ f_l \end{bmatrix} \tag{7-2-11}$$

其中

$$N_i(x) = \frac{(x - x_j)(x - x_k)(x - x_l)}{(x_i - x_j)(x_i - x_k)(x_i - x_l)}$$

$$N_j(x) = \frac{(x - x_i)(x - x_k)(x - x_l)}{(x_j - x_i)(x_j - x_k)(x_j - x_l)}$$

$$N_k(x) = \frac{(x - x_i)(x - x_j)(x - x_l)}{(x_k - x_i)(x_k - x_j)(x_k - x_l)}$$

$$N_l(x)=\frac{(x-x_j)(x-x_k)(x-x_i)}{(x_l-x_j)(x_l-x_k)(x_l-x_i)}$$

7.2.3　一维三次二节点单元形函数

7.2.2 节介绍的一维三次函数，对应的是四个待定系数，因此需要四个节点。当然，如果能计入导数的关系，也可以用两个节点的信息来确定待定系数。这种形函数称为埃尔米特型形函数。若函数代表位移，则导数就代表转角，就如同平面梁弯曲时的位移和转角信息。因此，这类单元形函数也称为平面梁单元形函数。

此时，未知函数(如位移、应力等)可表示为

$$f(x)=[1\quad x\quad x^2\quad x^3]\begin{bmatrix}a_1\\a_2\\a_3\\a_4\end{bmatrix} \tag{7-2-12}$$

对应的导数为

$$f'(x)=[0\quad 1\quad 2x\quad 3x^2]\begin{bmatrix}a_1\\a_2\\a_3\\a_4\end{bmatrix} \tag{7-2-13}$$

对应节点 x_i、x_j 的函数值和导数值为

$$\begin{bmatrix}f_i\\f_j\\f_i'\\f_j'\end{bmatrix}=\begin{bmatrix}1 & x_i & x_i^2 & x_i^3\\1 & x_j & x_j^2 & x_j^3\\0 & 1 & 2x_i & 3x_i^2\\0 & 1 & 2x_j & 3x_j^2\end{bmatrix}\begin{bmatrix}a_1\\a_2\\a_3\\a_4\end{bmatrix} \tag{7-2-14}$$

解得

$$\begin{bmatrix}a_1\\a_2\\a_3\\a_4\end{bmatrix}=\begin{bmatrix}1 & x_i & x_i^2 & x_i^3\\1 & x_j & x_j^2 & x_j^3\\0 & 1 & 2x_i & 3x_i^2\\0 & 1 & 2x_j & 3x_j^2\end{bmatrix}^{-1}\begin{bmatrix}f_i\\f_j\\f_i'\\f_j'\end{bmatrix} \tag{7-2-15}$$

再将式(7-2-15)代入式(7-2-12)，可得

$$f(x)=\begin{bmatrix}1 & x & x^2 & x^3\end{bmatrix}\begin{bmatrix}1 & x_i & x_i^2 & x_i^3 \\ 1 & x_j & x_j^2 & x_j^3 \\ 0 & 1 & 2x_i & 3x_i^2 \\ 0 & 1 & 2x_j & 3x_j^2\end{bmatrix}^{-1}\begin{bmatrix}f_i \\ f_j \\ f_i' \\ f_j'\end{bmatrix} \tag{7-2-16}$$

其形函数矩阵为

$$\begin{bmatrix}N(x)\end{bmatrix}=\begin{bmatrix}1 & x & x^2 & x^3\end{bmatrix}\begin{bmatrix}1 & x_i & x_i^2 & x_i^3 \\ 1 & x_j & x_j^2 & x_j^3 \\ 0 & 1 & 2x_i & 3x_i^2 \\ 0 & 1 & 2x_j & 3x_j^2\end{bmatrix}^{-1} \tag{7-2-17}$$

7.2.4 二维一次三节点单元形函数

二维一次函数属于线性函数，对应的系数有三个，因此需要三个节点的信息。三节点不在一条直线上构成一个三角形，因此也称为三角形单元。此时，未知函数可表示为

$$f(x,y)=\begin{bmatrix}1 & x & y\end{bmatrix}\begin{bmatrix}a_1 \\ a_2 \\ a_3\end{bmatrix} \tag{7-2-18}$$

对应三个节点(x_i,y_i)、(x_j,y_j)、(x_k,y_k)的函数值为

$$\begin{bmatrix}f_i \\ f_j \\ f_k\end{bmatrix}=\begin{bmatrix}1 & x_i & y_i \\ 1 & x_j & y_j \\ 1 & x_k & y_k\end{bmatrix}\begin{bmatrix}a_1 \\ a_2 \\ a_3\end{bmatrix} \tag{7-2-19}$$

解得

$$\begin{bmatrix}a_1 \\ a_2 \\ a_3\end{bmatrix}=\begin{bmatrix}1 & x_i & y_i \\ 1 & x_j & y_j \\ 1 & x_k & y_k\end{bmatrix}^{-1}\begin{bmatrix}f_i \\ f_j \\ f_k\end{bmatrix} \tag{7-2-20}$$

将式(7-2-20)代入式(7-2-18)中，可得

$$f(x,y)=\begin{bmatrix}1 & x & y\end{bmatrix}\begin{bmatrix}1 & x_i & y_i \\ 1 & x_j & y_j \\ 1 & x_k & y_k\end{bmatrix}^{-1}\begin{bmatrix}f_i \\ f_j \\ f_k\end{bmatrix} \tag{7-2-21}$$

即

$$f(x,y)=\left[N(x,y)\right]\left\{\overline{f}\right\} \tag{7-2-22}$$

其中，$\left\{\overline{f}\right\}=\begin{bmatrix}f_i \\ f_j \\ f_k\end{bmatrix}$为函数的节点值列阵；$\left[N(x,y)\right]$为形函数矩阵，且有

$$\left[N(x,y)\right]=\begin{bmatrix}1 & x & y\end{bmatrix}\begin{bmatrix}1 & x_i & y_i \\ 1 & x_j & y_j \\ 1 & x_k & y_k\end{bmatrix}^{-1} \tag{7-2-23}$$

7.2.5　三维一次四节点单元形函数

三维一次函数也属于线性函数，对应的系数有四个，因此需要四个节点的信息。由于四节点既不在一条直线上也不在一个平面内，且构成一个四面体，因此也称为四面体单元。此时，未知函数可表示为

$$f\left(x,y,z\right)=\begin{bmatrix}1 & x & y & z\end{bmatrix}\begin{bmatrix}a_1 \\ a_2 \\ a_3 \\ a_4\end{bmatrix} \tag{7-2-24}$$

对应四个节点(x_i,y_i,z_i)、(x_j,y_j,z_j)、(x_k,y_k,z_k)、(x_l,y_l,z_l)的函数值为

$$\begin{bmatrix}f_i \\ f_j \\ f_k \\ f_l\end{bmatrix}=\begin{bmatrix}1 & x_i & y_i & z_i \\ 1 & x_j & y_j & z_j \\ 1 & x_k & y_k & z_k \\ 1 & x_l & y_l & z_l\end{bmatrix}\begin{bmatrix}a_1 \\ a_2 \\ a_3 \\ a_4\end{bmatrix} \tag{7-2-25}$$

解得

$$\begin{bmatrix} a_1 \\ a_2 \\ a_3 \\ a_4 \end{bmatrix} = \begin{bmatrix} 1 & x_i & y_i & z_i \\ 1 & x_j & y_j & z_j \\ 1 & x_k & y_k & z_k \\ 1 & x_l & y_l & z_l \end{bmatrix}^{-1} \begin{bmatrix} f_i \\ f_j \\ f_k \\ f_l \end{bmatrix} \tag{7-2-26}$$

将式(7-2-26)代入式(7-2-24)中，可得

$$f(x,y,z) = \begin{bmatrix} 1 & x & y & z \end{bmatrix} \begin{bmatrix} 1 & x_i & y_i & z_i \\ 1 & x_j & y_j & z_j \\ 1 & x_k & y_k & z_k \\ 1 & x_l & y_l & z_l \end{bmatrix}^{-1} \begin{bmatrix} f_i \\ f_j \\ f_k \\ f_l \end{bmatrix} \tag{7-2-27}$$

即

$$f(x,y,z) = [N(x,y,z)]\{\overline{f}\} \tag{7-2-28}$$

其中，$\{\overline{f}\} = \begin{bmatrix} f_i \\ f_j \\ f_k \\ f_l \end{bmatrix}$为函数的节点值列阵；$[N(x,y,z)]$为形函数矩阵，且有

$$[N(x,y,z)] = \begin{bmatrix} 1 & x & y & z \end{bmatrix} \begin{bmatrix} 1 & x_i & y_i & z_i \\ 1 & x_j & y_j & z_j \\ 1 & x_k & y_k & z_k \\ 1 & x_l & y_l & z_l \end{bmatrix}^{-1} \tag{7-2-29}$$

7.2.6　三维一次八节点单元形函数

还有一种三维一次函数是沿各坐标轴的线性函数，对应的系数有 8 个，因此需要 8 个节点的信息。此时，未知函数可表示为

$$f(x,y,z)=\begin{bmatrix}1 & x & y & z & xy & yz & zx & xyz\end{bmatrix}\begin{bmatrix}a_1\\a_2\\a_3\\a_4\\a_5\\a_6\\a_7\\a_8\end{bmatrix} \tag{7-2-30}$$

对应 8 个节点 (x_i,y_i,z_i)、(x_j,y_j,z_j)、(x_k,y_k,z_k)、(x_l,y_l,z_l)、(x_m,y_m,z_m)、(x_n,y_n,z_n)、(x_p,y_p,z_p)、(x_q,y_q,z_q) 的函数值为

$$\begin{bmatrix}f_i\\f_j\\f_k\\f_l\\f_m\\f_n\\f_p\\f_q\end{bmatrix}=\begin{bmatrix}1 & x_i & y_i & z_i & x_iy_i & y_iz_i & z_ix_i & x_iy_iz_i\\1 & x_j & y_j & z_j & x_jy_j & y_jz_j & z_jx_j & x_jy_jz_j\\1 & x_k & y_k & z_k & x_ky_k & y_kz_k & z_kx_k & x_ky_kz_k\\1 & x_l & y_l & z_l & x_ly_l & y_lz_l & z_lx_l & x_ly_lz_l\\1 & x_m & y_m & z_m & x_my_m & y_mz_m & z_mx_m & x_my_mz_m\\1 & x_n & y_n & z_n & x_ny_n & y_nz_n & z_nx_n & x_ny_nz_n\\1 & x_p & y_p & z_p & x_py_p & y_pz_p & z_px_p & x_py_pz_p\\1 & x_q & y_q & z_q & x_qy_q & y_qz_q & z_qx_q & x_qy_qz_q\end{bmatrix}\begin{bmatrix}a_1\\a_2\\a_3\\a_4\\a_5\\a_6\\a_7\\a_8\end{bmatrix} \tag{7-2-31}$$

解得

$$\begin{bmatrix}a_1\\a_2\\a_3\\a_4\\a_5\\a_6\\a_7\\a_8\end{bmatrix}=\begin{bmatrix}1 & x_i & y_i & z_i & x_iy_i & y_iz_i & z_ix_i & x_iy_iz_i\\1 & x_j & y_j & z_j & x_jy_j & y_jz_j & z_jx_j & x_jy_jz_j\\1 & x_k & y_k & z_k & x_ky_k & y_kz_k & z_kx_k & x_ky_kz_k\\1 & x_l & y_l & z_l & x_ly_l & y_lz_l & z_lx_l & x_ly_lz_l\\1 & x_m & y_m & z_m & x_my_m & y_mz_m & z_mx_m & x_my_mz_m\\1 & x_n & y_n & z_n & x_ny_n & y_nz_n & z_nx_n & x_ny_nz_n\\1 & x_p & y_p & z_p & x_py_p & y_pz_p & z_px_p & x_py_pz_p\\1 & x_q & y_q & z_q & x_qy_q & y_qz_q & z_qx_q & x_qy_qz_q\end{bmatrix}^{-1}\begin{bmatrix}f_i\\f_j\\f_k\\f_l\\f_m\\f_n\\f_p\\f_q\end{bmatrix} \tag{7-2-32}$$

将式(7-2-32)代入式(7-2-30)中，可得

$$f(x,y,z)=\begin{bmatrix}1 & x & y & z & xy & yz & zx & xyz\end{bmatrix}$$

$$\cdot\begin{bmatrix}1 & x_i & y_i & z_i & x_iy_i & y_iz_i & z_ix_i & x_iy_iz_i \\ 1 & x_j & y_j & z_j & x_jy_j & y_jz_j & z_jx_j & x_jy_jz_j \\ 1 & x_k & y_k & z_k & x_ky_k & y_kz_k & z_kx_k & x_ky_kz_k \\ 1 & x_l & y_l & z_l & x_ly_l & y_lz_l & z_lx_l & x_ly_lz_l \\ 1 & x_m & y_m & z_m & x_my_m & y_mz_m & z_mx_m & x_my_mz_m \\ 1 & x_n & y_n & z_n & x_ny_n & y_nz_n & z_nx_n & x_ny_nz_n \\ 1 & x_p & y_p & z_p & x_py_p & y_pz_p & z_px_p & x_py_pz_p \\ 1 & x_q & y_q & z_q & x_qy_q & y_qz_q & z_qx_q & x_qy_qz_q\end{bmatrix}^{-1}\begin{bmatrix}f_i \\ f_j \\ f_k \\ f_l \\ f_m \\ f_n \\ f_p \\ f_q\end{bmatrix} \tag{7-2-33}$$

即

$$f(x,y,z)=\left[N(x,y,z)\right]\left\{\overline{f}\right\} \tag{7-2-34}$$

其中

$$\left\{\overline{f}\right\}=\begin{bmatrix}f_i \\ f_j \\ f_k \\ f_l \\ f_m \\ f_n \\ f_p \\ f_q\end{bmatrix}$$

为函数的节点值列阵；$\left[N(x,y,z)\right]$为形函数矩阵，且有

$$\left[N(x,y,z)\right]=\begin{bmatrix}1 & x & y & z & xy & yz & zx & xyz\end{bmatrix}$$

$$\cdot\begin{bmatrix}1 & x_i & y_i & z_i & x_iy_i & y_iz_i & z_ix_i & x_iy_iz_i \\ 1 & x_j & y_j & z_j & x_jy_j & y_jz_j & z_jx_j & x_jy_jz_j \\ 1 & x_k & y_k & z_k & x_ky_k & y_kz_k & z_kx_k & x_ky_kz_k \\ 1 & x_l & y_l & z_l & x_ly_l & y_lz_l & z_lx_l & x_ly_lz_l \\ 1 & x_m & y_m & z_m & x_my_m & y_mz_m & z_mx_m & x_my_mz_m \\ 1 & x_n & y_n & z_n & x_ny_n & y_nz_n & z_nx_n & x_ny_nz_n \\ 1 & x_p & y_p & z_p & x_py_p & y_pz_p & z_px_p & x_py_pz_p \\ 1 & x_q & y_q & z_q & x_qy_q & y_qz_q & z_qx_q & x_qy_qz_q\end{bmatrix}^{-1} \tag{7-2-35}$$

7.3　有限元法的思想

从上述分析可以体会到有限元法的基本内涵和思想：首先，有限元法是以能量积分或加权平均的积分为数学基础的；其次，通过分片积分，将整体区域化整为零，进行单元划分，并且是有限多个单元；再次，通过插值函数将无穷维的连续量化成有限维的离散量。综合上述各方面，构成了有限元的基本思路，具体过程大体如下。

首先，通过积分形式描述求解问题，该积分形式可以源于能量变分原理，也可以源于余量的加权平均，如：

$$\int_V [L(\bar{f})-p]w(\boldsymbol{x})\mathrm{d}V=0 \tag{7-3-1}$$

其次，对该全域积分进行分片化(单元化)处理，转化成各单元积分再求和的形式，如：

$$\sum_{j=1}^{N}\int_{V_j}[L(\bar{f})-p]w(\boldsymbol{x})\mathrm{d}V=0 \tag{7-3-2}$$

再次，利用形函数$[N_j(\boldsymbol{x})]$对待求函数$\bar{f}_j$进行插值处理，得

$$\bar{f}_j(\boldsymbol{x})=[N_j(\boldsymbol{x})][f_k]_j \tag{7-3-3}$$

将待求的无穷维连续函数$\bar{f}_j(\boldsymbol{x})$离散化，转化成有限维的待求节点变量$[f_k]_j$。

对$p_j(\boldsymbol{x})$也按照形函数方式进行插值，使其离散化，即

$$p_j(\boldsymbol{x})=[P_j(\boldsymbol{x})][p_k]_j \tag{7-3-4}$$

并取$w(\boldsymbol{x})=N_i(\boldsymbol{x})$，则得

$$\sum_{j=1}^{N}\left(\left\{\int_{V_j}N_i(\boldsymbol{x})\left[L(N_j(\boldsymbol{x}))\right]\mathrm{d}V\right\}[f_k]_j-\left\{\int_{V_j}N_i(\boldsymbol{x})\left[P_j(\boldsymbol{x})\right]\mathrm{d}V\right\}[p_k]_j\right)=0 \tag{7-3-5}$$

式(7-3-5)中的每一个子域j都可看成一个单元。若取

$$[K]_j = \int_{V_j} N_i(\boldsymbol{x})[L(N_j(\boldsymbol{x}))]\mathrm{d}V$$

$$[P]_j = \int_{V_j} N_i(\boldsymbol{x})[P_j(\boldsymbol{x})]\mathrm{d}V$$

分别作为第 j 个单元的刚度矩阵和力插值矩阵，则有

$$\sum_{j=1}^{N}([K]_j[f_k]_j - [P]_j[p_k]_j) = 0 \tag{7-3-6}$$

这就是有限元法的基本方程，且是一个关于各节点变量的代数方程组。由于每一片区域的各节点都有可能和相邻片区域共用，可通过矩阵总装的方式把不同单元共用节点的待定值 $[f_k]_j$ 叠加起来，同时也会消去单元间节点的内力作用，得到一个总体的矩阵方程为

$$[K][f] - [P][p] = 0 \tag{7-3-7}$$

第 8 章　广义变分原理与有限元法

把一个物理问题用变分法化为求泛函极值(或驻值)的问题，就称为该物理问题的变分原理。变分原理的近似计算会引出有限元法，而有限元法的理论基础又追溯到变分原理。第 5 章针对弹性静力学的问题初步阐述了从微分方程到势能泛函求极值问题的转换，也从分片积分的角度谈及了有限元法，从中可以看出变分原理与有限元法的联系和关系。变分原理在物理学中尤其是在力学中广泛应用，如著名的虚功原理、最小势能原理、最小余能原理和哈密顿原理等。现在，变分原理已成为有限元法的理论基础，而广义变分原理已成为混合和杂交有限元的理论基础。

对于最小势能原理或最小余能原理，由于其中的边界条件仍作为附加的约束条件，还是一种有条件的变分问题。为了将作为约束条件的边界条件纳入泛函之中，构成一个无约束条件的泛函驻值问题，就会引导出广义的变分原理。一般来说，如果建立的新变分原理解除了原有变分原理问题的某些约束条件，就可称为该问题的广义变分原理，如果解除了所有的约束条件，就可称为无条件广义变分原理，或称完全的广义变分原理。广义变分原理拓宽了泛函取极值的范围，使边界条件等约束条件都纳入泛函之中。从有限元法的角度看，由于广义变分原理的泛函中增加了变量数，单元节点的变量将由单纯的位移变量(或单纯的应力变量)扩展到位移、应力等多种变量，这样的单元通常称为混合元或杂交元。

广义变分原理是逐步发展起来的。力学中最早的能量原理是虚功原理，包括虚位移原理和虚应力原理，后来对应地发展为最小势能原理和最小余能原理。最小势能原理适用于以位移作为未知量的情形，最小余能原理适用于以应力作为未知量的情形。胡海昌、鹫津久一郎、Hellinger、Reissner 等分别通过去掉一些约束条件，提出了胡海昌-鹫津原理、Hellinger-Reissner 原理等广义变分原理，但由于实质上并未完全解除所有的约束，因此并非为完全的广义变分原理。1964 年，钱伟长通过引入高阶拉格朗日乘子提出了更一般的广义变分原理。由于高阶拉格朗日乘子的引入，可以把所有约束条件都纳入新泛函中，因此所提出的广义变分原理是完全的广义变分原理。

8.1　最小势能原理

最小势能原理源于虚位移原理。最小势能原理认为，当系统平衡时，在所有满足位移边界条件下的可能位移应使系统的变形势能和外力势能的合势能为最小。

以弹性体在外力的作用下处于平衡为例，当弹性体受力后，发生变形，介质质点将产生位移。与此同时，外力将做功，弹性体内因变形会产生变形能。

单位体积的变形能，即弹性体的变形势能密度可写为

$$U_0 = \int_0^{\varepsilon_{ij}} \sigma_{ij} \mathrm{d}\varepsilon_{ij} = \int_0^{\varepsilon_{ij}} a_{ijkl} \varepsilon_{kl} \mathrm{d}\varepsilon_{ij} = \frac{1}{2} a_{ijkl} \varepsilon_{kl} \varepsilon_{ij} \tag{8-1-1}$$

其中，σ_{ij} 为应力张量；ε_{ij} 为应变张量；a_{ijkl} 为弹性系数张量。

整个弹性体内的变形能为

$$U = \iiint U_0 \mathrm{d}V = \frac{1}{2} \iiint a_{ijlk} \varepsilon_{kl} \varepsilon_{ij} \mathrm{d}V \tag{8-1-2}$$

当弹性体受体力 f_i 和面力 $\overline{f}_i$ 作用产生位移 u_i 时，外力在实际位移上所做的功为

$$W = \iiint f_i u_i \mathrm{d}V + \iint \overline{f}_i u_i \mathrm{d}S \tag{8-1-3}$$

假设在位移边界条件所容许的范围内发生了微小的位移(虚位移) δu_i，则外力在虚位移上将做虚功，且为

$$\delta W = \iiint f_i \delta u_i \mathrm{d}V + \iint \overline{f}_i \delta u_i \mathrm{d}S \tag{8-1-4}$$

对保守力而言，外力虚功的增加意味着外力势能的减少，对应一般的外力，包括非保守力，也可以有类似的理解，因此形成的外力虚势能为

$$\delta V = -\delta W \tag{8-1-5}$$

虚位移 δu_i 同时也将引起虚应变 $\delta\varepsilon_{ij}$，其对应关系为

$$\delta\varepsilon_{ij} = \frac{1}{2}(\delta u_{i,j} + \delta u_{j,i}) \tag{8-1-6}$$

虚应变对应地会引起虚变形势能，即

$$\delta U = \iiint \sigma_{ij} \delta \varepsilon_{ij} \mathrm{d}V = \iiint a_{ijkl} \varepsilon_{kl} \delta \varepsilon_{ij} \mathrm{d}V \tag{8-1-7}$$

根据能量守恒的虚位移原理，外力的虚功应等于系统的虚变形能，即

$$\delta U = \delta W \tag{8-1-8}$$

从而得

$$\delta U - \delta W = \delta U + \delta V = 0 \tag{8-1-9}$$

由于虚位移相当于位移的变分，式(8-1-9)说明，当系统平衡时，对满足边界条件的位移变分后，系统总势能(包括变形势能和外力势能)的变分为零，对总势能取极值，对于稳定平衡状态，这个极值为极小值。这就意味着，系统平衡时其总势能(变形势能和外力势能的和)为最小，这就是最小势能原理。

综上，系统总势能的泛函可写为

$$\Pi = U + V = \iiint \frac{1}{2} a_{ijlk} \varepsilon_{kl} \varepsilon_{ij} \mathrm{d}V - \iiint f_i u_i \mathrm{d}V - \iint \overline{f}_i u_i \mathrm{d}S \tag{8-1-10}$$

最小势能原理是泛函 Π 取极小值。该势能泛函Π的最终变量是位移，但中间涉及应力和应变变量，泛函与位移的联系要用到应力应变的物理关系和应变位移的几何关系。因此，该最小势能原理应首先满足以下几个约束条件。

(1) 应力应变关系(材料物理方程)：

$$\sigma_{ij} = a_{ijkl} \varepsilon_{kl} \tag{8-1-11}$$

(2) 应变位移关系(几何方程)：

$$\varepsilon_{ij} = \frac{1}{2}(u_{i,j} + u_{j,i}) \tag{8-1-12}$$

(3) 位移边界条件：

$$u_i = \overline{u}_i \text{ (在位移边界 } S_u \text{ 上)} \tag{8-1-13}$$

8.2 最小余能原理

最小余能原理源于虚应力原理。最小余能原理认为，当系统平衡时，在所有可能满足平衡微分方程、应力边界条件的应力中，应使系统的变形余能与位移边界的外力势能之和最小。

以弹性体在外力作用下处于的平衡状态为例，当弹性体受力后，发生变形，介质内将产生应力，与此同时，外力将做功，弹性体内因应力会产生内力势能。

单位体积的变形能，即弹性体的变形势能密度可写为

$$U_0 = \int_0^{\sigma_{ij}} \varepsilon_{ij} \mathrm{d}\sigma_{ij} = \int_0^{\sigma_{ij}} b_{ijkl}\sigma_{kl} \mathrm{d}\sigma_{ij} = \frac{1}{2} b_{ijkl}\sigma_{kl}\sigma_{ij} \tag{8-2-1}$$

其中，σ_{ij} 为应力张量；ε_{ij} 为应变张量；b_{ijkl} 为柔性系数张量。

整个弹性体内的变形能为

$$U = \iiint U_0 \mathrm{d}V = \frac{1}{2}\iiint b_{ijkl}\sigma_{kl}\sigma_{ij} \mathrm{d}V \tag{8-2-2}$$

当弹性体受体力 f_i 和面力 $\overline{f}_i$ 作用产生位移 u_i 时，外力在实际位移上所做的功为

$$W = \iiint f_i u_i \mathrm{d}V + \iint \overline{f}_i u_i \mathrm{d}S \tag{8-2-3}$$

假设在外力边界条件所容许的范围内发生了微小的外力和应力改变(虚应力) $\delta\sigma_{ij}$，则虚外力在位移边界上将做虚功，为

$$\delta W = \iint u_i \delta \overline{f}_i \mathrm{d}S \tag{8-2-4}$$

外力虚功的增加对应外力势能的减少，因此，形成的外力虚势能为

$$\delta V = -\delta W \tag{8-2-5}$$

虚应力引起的虚变形能为

$$\delta U = \iiint \delta U_0 \mathrm{d}V = \iiint b_{ijkl}\sigma_{kl}\delta\sigma_{ij} \mathrm{d}V \tag{8-2-6}$$

该变形能称为余能。

根据能量守恒的虚应力原理，虚外力的功应等于系统的虚变形能，即

$$\delta U = \delta W \tag{8-2-7}$$

从而得

$$\delta U - \delta W = \delta U + \delta V = 0 \tag{8-2-8}$$

由于虚应力相当于应力的变分，式(8-2-8)说明，当系统平衡时，对满足平衡微分方程、应力边界条件的应力变分后，系统总余能(包括变形余能和外力势能)的变分为零，总余能取极值，对于稳定平衡状态，这个极值是极小值。意味当系统平衡时其总余能(变形余能与外力势能的和)为最小，这就是最小余能原理。

综上，系统总余能的泛函可写为

$$\Pi^{\sigma} = U + V = \iiint \frac{1}{2} b_{ijkl}\sigma_{kl}\sigma_{ij}\mathrm{d}V - \iint \bar{f}_i u_i \mathrm{d}S \tag{8-2-9}$$

最小余能原理是泛函 Π^{σ} 取极小值。因为该能量泛函 Π^{σ} 的最终变量是应力，但中间涉及位移和应变变量，所以要用到应力应变的物理关系和应变位移的几何关系。因此，该最小余能原理应首先满足以下几个约束条件。

(1)应力平衡关系(平衡方程)：

$$\sigma_{ij,j} + \bar{f}_i = 0 \tag{8-2-10}$$

(2)应变位移关系(几何方程)：

$$\varepsilon_{ij} = \frac{1}{2}(u_{i,j} + u_{j,i}) \tag{8-2-11}$$

(3)应变应力关系：

$$\varepsilon_{ij} = b_{ijkl}\sigma_{kl} \tag{8-2-12}$$

(4)应力边界条件：

$$\sigma_{ij}n_j = \bar{f}_i \ (\text{在应力边界 } S_{\sigma} \text{ 上}) \tag{8-2-13}$$

最小势能原理从位移或速度出发，指明在所有适合位移或速度边界条件

的位移或速度中，真正的位移或速度使某一泛函达到最小值；最小余能原理从应力出发，指明在所有适合平衡方程、应力边界条件的应力中，真正的应力状态使某一泛函达到最小值。

这两类变分原理的优点都在于明确地指出了某泛函的极值，但作为近似解法的基础来说，却存在以下两个方面的缺点：①实际情况往往不容易满足所有方程和边界条件；②若利用最小势能原理近似求解位移或速度，则相应的应力便不符合平衡方程和应力边界条件。类似地，如果利用最小余能原理近似求解应力，则求得的位移便不符合位移协调方程和位移边界条件。

因此，出现了第三类变分原理。这类原理把位移和应力看成彼此独立无关的函数而让它们同时独立地变化，这样能够同时求得应力和位移，且求得的解近似地满足弹性力学的全部基本方程和全部边界条件，如胡海昌-鹫津原理和 Hellinger-Reissner 原理。

8.3　胡海昌-鹫津原理

最小势能原理中的泛函极值问题是有条件的极值问题，现引入拉格朗日乘子 α_{ij} 、 β_{ij} 和 γ_i ，将几何条件、应力应变关系和位移边界条件纳入势能泛函中，形成新的泛函，即

$$\begin{aligned}\Pi_{\mathrm{HW}} = & \iiint\left\{\frac{1}{2}a_{ijkl}\varepsilon_{kl}\varepsilon_{ij} - f_i u_i + \alpha_{ij}\left[\varepsilon_{ij} - \frac{1}{2}(u_{i,j}+u_{j,i})\right] + \beta_{ij}(\sigma_{ij} - a_{ijkl}\varepsilon_{kl})\right\}\mathrm{d}V \\ & - \iint \gamma_i(u_i - \bar{u}_i)\mathrm{d}S - \iint \bar{f}_i u_i \mathrm{d}S\end{aligned} \tag{8-3-1}$$

由该泛函取极值(即其变分为零)的结果可得到平衡方程、几何条件、应力应变关系和位移边界条件，且有 $\alpha_{ij} = -\sigma_{ij}$ ， $\beta_{ij} = 0$ 及 $\gamma_i = -\sigma_{ij}n_j$ 。将其代回新泛函中，可得

$$\begin{aligned}\Pi_{\mathrm{HW}} = & \iiint\left\{\frac{1}{2}a_{ijkl}\varepsilon_{kl}\varepsilon_{ij} - f_i u_i - \sigma_{ij}\left[\varepsilon_{ij} - \frac{1}{2}(u_{i,j}+u_{j,i})\right] + \beta_{ij}(\sigma_{ij} - a_{ijkl}\varepsilon_{kl})\right\}\mathrm{d}V \\ & + \iint \sigma_{ij}n_j(u_i - \bar{u}_i)\mathrm{d}S - \iint \bar{f}_i u_i \mathrm{d}S\end{aligned} \tag{8-3-2}$$

这就是胡海昌-鹫津广义势能原理的泛函形式。对其取极值，使其变分为

零，可以得到弹性力学的全部基本方程和边界条件。由于所对应的独立变量包括应力、应变和位移3种共15个，因此又称三变量广义变分原理。

8.4　Hellinger-Reissner 原理

类似于上述广义势能原理，针对最小余能原理的约束条件，引入拉格朗日乘子α_{ij}、β_{ij}、γ_i和μ_i，将应力应变关系(物理方程)、应变位移关系(几何方程)、平衡方程和应力边界条件纳入余能泛函中，形成新的泛函，即

$$\begin{aligned}\Gamma^{\sigma}=\iiint_V\bigg[\left(\frac{1}{2}b_{ijkl}\sigma_{kl}\sigma_{ij}+\alpha_{ij}(\varepsilon_{ij}-b_{ijkl}\sigma_{kl})+\beta_{ij}\left[\varepsilon_{ij}-\frac{1}{2}(u_{i,j}+u_{j,i})\right]\right.\\ \left.+\gamma_i(\sigma_{ij,j}+f_i)\bigg]\mathrm{d}V-\iint_{S_u}\bar{u}_i\sigma_{ij}n_j\mathrm{d}S+\iint_{S_\sigma}\mu_i(\sigma_{ij}n_j-\bar{f}_i)\mathrm{d}S\end{aligned}\tag{8-4-1}$$

由该泛函取驻值(即其变分为零)的结果可得到平衡方程、几何条件和位移边界条件，且有$\alpha_{ij}=\beta_{ij}=0$及$\gamma_i=-\mu_i=u_i$。将其代回新泛函中，得

$$\Gamma^{\sigma}=\iiint_V\left[\frac{1}{2}b_{ijkl}\sigma_{kl}\sigma_{ij}+u_i(\sigma_{ij,j}+f_i)\right]\mathrm{d}V-\iint_{S_u}\bar{u}_i\sigma_{ij}n_j\mathrm{d}S-\iint_{S_\sigma}u_i(\sigma_{ij}n_j-\bar{f}_i)\mathrm{d}S\tag{8-4-2}$$

这就是一种广义的余能原理。但由于只含有应力σ_{ij}和位移u_i两类变量，而不包含应变ε_{ij}这类变量，因此也称为两变量广义变分原理。由于其形式与 Hellinger-Reissner 原理相同，该两变量广义变分原理也属于 Hellinger-Reissner 原理。从严格意义上讲，它还不能称为完全的广义变分原理，应变还需由下列物理关系来求得，即

$$\varepsilon_{ij}=b_{ijkl}\sigma_{kl}\tag{8-4-3}$$

实际上，Hellinger 和 Reissner 在推导最小余能原理时，只针对平衡方程和应力边界条件两个约束条件，通过引入两个拉格朗日乘子γ_i和μ_i进而扩展了泛函，其新泛函为

$$\Pi_{\mathrm{HR}}=\iiint_V[U(\sigma_{ij})+\gamma_i(\sigma_{ij,j}+f_i)]\mathrm{d}V-\iint_{S_u}\bar{u}_i\sigma_{ij}n_j\mathrm{d}S+\iint_{S_\sigma}\mu_i(\sigma_{ij}n_j-\bar{f}_i)\mathrm{d}S\tag{8-4-4}$$

由 $\delta\Pi_{\mathrm{HR}}=0$，并利用高斯积分定理，可得

$$\begin{aligned}\delta\Pi_{\mathrm{HR}}=&\iiint_V\left\{\left[\frac{\partial U(\sigma_{ij})}{\partial\sigma_{ij}}-\frac{1}{2}(\gamma_{i,j}+\gamma_{j,i})\right]\delta\sigma_{ij}+(\sigma_{ij,j}+f_i)\delta\gamma_i\right\}\mathrm{d}V\\&+\iint_{S_\sigma}(\mu_i+\gamma_i)\delta\sigma_{ij}n_j\mathrm{d}S-\iint_{S_u}(\gamma_i-\overline{u}_i)\delta\sigma_{ij}n_j\mathrm{d}S\\&-\iint_{S_\sigma}(\sigma_{ij}n_j-\overline{f}_i)\delta\mu_i\mathrm{d}S=0\end{aligned}\tag{8-4-5}$$

由于 $\delta\sigma_{ij}$、$\delta\gamma_i$ 和 $\delta\mu_i$ 彼此独立且完全任意，则在 V 内有

$$\frac{\partial U(\sigma_{ij})}{\partial\sigma_{ij}}=\frac{1}{2}(\gamma_{i,j}+\gamma_{j,i})\tag{8-4-6}$$

$$\sigma_{ij,j}+F_i=0\tag{8-4-7}$$

在 S_σ 上有

$$\mu_i+\gamma_i=0\tag{8-4-8}$$

$$\sigma_{ij}n_j=\overline{f}_i\tag{8-4-9}$$

在 S_u 上有

$$\gamma_i=\overline{u}_i\tag{8-4-10}$$

可以看出，式(8-4-7)中的 $\sigma_{ij,j}+F_i=0$ 和式(8-4-9) $\sigma_{ij}n_j=\overline{f}_i$ 分别为平衡微分方程和应力边界条件。若在 V 内和 S_u 上取 $\gamma_i=u_i$，则 $\dfrac{\partial U(\sigma_{ij})}{\partial\sigma_{ij}}=\dfrac{1}{2}(\gamma_{i,j}+\gamma_{j,i})$ 和 $\gamma_i=\overline{u}_i$ 分别为几何方程和位移边界条件。

将 $\gamma_i=u_i$ (在 V 内) 和 $\mu_i+\gamma_i=0$ 代入泛函

$$\Pi_{\mathrm{HR}}=\iiint_V[U(\sigma_{ij})+\gamma_i(\sigma_{ij,j}+f_i)]\mathrm{d}V-\iint_{S_u}\overline{u}_i\sigma_{ij}n_j\mathrm{d}S+\iint_{S_\sigma}\mu_i(\sigma_{ij}n_j-\overline{f}_i)\mathrm{d}S\tag{8-4-11}$$

中，可得 Hellinger-Reissner 原理的泛函为

$$\Pi_{\mathrm{HR}} = \iiint_V [U(\sigma_{ij}) + u_i(\sigma_{ij,j} + f_i)]\mathrm{d}V - \iint_{S_u} \overline{u}_i\sigma_{ij}n_j\mathrm{d}S - \iint_{S_\sigma} u_i(\sigma_{ij}n_j - \overline{f}_i)\mathrm{d}S \tag{8-4-12}$$

此泛函的独立自变函数为应力 σ_{ij} 和位移 u_i，这样就得到了以应力和位移两类自变量为函数的无条件变分原理。因此 Hellinger-Reissner 原理也称为两类变量的广义变分原理。通过对比可以看出，前述的广义余能泛函 Γ^σ 和 Hellinger-Reissner 原理的泛函 Π_{HR} 的形式是一样的。

由于 Hellinger-Reissner 原理只将平衡方程和应力边界条件这两个约束条件通过引入两个拉格朗日乘子 γ_i 和 μ_i 而扩展了泛函，并未将应力应变关系和几何关系的两个约束条件通过拉格朗日乘子引入新泛函中，因此其为一种不完全的广义变分原理。

8.5　钱氏广义变分理论

8.4 节的 Hellinger-Reissner 原理是一种不完全的广义余能变分原理。之所以不完全，是因为只针对平衡方程和应力边界条件这两个约束条件，通过引入两个拉格朗日乘子 γ_i 和 μ_i 扩展到了最小余能的泛函 Π_{HR} 中，而未将应力应变关系和几何关系的另外两个约束条件引入新泛函中。然而，从 8.4 节的推导可以发现，即使通过引入线性的拉格朗日乘子 α_{ij} 、β_{ij} 、γ_i 和 μ_i，将应力应变关系(物理关系)、几何条件、平衡方程和应力边界条件都纳入余能泛函 Γ^σ 中，由于出现了线性拉格朗日乘子 $\alpha_{ij} = \beta_{ij} = 0$ 的情况，也得不到完全的广义余能变分原理。

为此，钱伟长先生通过引入高阶拉格朗日乘子的方法，建立了新的余能泛函，提出了更一般的广义变分原理。

钱伟长先生认为，在某些情况下，只考虑约束条件的线性影响是不够的，而需要考虑约束条件的非线性影响，因此应考虑高阶拉格朗日乘子的作用。

针对上述 Hellinger-Reissner 原理不完全的问题和最小余能原理推导中碰到的线性拉格朗日乘子为零的情况，钱伟长先生提出，在 Hellinger-Reissner 原理泛函 Π_{HR} 的基础上，通过引入高阶拉格朗日乘子 A_{ijkl}，将应力应变关系的高阶矩(非线性)引入新泛函中，可得

$$\Pi_{\mathrm{HR}}^* = \Pi_{\mathrm{HR}} + \iiint_V A_{ijkl}(\varepsilon_{ij} - b_{ijmn}\sigma_{mn})(\varepsilon_{kl} - b_{klpq}\sigma_{pq})\mathrm{d}V \tag{8-5-1}$$

对泛函 Π_{HR}^{*} 取驻值，可得

$$\delta\Pi_{\mathrm{HR}}^{*}=\delta\Pi_{\mathrm{HR}}+\delta\iiint_{V}A_{ijkl}(\varepsilon_{ij}-b_{ijmn}\sigma_{mn})(\varepsilon_{kl}-b_{klpq}\sigma_{pq})\mathrm{d}V \tag{8-5-2}$$

进一步推导得

$$\begin{aligned}\delta\Pi_{\mathrm{HR}}^{*}=&\iiint_{V}\left[\frac{\partial U(\sigma_{ij})}{\partial\sigma_{ij}}-\frac{1}{2}(\gamma_{i,j}+\gamma_{j,i})-2A_{mnkl}b_{mnij}(\varepsilon_{kl}-b_{klpq}\sigma_{pq})\right]\delta\sigma_{ij}\mathrm{d}V\\&+\iiint_{V}2A_{ijkl}(\varepsilon_{kl}-b_{klpq}\sigma_{pq})\delta\varepsilon_{ij}\mathrm{d}V\\&+\iiint_{V}\left\{(\varepsilon_{ij}-b_{ijmn}\sigma_{mn})(\varepsilon_{kl}-b_{klpq}\sigma_{pq})\delta A_{ijkl}+(\sigma_{ij,j}+f_{i})\delta u_{i}\right\}\mathrm{d}V\\&-\iint_{S_{u}}(u_{i}-\overline{u}_{i})\delta\sigma_{ij}n_{j}\mathrm{d}S+\iint_{S_{\sigma}}(\sigma_{ij}n_{j}-\overline{f}_{i})\delta u_{i}\mathrm{d}S=0\end{aligned} \tag{8-5-3}$$

因为 V 中的 $\delta\sigma_{ij}$、$\delta\varepsilon_{ij}$、δA_{ijkl}、δu_{i}，S_{u} 中的 $\delta\sigma_{ij}n_{j}$ 和 S_{σ} 中的 δu_{i} 都是独立的，所以其系数都应等于零，即

$$\sigma_{ij,j}+f_{i}=0 \tag{8-5-4}$$

$$\frac{\partial U(\sigma_{ij})}{\partial\sigma_{ij}}-\frac{1}{2}(\gamma_{i,j}+\gamma_{j,i})-2A_{mnkl}b_{mnij}(\varepsilon_{kl}-b_{klpq}\sigma_{pq})=0 \tag{8-5-5}$$

$$2A_{ijkl}(\varepsilon_{kl}-b_{klpq}\sigma_{pq})=0 \tag{8-5-6}$$

$$(\varepsilon_{ij}-b_{ijmn}\sigma_{mn})(\varepsilon_{kl}-b_{klpq}\sigma_{pq})=0 \tag{8-5-7}$$

$$u_{i}-\overline{u}_{i}=0 \tag{8-5-8}$$

$$\sigma_{ij}n_{j}-\overline{f}_{i}=0 \tag{8-5-9}$$

从而不仅得到了平衡方程、几何方程、位移边界条件和应力边界条件，而且得到了物理方程的应力应变关系，为

$$\varepsilon_{ij}-b_{ijmn}\sigma_{mn}=0 \tag{8-5-10}$$

只是高阶拉格朗日乘子 $A_{ijkl}\neq0$ 待定。

这是一种三变量的广义变分原理，相较两变量的广义变分原理为更一般的广义变分原理。A_{ijkl} 为任意的高阶拉格朗日乘子。当 $A_{ijkl}=0$ 时退化为 Hellinger-Reissner 的不完全的广义变分原理。当取

$$A_{ijkl}=-\frac{1}{2}\alpha a_{ijkl} \tag{8-5-11}$$

时，有

$$A_{ijkl}\left(\varepsilon_{ij}-b_{ijmn}\sigma_{mn}\right)\left(\varepsilon_{kl}-b_{klpq}\sigma_{pq}\right)=\alpha\left(\varepsilon_{ij}\sigma_{ij}-\frac{1}{2}a_{ijkl}\varepsilon_{kl}\varepsilon_{ij}-\frac{1}{2}b_{ijkl}\sigma_{kl}\sigma_{ij}\right) \tag{8-5-12}$$

8.6 有限元法

弹性力学问题的本质是求解偏微分方程的边值问题。由于偏微分方程边值问题通常都十分复杂，只能采取各种近似方法或者渐近方法进行求解。

用伽辽金近似方法对偏微分方程进行近似求解当然是一种不错的选择。但对于存在向量、张量等多变量的问题，直接用伽辽金方法近似求解微分方程并不太容易。因为涉及的变量因素过于复杂，且既要考虑大小，又要考虑方向，还要考虑多重因素。但如果从能量的角度出发，问题可能会变得相对简单，因为能量是个标量，只需考虑大小，不必顾及方向等其他因素。从这个意义上讲，将问题描述成泛函的极值(或驻值)问题，而不描述成微分方程的形式，可能更有利于近似地求解。特别是，这个泛函为能量泛函的形式时，更为有利。弹性力学的变分原理就是将弹性力学偏微分方程的边值问题转换为能量泛函的变分问题。

在近似求解过程中，借助试探函数(基函数或形函数)，将泛函的极值(或驻值)问题转换为以待定系数为自变量的函数极值(或驻值)问题，将求解未知函数的微分方程问题转换为求解待定系数的代数方程问题，是近似计算的最核心思想。为了有效确定试探函数的形式，要对大区域的积分进行分片化处理，这样就推升出有限元法。

有限元法是目前工程上应用最广泛的数值分析方法。它同时借助了变分原理、试探函数近似求解及分片积分三种手段。在这三种手段中，变分原理是它的理论基础，试探函数是将函数求解问题转化为系数变量求解问题的一

种方法，也是实现近似计算的一种技巧，更是连续问题离散化的一种手段，而分片积分则是化整为零，再集零为整，有利于在较小范围确定试探函数的一种手段。

在用变分原理进行弹性体力学分析时，可将弹性体在外力作用下平衡时的变形(位移、应变)及内力分布(应力)求解问题转化成整体系统最小势能的求解问题。在近似计算过程中，势能泛函中的位移、应力和应变等宗量函数可用一系列试探函数(或基函数)线性组合的形式来近似代替。这样的试探函数应满足相应的约束条件，如边界条件、协调条件等。然而，对于复杂的结构或复杂的边界，这种整体的试探函数是很难找到的。为此，需要将势能泛函的积分区域划分成若干个小区域求和的形式，也称为分片积分。而在小区域内试探函数容易找到。在小区域内，完全可以用一些简单的函数(如线性函数、幂函数等)作为基函数来构造试探函数，从而解决试探函数难确定的问题。事实上，在有限元法中，小区域就是单元，且单元的试探函数已转变成形函数。

对于最小势能原理，物体的总势能为

$$\Pi = U + V = \iiint \frac{1}{2} a_{ijkl}\varepsilon_{kl}\varepsilon_{ij}\mathrm{d}V - \iiint f_i u_i \mathrm{d}V - \iint \bar{f}_i u_i \mathrm{d}S \tag{8-6-1}$$

或

$$\Pi = \iiint_V \left(\frac{1}{2} a_{ijkl}\varepsilon_{kl}\varepsilon_{ij} - f_i u_i\right)\mathrm{d}V - \iint_{S_\sigma} \bar{f}_i u_i \mathrm{d}S \tag{8-6-2}$$

如果将物体分解为若干个有限尺寸的单元，则物体总势能为所有单元体总势能的和，即

$$\Pi = \sum_{e=1}^{m} \Pi^e, \quad e = 1, 2, \cdots, m \tag{8-6-3}$$

其中，e 为单元序号；m 为单元总数。任意一个单元体的总势能为

$$\Pi^e = \iiint_{V_e} \left(\frac{1}{2} a_{ijkl}\varepsilon_{kl}\varepsilon_{ij} - f_i u_i^e\right)\mathrm{d}V - \iint_{(S_\sigma)_e} \bar{f}_i u_i^e \mathrm{d}S \tag{8-6-4}$$

这里 V_e 和 $(S_\sigma)_e$ 分别为第 e 个单元的体积和面力边界。

有了最小势能原理的基础和分片积分的方法，接下来利用位移试探函数

将连续的位移函数进行离散化处理。由于应变是位移的梯度，对于线性的位移试探函数，得到的应变就变成了常数，因此应变的近似程度就差一些。同样，应力是通过物理方程在应变基础上得到的，因此应力的近似程度也差一些。这就说明，试探函数的选取形式很关键，同样位移法近似求解所得的应力的近似程度会比位移的近似程度差。同样的道理，若用最小余能原理把应力选作变量，则求解出的位移的近似程度会比应力的近似程度差。

下面以平面问题为例来说明有限元法的基本思想。

假设一个有一定形状并且占有一定区域的平面，将其划分为若干个有限尺寸的三角形单元体的离散体。各个单元体相互在三角形顶点(单元节点)铰接。对于任意一个三角形单元，设其节点为 i、j、m，单元每个节点的位移有两个分量，为

$$\{u^i\}=\begin{Bmatrix} u_1^i \\ u_2^i \end{Bmatrix} \tag{8-6-5}$$

单元三个节点共有六个位移分量，用矩阵表示为

$$\{u^e\}=\begin{Bmatrix} \{u^i\} \\ \{u^j\} \\ \{u^m\} \end{Bmatrix} \tag{8-6-6}$$

为了描述单元内部的位移，可选取一种坐标的线性函数作为试探函数，其形式为

$$\begin{cases} u_1=\alpha_1+\alpha_2 x+\alpha_3 y \\ u_2=\beta_1+\beta_2 x+\beta_3 y \end{cases} \tag{8-6-7}$$

或写为

$$\begin{Bmatrix} u_1 \\ u_2 \end{Bmatrix}=\begin{bmatrix} 1 & x & y & 0 & 0 & 0 \\ 0 & 0 & 0 & 1 & x & y \end{bmatrix}\begin{Bmatrix} \alpha_1 \\ \alpha_2 \\ \alpha_3 \\ \beta_1 \\ \beta_2 \\ \beta_3 \end{Bmatrix} \tag{8-6-8}$$

则在节点$(x_e, y_e)(e=i,j,m)$上，有

$$\begin{bmatrix} u_1^e \\ u_2^e \end{bmatrix} = \begin{bmatrix} \alpha_1 & \alpha_2 & \alpha_3 \\ \beta_1 & \beta_2 & \beta_3 \end{bmatrix} \begin{Bmatrix} 1 \\ x_e \\ y_e \end{Bmatrix}, \quad e=i,j,m \tag{8-6-9}$$

即

$$\{u^e\} = \begin{Bmatrix} \{u^i\} \\ \{u^j\} \\ \{u^m\} \end{Bmatrix} = \begin{bmatrix} 1 & x_i & y_i & 0 & 0 & 0 \\ 0 & 0 & 0 & 1 & x_i & y_i \\ 1 & x_j & y_j & 0 & 0 & 0 \\ 0 & 0 & 0 & 1 & x_j & y_j \\ 1 & x_m & y_m & 0 & 0 & 0 \\ 0 & 0 & 0 & 1 & x_m & y_m \end{bmatrix} \begin{Bmatrix} \alpha_1 \\ \alpha_2 \\ \alpha_3 \\ \beta_1 \\ \beta_2 \\ \beta_3 \end{Bmatrix} \tag{8-6-10}$$

由这六个方程，可解出用节点位移u_1^i、u_2^i和节点坐标$(x_e, y_e)(e=i,j,m)$表示的系数α_i和β_i，即

$$\begin{Bmatrix} \alpha_1 \\ \alpha_2 \\ \alpha_3 \\ \beta_1 \\ \beta_2 \\ \beta_3 \end{Bmatrix} = \begin{bmatrix} 1 & x_i & y_i & 0 & 0 & 0 \\ 0 & 0 & 0 & 1 & x_i & y_i \\ 1 & x_j & y_j & 0 & 0 & 0 \\ 0 & 0 & 0 & 1 & x_j & y_j \\ 1 & x_m & y_m & 0 & 0 & 0 \\ 0 & 0 & 0 & 1 & x_m & y_m \end{bmatrix}^{-1} \begin{bmatrix} \{u^i\} \\ \{u^j\} \\ \{u^m\} \end{bmatrix} \tag{8-6-11}$$

将其代回试探函数表达式中，得

$$\begin{Bmatrix} u_1 \\ u_2 \end{Bmatrix} = \begin{bmatrix} 1 & x & y & 0 & 0 & 0 \\ 0 & 0 & 0 & 1 & x & y \end{bmatrix} \begin{bmatrix} 1 & x_i & y_i & 0 & 0 & 0 \\ 0 & 0 & 0 & 1 & x_i & y_i \\ 1 & x_j & y_j & 0 & 0 & 0 \\ 0 & 0 & 0 & 1 & x_j & y_j \\ 1 & x_m & y_m & 0 & 0 & 0 \\ 0 & 0 & 0 & 1 & x_m & y_m \end{bmatrix}^{-1} \begin{Bmatrix} \{u^i\} \\ \{u^j\} \\ \{u^m\} \end{Bmatrix} \tag{8-6-12}$$

令

$$[N(x,y)]=\begin{bmatrix}1 & x & y & 0 & 0 & 0\\ 0 & 0 & 0 & 1 & x & y\end{bmatrix}\begin{bmatrix}1 & x_i & y_i & 0 & 0 & 0\\ 0 & 0 & 0 & 1 & x_i & y_i\\ 1 & x_j & y_j & 0 & 0 & 0\\ 0 & 0 & 0 & 1 & x_j & y_j\\ 1 & x_m & y_m & 0 & 0 & 0\\ 0 & 0 & 0 & 1 & x_m & y_m\end{bmatrix}^{-1}$$

则有

$$\begin{Bmatrix}u_1\\ u_2\end{Bmatrix}=[N(x,y)]\begin{Bmatrix}\{u^i\}\\ \{u^j\}\\ \{u^m\}\end{Bmatrix}=[N(x,y)][u^e] \tag{8-6-13}$$

进一步整理，可得

$$u_1=N_i(x,y)u_1^i+N_j(x,y)u_1^j+N_m(x,y)u_1^m \tag{8-6-14}$$

$$u_2=N_i(x,y)u_2^i+N_j(x,y)u_2^j+N_m(x,y)u_2^m \tag{8-6-15}$$

其中，$N_e(x,y)(e=i,j,m)$可看成插值函数，其形式为

$$N_e(x,y)=\frac{1}{2S_\Delta}(a_e+b_ex+c_ey),\quad e=i,j,m \tag{8-6-16}$$

其中，S_Δ为三角形单元面积，且有

$$2S_\Delta=\begin{vmatrix}1 & x_i & y_i\\ 1 & x_j & y_j\\ 1 & x_m & y_m\end{vmatrix} \tag{8-6-17}$$

而

$$\begin{cases}a_e=x_jy_m-x_my_j\\ b_e=y_j-y_m\\ a_e=-(x_j-x_m)\end{cases},\quad e=i\text{ 时、}e=j,m\text{ 时应进行下标轮换} \tag{8-6-18}$$

根据几何方程，可确定单元内任意一点的应变为

$$\boldsymbol{\varepsilon}=\begin{bmatrix}\frac{\partial}{\partial x} & 0\\ 0 & \frac{\partial}{\partial y}\\ \frac{\partial}{\partial y} & \frac{\partial}{\partial x}\end{bmatrix}\begin{Bmatrix}u_1\\ u_2\end{Bmatrix}=\begin{bmatrix}\frac{\partial}{\partial x} & 0\\ 0 & \frac{\partial}{\partial y}\\ \frac{\partial}{\partial y} & \frac{\partial}{\partial x}\end{bmatrix}\left[N(x,y)\right]\{u^e\}=\boldsymbol{B}\boldsymbol{u}^e \tag{8-6-19}$$

其中，$\boldsymbol{B}$ 为

$$\boldsymbol{B}=\begin{bmatrix}\frac{\partial}{\partial x} & 0\\ 0 & \frac{\partial}{\partial y}\\ \frac{\partial}{\partial y} & \frac{\partial}{\partial x}\end{bmatrix}\left[N(x,y)\right]$$

对于平面应力问题，由本构关系可得应力 $\boldsymbol{\sigma}=\boldsymbol{C}\boldsymbol{\varepsilon}$ ，其中 $\boldsymbol{C}$ 为弹性矩阵，其形式为

$$\boldsymbol{C}=\frac{E}{1-\upsilon^2}\begin{bmatrix}1 & \upsilon & 0\\ \upsilon & 1 & 0\\ 0 & 0 & \frac{1-\upsilon}{2}\end{bmatrix}$$

因此可得应力与位移的关系为

$$\boldsymbol{\sigma}=\boldsymbol{C}\boldsymbol{B}\boldsymbol{u}^e=\boldsymbol{D}\boldsymbol{u}^e$$

其中，$\boldsymbol{D}=\boldsymbol{C}\boldsymbol{B}$ 。

若单元节点上的作用力(包括外力和单元间的内力)为

$$\boldsymbol{R}=\begin{Bmatrix}R_i\\ R_j\\ R_m\end{Bmatrix} \tag{8-6-20}$$

则单元的总势能为

$$\Pi^e = \iint_S \frac{1}{2} \boldsymbol{u}^{\mathrm{T}} \boldsymbol{B}^{\mathrm{T}} \boldsymbol{C} \boldsymbol{B} \boldsymbol{u}^e h \mathrm{d}x\mathrm{d}y - (\boldsymbol{u}^e)^{\mathrm{T}} \boldsymbol{R} \tag{8-6-21}$$

总势能取极值的条件为

$$\delta\Pi^e = (\delta \boldsymbol{u}^e)^{\mathrm{T}} \iint_S \boldsymbol{B}^{\mathrm{T}} \boldsymbol{C} \boldsymbol{B} \boldsymbol{u}^e h \mathrm{d}x\mathrm{d}y - (\delta \boldsymbol{u}^e)^{\mathrm{T}} \boldsymbol{R} = 0 \tag{8-6-22}$$

从中解得

$$\boldsymbol{R} = \iint_S \boldsymbol{B}^{\mathrm{T}} \boldsymbol{C} \boldsymbol{B} h \mathrm{d}x\mathrm{d}y \boldsymbol{u}^e = \boldsymbol{K}^e \boldsymbol{u}^e \tag{8-6-23}$$

其中，$\boldsymbol{K}^e = \iint_S \boldsymbol{B}^{\mathrm{T}} \boldsymbol{C} \boldsymbol{B} h \mathrm{d}x\mathrm{d}y$ 为单元刚度矩阵，写成矩阵的形式，有

$$\boldsymbol{K}^e = \begin{bmatrix} k_{ii} & k_{ij} & k_{im} \\ k_{ji} & k_{jj} & k_{jm} \\ k_{mi} & k_{mj} & k_{mm} \end{bmatrix} \tag{8-6-24}$$

其中

$$k_{ij} = \iint_S \boldsymbol{B}_i^{\mathrm{T}} \boldsymbol{C} \boldsymbol{B}_j h \mathrm{d}x\mathrm{d}y$$

弹性体的总势能是所有单元势能的总和，即

$$\Pi = \sum_{e=1}^{m} \Pi^e$$

对于弹性体的总势能，其取极值的条件是

$$\delta\Pi = \sum_{e=1}^{m} \left[(\delta \boldsymbol{u}^e)^{\mathrm{T}} \iint_S \boldsymbol{B}^{\mathrm{T}} \boldsymbol{C} \boldsymbol{B} \boldsymbol{u}^e h \mathrm{d}x\mathrm{d}y - (\delta \boldsymbol{u}^e)^{\mathrm{T}} \boldsymbol{R} \right] = 0 \tag{8-6-25}$$

即

$$\sum_{e=1}^{m} \left[\iint_S \boldsymbol{B}^{\mathrm{T}} \boldsymbol{C} \boldsymbol{B} \boldsymbol{u}^e h \mathrm{d}x\mathrm{d}y - \boldsymbol{R} \right] = 0 \tag{8-6-26}$$

由于相邻单元之间会有共用节点，各单元节点位移列阵会出现重复的变量。为了在求和过程中总位移列阵中不出现重复的变量，需要对重复的位移

变量进行叠加处理，以形成总的没有重复变量的位移列阵。这个过程是各单元矩阵总装的过程。在总装过程中，对应共用节点位移的刚度子矩阵要叠加，节点作用力也要叠加。作用力叠加的结果是消除了内力，而只保留了外力。

这个过程可通过下面两个单元的叠加予以说明。若将单元 e_1 和单元 e_2 的平衡方程 $\boldsymbol{K}^e\boldsymbol{u}^e=\boldsymbol{R}^e$ 按非共用的节点位移分量 $\boldsymbol{u}_f^e$ 和共用的节点位移分量 $\boldsymbol{u}_g^e$ 分别写为

$$\begin{bmatrix} \boldsymbol{K}_{ff}^{e_1} & \boldsymbol{K}_{fg}^{e_1} \\ \boldsymbol{K}_{gf}^{e_1} & \boldsymbol{K}_{gg}^{e_1} \end{bmatrix} \begin{Bmatrix} \boldsymbol{u}_f^{e_1} \\ \boldsymbol{u}_g^{e_1} \end{Bmatrix} = \begin{bmatrix} \boldsymbol{R}_f^{e_1} \\ \boldsymbol{R}_{gw}^{e_1} + \boldsymbol{R}_{gn}^{e_1} \end{bmatrix} \tag{8-6-27}$$

和

$$\begin{bmatrix} \boldsymbol{K}_{gg}^{e_2} & \boldsymbol{K}_{gf}^{e_2} \\ \boldsymbol{K}_{fg}^{e_2} & \boldsymbol{K}_{ff}^{e_2} \end{bmatrix} \begin{Bmatrix} \boldsymbol{u}_g^{e_2} \\ \boldsymbol{u}_f^{e_2} \end{Bmatrix} = \begin{Bmatrix} \boldsymbol{R}_{gw}^{e_2} + \boldsymbol{R}_{gn}^{e_2} \\ \boldsymbol{R}_f^{e_2} \end{Bmatrix} \tag{8-6-28}$$

其中，$\boldsymbol{R}_{gw}^e$ 为单元共用节点的外力；$\boldsymbol{R}_{gn}^e$ 为单元共用节点的内力。

由于共用节点的位移相同，即 $\boldsymbol{u}_g^{e_1}=\boldsymbol{u}_g^{e_2}$，而内力相互抵消，即 $\boldsymbol{R}_{gn}^{e_1}+\boldsymbol{R}_{gn}^{e_2}=\boldsymbol{0}$，因此单元 e_1 和单元 e_2 叠加之后，有

$$\begin{bmatrix} \boldsymbol{K}_{ff}^{e_1} & \boldsymbol{K}_{fg}^{e_1} & \boldsymbol{0} \\ \boldsymbol{K}_{gf}^{e_1} & \boldsymbol{K}_{gg}^{e_1}+\boldsymbol{K}_{gg}^{e_2} & \boldsymbol{K}_{gf}^{e_2} \\ \boldsymbol{0} & \boldsymbol{K}_{fg}^{e_2} & \boldsymbol{K}_{ff}^{e_2} \end{bmatrix} \begin{Bmatrix} \boldsymbol{u}_f^{e_1} \\ \boldsymbol{u}_g^{e_1} \\ \boldsymbol{u}_f^{e_2} \end{Bmatrix} = \begin{Bmatrix} \boldsymbol{R}_f^{e_1} \\ \boldsymbol{R}_{gw}^{e_1}+\boldsymbol{R}_{gw}^{e_2} \\ \boldsymbol{R}_f^{e_2} \end{Bmatrix} \tag{8-6-29}$$

叠加后，共用节点的位移进行了合并，总位移列阵中不会出现重复的位移分量，这就是单元 e_1 和单元 e_2 的叠加总装过程。总装之后，单元的节点位移与弹性体的节点位移相同，单元的节点力之和等于弹性体外力的节点力。多单元结构的总装原理也是类似的。总装的刚度矩阵叠加以及节点力的叠加都在相邻单元之间进行。不相邻单元之间没有共用节点，因此无须进行叠加处理。这样一来，所得到的刚度矩阵就是一个以对角线为中心的带状矩阵，从而可得整体平衡方程为

$$\boldsymbol{K}\boldsymbol{u}=\boldsymbol{F} \tag{8-6-30}$$

其中，$\boldsymbol{K}$ 为整体刚度矩阵；$\boldsymbol{u}$ 为整体位移列阵；$\boldsymbol{F}$ 为整体节点力列阵。

这是用最小势能原理建立的有限元法，这种方法以位移作为未知变量，要想得到应变和应力，再由几何方程和物理方程进行进一步的计算。应该说，这种方法得到的位移解的近似程度比较好，而对应的应变和应力的解的精确程度就相对差一些。为了得到较好的应力近似解，可用应力作为未知变量建立相应的有限元法。用应力作为未知变量的有限元法需采用最小余能原理。其有限元法的建立过程与上述势能方法过程类似。但在以应力为变量的有限元法所得到的解中，应力近似程度较好，而位移的近似程度就会较差。为了同时得到较好的位移近似和较好的应力近似，可采用混合元的手段建立有限元法。混合元的未知变量同时包含了应力变量和位移变量，要想建立混合元的有限元法，就需用到广义的变分原理。

8.7　基于广义变分原理的混合元有限元法

在有限元法的实践过程中，包含位移法和应力法两种方法。位移法以节点的位移作为未知量建立相应的力学平衡方程或动力学方程，其理论基础是变分法中的最小势能原理。应力法以应力作为未知量来建立相应的力学方程，其理论基础是变分法中的最小余能原理。在最小势能原理变分法中，势能泛函的变分是有约束条件的变分。位移变量作为宗量函数，除体现在势能泛函的拉格朗日函数中外，还应该满足一定的约束条件，如应变位移关系的几何条件(进一步表现为位移的协调方程条件)、应力应变关系的物理条件，以及位移的边界条件。在建立位移试探函数(或形函数)时，应满足这些约束条件。相对而言，满足位移约束条件的试探函数是相对容易实现的，因此位移法是一种最常用的方法。但位移法也存在一个明显的问题，就是由此求得的应力误差会比较大。为了得到较好的应力解答，可以采用应力的方法。在最小余能原理变分法中，应力变量作为余能泛函中的宗量函数，应该满足的约束条件分别是应力平衡条件、应力应变关系条件，以及应力的边界条件。针对这样的约束条件，建立应力试探函数(或应力形函数)是相对困难的，因此虽然应力法能较好地得到应力解，但在有限元实践中却应用得相对较少。

为了能同时得到较好的位移解和应力解，又能避开相关的约束条件，学者提出了一种混合元(或杂交元)的有限元法。该方法是建立在广义变分原理基础上的。由于广义变分原理的理论已经包含了各类约束条件，并且将原本需要关联的变量独立开来，如应力和位移两种未知量可看成相互独立的两种未知量，因此在建立未知量的试探函数(或形函数)时就不必顾及各类的约束条件。这样一来，就为有限元法的实践拓宽了范围。

广义变分原理中的 Hellinger-Reissner 原理是两变量的广义变分原理。利用 Hellinger-Reissner 两变量广义变分原理，在混合元有限元法中，可以认为应力和位移是两个独立的变量。

在 Hellinger-Reissner 两变量广义变分原理泛函中，应力是以张量形式表述的。方便起见，可以将应力用矢量的形式表述。矢量表述是将原二阶张量中的各个应力分量 σ_{ij} 写成应力矢量 $\boldsymbol{\sigma}$ 的形式。这样一来，对应的 Hellinger-Reissner 两变量广义变分原理的泛函就可以表示为

$$\Pi_{\mathrm{HR}}=\iiint_V\left[\frac{1}{2}\boldsymbol{\sigma}^{\mathrm{T}}\boldsymbol{A}\boldsymbol{\sigma}+(\boldsymbol{D}\cdot\boldsymbol{\sigma}+\boldsymbol{f})^{\mathrm{T}}\boldsymbol{u}\right]\mathrm{d}V-\iint_{S_u}\boldsymbol{T}^{\mathrm{T}}\bar{\boldsymbol{u}}\mathrm{d}S-\iint_{S_\sigma}(\boldsymbol{T}-\bar{\boldsymbol{T}})^{\mathrm{T}}\boldsymbol{u}\mathrm{d}S \tag{8-7-1}$$

其中，$\boldsymbol{\sigma}$ 替代 σ_{ij} 为应力矢量；$\boldsymbol{A}$ 为柔度矩阵；$\boldsymbol{D}\cdot\boldsymbol{\sigma}$ 替代 $\sigma_{ij,j}$ 为应力散度矢量，其中 $\boldsymbol{D}$ 为平衡方程算子矩阵；$\boldsymbol{f}$ 替代 f_i 为体力矢量；$\boldsymbol{u}$ 替代 u_i 为位移矢量；$\boldsymbol{T}$ 替代 $\sigma_{ij,j}$ 为边界力矢量；$\bar{\boldsymbol{T}}$ 替代 $\bar{f}_i$ 为应力边界的边界力矢量；$\bar{\boldsymbol{u}}$ 替代 $\bar{u}_i$ 为位移边界的位移矢量。

按照有限元法的思想，将整体区域划分成若干个单元子域，则上述泛函的积分可化作各单元分片积分再求和的形式：

$$\Pi_{\mathrm{HR}}=\sum_e\iiint_{V_e}\left[\frac{1}{2}\boldsymbol{\sigma}^{\mathrm{T}}\boldsymbol{A}\boldsymbol{\sigma}+(\boldsymbol{D}\cdot\boldsymbol{\sigma}+\boldsymbol{f})^{\mathrm{T}}\boldsymbol{u}\right]\mathrm{d}V-\iint_{S_{eu}}\boldsymbol{T}^{\mathrm{T}}\bar{\boldsymbol{u}}\mathrm{d}S-\iint_{S_{e\sigma}}(\boldsymbol{T}-\bar{\boldsymbol{T}})^{\mathrm{T}}\boldsymbol{u}\mathrm{d}S \tag{8-7-2}$$

在混合元有限元法中，将应力和位移视为两个独立的变量，可分别设单元的应力和单元的位移为

$$\boldsymbol{\sigma}=\boldsymbol{P}\cdot\boldsymbol{\beta}_e \tag{8-7-3}$$

$$\boldsymbol{u}=\boldsymbol{N}\cdot\boldsymbol{q}_e \tag{8-7-4}$$

其中，$\boldsymbol{P}$ 为应力的插值函数(或可视为应力的坐标转换函数)矩阵；$\boldsymbol{\beta}_e$ 为应力的广义坐标矢量；$\boldsymbol{N}$ 为位移的插值函数(或可视为位移的坐标转换函数)矩阵；$\boldsymbol{q}_e$ 为位移的广义坐标矢量。

与之对应的还有

$$\boldsymbol{T}=\boldsymbol{R}\cdot\boldsymbol{\beta}_e \tag{8-7-5}$$

$$\bar{\boldsymbol{u}} = \boldsymbol{L} \cdot \boldsymbol{q}_e \tag{8-7-6}$$

将其代入上述 Hellinger-Reissner 两变量广义变分原理的泛函中，可得到关于广义坐标 $\boldsymbol{\beta}_e$ 和 $\boldsymbol{q}_e$ 的泛函表达式为

$$\begin{aligned}\Pi_{\mathrm{HR}} = &\sum_e \iiint_{V_e} \left[\frac{1}{2}(\boldsymbol{P}\cdot\boldsymbol{\beta}_e)^{\mathrm{T}}\boldsymbol{AP}\cdot\boldsymbol{\beta}_e + (\boldsymbol{D}\cdot\boldsymbol{P}\cdot\boldsymbol{\beta}_e + \boldsymbol{f})^{\mathrm{T}}\boldsymbol{N}\cdot\boldsymbol{q}_e\right]\mathrm{d}V \\ &-\iint_{S_{eu}}(\boldsymbol{R}\cdot\boldsymbol{\beta}_e)^{\mathrm{T}}\boldsymbol{L}\cdot\boldsymbol{q}_e\mathrm{d}S - \iint_{S_{e\sigma}}(\boldsymbol{R}\cdot\boldsymbol{\beta}_e - \bar{\boldsymbol{T}})^{\mathrm{T}}\boldsymbol{N}\cdot\boldsymbol{q}_e\mathrm{d}S\end{aligned} \tag{8-7-7}$$

即

$$\begin{aligned}\Pi_{\mathrm{HR}} = &\sum_e \iiint_{V_e} \left[\frac{1}{2}\boldsymbol{\beta}_e^{\mathrm{T}}\boldsymbol{P}^{\mathrm{T}}\boldsymbol{AP}\cdot\boldsymbol{\beta}_e + \boldsymbol{\beta}_e^{\mathrm{T}}(\boldsymbol{D}\cdot\boldsymbol{P})^{\mathrm{T}}\boldsymbol{N}\cdot\boldsymbol{q}_e + \boldsymbol{f}^{\mathrm{T}}\boldsymbol{N}\cdot\boldsymbol{q}_e\right]\mathrm{d}V \\ &-\iint_{S_{eu}}\boldsymbol{\beta}_e^{\mathrm{T}}\boldsymbol{R}^{\mathrm{T}}\boldsymbol{L}\cdot\boldsymbol{q}_e\mathrm{d}S - \iint_{S_{e\sigma}}(\boldsymbol{\beta}_e^{\mathrm{T}}\boldsymbol{R}^{\mathrm{T}}\boldsymbol{N}\cdot\boldsymbol{q}_e - \bar{\boldsymbol{T}}^{\mathrm{T}}\boldsymbol{N}\cdot\boldsymbol{q}_e)\mathrm{d}S\end{aligned} \tag{8-7-8}$$

取

$$\boldsymbol{C} = \iiint_{V_e}\boldsymbol{P}^{\mathrm{T}}\boldsymbol{AP}\mathrm{d}V$$

$$\boldsymbol{G} = \iiint_{V_e}(\boldsymbol{D}\cdot\boldsymbol{P})^{\mathrm{T}}\boldsymbol{N}\mathrm{d}V$$

$$\boldsymbol{H} = \iint_{S_{eu}}\boldsymbol{R}^{\mathrm{T}}\boldsymbol{L}\mathrm{d}S$$

$$\boldsymbol{B} = \iint_{S_{e\sigma}}\boldsymbol{R}^{\mathrm{T}}\boldsymbol{N}\mathrm{d}S$$

$$\boldsymbol{Q}_1^{\mathrm{T}} = \iiint_{V_e}\boldsymbol{f}^{\mathrm{T}}\boldsymbol{N}\mathrm{d}V$$

$$\boldsymbol{Q}_2^{\mathrm{T}} = \iint_{S_{e\sigma}}\bar{\boldsymbol{T}}^{\mathrm{T}}\boldsymbol{N}\mathrm{d}S$$

则广义坐标 $\boldsymbol{\beta}_e$ 和 $\boldsymbol{q}_e$ 的泛函可化为

$$\Pi_{\mathrm{HR}} = \sum_e\left[\frac{1}{2}\boldsymbol{\beta}_e^{\mathrm{T}}\boldsymbol{C}\cdot\boldsymbol{\beta}_e + \boldsymbol{\beta}_e^{\mathrm{T}}\boldsymbol{G}\cdot\boldsymbol{q}_e + \boldsymbol{Q}_1\cdot\boldsymbol{q}_e\right] - \boldsymbol{\beta}_e^{\mathrm{T}}\boldsymbol{H}\cdot\boldsymbol{q}_e - (\boldsymbol{\beta}_e^{\mathrm{T}}\boldsymbol{B}\cdot\boldsymbol{q}_e - \boldsymbol{Q}_2\cdot\boldsymbol{q}_e) \tag{8-7-9}$$

对该泛函关于变量 $\boldsymbol{\beta}_e$ 和 $\boldsymbol{q}_e$ 取驻值，则有

$$\frac{\partial \Pi_{\mathrm{HR}}}{\partial \boldsymbol{\beta}_e} = \mathbf{0} \tag{8-7-10}$$

及

$$\frac{\partial \Pi_{\mathrm{HR}}}{\partial \boldsymbol{q}_e} = \mathbf{0} \tag{8-7-11}$$

从而得

$$[\boldsymbol{C} \cdot \boldsymbol{\beta}_e + (\boldsymbol{G} - \boldsymbol{H} - \boldsymbol{B})\boldsymbol{q}_e] = \mathbf{0} \tag{8-7-12}$$

$$[(\boldsymbol{G} - \boldsymbol{H} - \boldsymbol{B})^{\mathrm{T}} \boldsymbol{\beta}_e + \boldsymbol{Q}_1 + \boldsymbol{Q}_2] = \mathbf{0} \tag{8-7-13}$$

由 $[\boldsymbol{C} \cdot \boldsymbol{\beta}_e + (\boldsymbol{G} - \boldsymbol{H} - \boldsymbol{B})\boldsymbol{q}_e] = 0$ 解得

$$\boldsymbol{\beta}_e = -\boldsymbol{C}^{-1}(\boldsymbol{G} - \boldsymbol{H} - \boldsymbol{B})\boldsymbol{q}_e \tag{8-7-14}$$

代入 $[(\boldsymbol{G} - \boldsymbol{H} - \boldsymbol{B})^{\mathrm{T}} \boldsymbol{\beta}_e + \boldsymbol{Q}_1 + \boldsymbol{Q}_2] = 0$ 中，得

$$(\boldsymbol{G} - \boldsymbol{H} - \boldsymbol{B})^{\mathrm{T}} \boldsymbol{C}^{-1}(\boldsymbol{G} - \boldsymbol{H} - \boldsymbol{B})\boldsymbol{q}_e = \boldsymbol{Q}_1 + \boldsymbol{Q}_2 \tag{8-7-15}$$

或

$$\boldsymbol{K}_e \boldsymbol{q}_e = \boldsymbol{Q}_e \tag{8-7-16}$$

其中

$$\boldsymbol{K}_e = (\boldsymbol{G} - \boldsymbol{H} - \boldsymbol{B})^{\mathrm{T}} \boldsymbol{C}^{-1}(\boldsymbol{G} - \boldsymbol{H} - \boldsymbol{B})$$

为单元刚度矩阵；

$$\boldsymbol{Q}_e = \boldsymbol{Q}_1 + \boldsymbol{Q}_2$$

为单元力列阵。

当然，也可以直接将上述两个方程写在一起，为

$$\begin{bmatrix} \boldsymbol{C} & \boldsymbol{G} - \boldsymbol{H} - \boldsymbol{B} \\ (\boldsymbol{G} - \boldsymbol{H} - \boldsymbol{B})^{\mathrm{T}} & 0 \end{bmatrix} \begin{bmatrix} \boldsymbol{\beta}_e \\ \boldsymbol{q}_e \end{bmatrix} = \begin{bmatrix} \mathbf{0} \\ -\boldsymbol{Q}_e \end{bmatrix} \tag{8-7-17}$$

在上述单元平衡方程中，通过刚度矩阵表征了位移列阵与外力列阵的联系。单元平衡方程的形式与最小势能原理位移法得到的方程是相同的，但其内涵是有区别的。首先对位移插值函数的要求是不同的，最小势能原理位移法中的位移插值函数要求满足位移协调关系，应力是通过物理方程和几何方程与位移紧密联系的，由此得到的应力计算的误差是较大的。而基于两变量的广义变分原理的混合法，其插值函数的要求降低了很多，自由度增加了很多，应力插值函数矩阵 $\boldsymbol{P}$ 和位移插值函数矩阵 $\boldsymbol{N}$ 无须有限制性的联系，由此得到的应力计算值也会精确很多。

在两变量广义变分原理中，没有体现应变这一变量，应变这个变量通过几何关系联系到位移中或通过物理关系联系到应力中，因此没有将应变作为一个独立的变量。

从更广义的角度出发，也可以把应变这个变量从位移或应力中独立出来。这要用到更广义的变分原理，即钱氏广义变分理论。

按照钱氏广义变分理论，若将应力和应变都用矢量的形式来表述，则其泛函形式可写为

$$\Pi_{\mathrm{Chien}}^{*}=\Pi_{\mathrm{HR}}+\iiint_{V}\alpha\left(\boldsymbol{\sigma}^{\mathrm{T}}\boldsymbol{\varepsilon}-\frac{1}{2}\boldsymbol{\varepsilon}^{\mathrm{T}}\boldsymbol{a}\boldsymbol{\varepsilon}-\frac{1}{2}\boldsymbol{\sigma}^{\mathrm{T}}\boldsymbol{A}\boldsymbol{\sigma}\right)\mathrm{d}V \tag{8-7-18}$$

其中，$\boldsymbol{\varepsilon}$ 替代 ε_{ij} 为应变矢量；$\boldsymbol{a}$ 为弹性系数矩阵；α 为与原式中 A_{ijkl} 对应的高阶拉格朗日乘子标量。

将 Π_{HR} 代入得

$$\begin{aligned}\Pi_{\mathrm{Chien}}^{*}=&\iiint_{V}\left\{\left[\frac{1}{2}\boldsymbol{\sigma}^{\mathrm{T}}\boldsymbol{A}\boldsymbol{\sigma}+(\boldsymbol{D}\cdot\boldsymbol{\sigma}+\boldsymbol{f})^{\mathrm{T}}\boldsymbol{u}\right]+\alpha\left(\boldsymbol{\sigma}^{\mathrm{T}}\boldsymbol{\varepsilon}-\frac{1}{2}\boldsymbol{\varepsilon}^{\mathrm{T}}\boldsymbol{a}\boldsymbol{\varepsilon}-\frac{1}{2}\boldsymbol{\sigma}^{\mathrm{T}}\boldsymbol{A}\boldsymbol{\sigma}\right)\right\}\mathrm{d}V\\&-\iint_{S_u}\boldsymbol{T}^{\mathrm{T}}\bar{\boldsymbol{u}}\mathrm{d}S-\iint_{S_\sigma}(\boldsymbol{T}-\bar{\boldsymbol{T}})^{\mathrm{T}}\boldsymbol{u}\mathrm{d}S\end{aligned} \tag{8-7-19}$$

将整体区域划分成若干个单元，则上述泛函的积分可化为各单元分片积分再求和的形式，即

$$\begin{aligned}\Pi_{\mathrm{Chien}}^{*}=&\sum_{e}\iiint_{V_e}\left\{\left[\frac{1}{2}\boldsymbol{\sigma}^{\mathrm{T}}\boldsymbol{A}\boldsymbol{\sigma}+(\boldsymbol{D}\cdot\boldsymbol{\sigma}+\boldsymbol{f})^{\mathrm{T}}\boldsymbol{u}\right]+\alpha\left(\boldsymbol{\sigma}^{\mathrm{T}}\boldsymbol{\varepsilon}-\frac{1}{2}\boldsymbol{\varepsilon}^{\mathrm{T}}\boldsymbol{a}\boldsymbol{\varepsilon}-\frac{1}{2}\boldsymbol{\sigma}^{\mathrm{T}}\boldsymbol{A}\boldsymbol{\sigma}\right)\right\}\mathrm{d}V\\&-\iint_{S_{eu}}\boldsymbol{T}^{\mathrm{T}}\bar{\boldsymbol{u}}\mathrm{d}S-\iint_{S_{e\sigma}}(\boldsymbol{T}-\bar{\boldsymbol{T}})^{\mathrm{T}}\boldsymbol{u}\mathrm{d}S\end{aligned} \tag{8-7-20}$$

在这样的泛函中，包含了应力、应变和位移等多个独立变量。在有限元计算过程中，无须顾及应力本身的平衡关系，也不用考虑应力应变的物理关系，因此在寻求试探函数(设定形函数)时就不必顾及对应的约束条件。

在这样的混合元有限元法中，可将应力、应变和位移视为三个独立的变量，并分别设单元的应力、单元的应变和单元的位移插值关系为

$$\boldsymbol{\sigma}=\boldsymbol{P}\cdot\boldsymbol{\beta}_e \tag{8-7-21}$$

$$\boldsymbol{\varepsilon}=\boldsymbol{M}\cdot\boldsymbol{\gamma}_e \tag{8-7-22}$$

$$\boldsymbol{u}=\boldsymbol{N}\cdot\boldsymbol{q}_e \tag{8-7-23}$$

其中，$\boldsymbol{P}$ 为应力的插值函数(或可视为应力的坐标转换函数)矩阵；$\boldsymbol{\beta}_e$ 为应力的广义坐标矢量；$\boldsymbol{M}$ 为应变的插值函数(或可视为应变的坐标转换函数)矩阵；$\boldsymbol{\gamma}_e$ 为应变的广义坐标矢量；$\boldsymbol{N}$ 为位移的插值函数(或可视为位移的坐标转换函数)矩阵；$\boldsymbol{q}_e$ 为位移的广义坐标矢量。

对应的有

$$\boldsymbol{T}=\boldsymbol{R}\cdot\boldsymbol{\beta}_e \tag{8-7-24}$$

$$\bar{\boldsymbol{u}}=\boldsymbol{L}\cdot\boldsymbol{q}_e \tag{8-7-25}$$

将其代入钱氏广义变分原理的泛函中，可得到关于广义坐标 $\boldsymbol{\beta}_e$、$\boldsymbol{\gamma}_e$ 和 $\boldsymbol{q}_e$ 的泛函表达式，为

$$\begin{aligned}\Pi^{*}_{\text{Chien}}=&\sum_e\iiint_{V_e}\left\{\left[\frac{1}{2}(\boldsymbol{P}\cdot\boldsymbol{\beta}_e)^{\mathrm{T}}\boldsymbol{A}\boldsymbol{P}\cdot\boldsymbol{\beta}_e+(\boldsymbol{D}\cdot\boldsymbol{P}\cdot\boldsymbol{\beta}_e+\boldsymbol{f})^{\mathrm{T}}\boldsymbol{N}\cdot\boldsymbol{q}_e\right]\right.\\&\left.+\alpha\left[(\boldsymbol{P}\cdot\boldsymbol{\beta}_e)^{\mathrm{T}}\boldsymbol{M}\cdot\boldsymbol{\gamma}_e-\frac{1}{2}(\boldsymbol{M}\cdot\boldsymbol{\gamma}_e)^{\mathrm{T}}\boldsymbol{a}\boldsymbol{M}\cdot\boldsymbol{\gamma}_e-\frac{1}{2}(\boldsymbol{P}\cdot\boldsymbol{\beta}_e)^{\mathrm{T}}\boldsymbol{A}\boldsymbol{P}\cdot\boldsymbol{\beta}_e\right]\right\}\mathrm{d}V\\&-\iint_{S_{eu}}(\boldsymbol{R}\cdot\boldsymbol{\beta}_e)^{\mathrm{T}}\boldsymbol{L}\cdot\boldsymbol{q}_e\mathrm{d}S-\iint_{S_{e\sigma}}(\boldsymbol{R}\cdot\boldsymbol{\beta}_e-\bar{\boldsymbol{T}})^{\mathrm{T}}\boldsymbol{N}\cdot\boldsymbol{q}_e\mathrm{d}S\end{aligned} \tag{8-7-26}$$

取

$$\boldsymbol{C}=\iiint_{V_e}\boldsymbol{P}^{\mathrm{T}}\boldsymbol{A}\boldsymbol{P}\mathrm{d}V \tag{8-7-27}$$

$$\boldsymbol{G}=\iiint_{V_e}(\boldsymbol{D}\cdot\boldsymbol{P})^{\mathrm{T}}\boldsymbol{N}\mathrm{d}V \tag{8-7-28}$$

$$\boldsymbol{E}=\iiint_{V_e}\boldsymbol{P}^{\mathrm{T}}\boldsymbol{M}\mathrm{d}V \tag{8-7-29}$$

$$\boldsymbol{J}=\iiint_{V_e}\boldsymbol{M}^{\mathrm{T}}\boldsymbol{a}\boldsymbol{M}\mathrm{d}V \tag{8-7-30}$$

$$\boldsymbol{H}=\iint_{S_{eu}}\boldsymbol{R}^{\mathrm{T}}\boldsymbol{L}\mathrm{d}S \tag{8-7-31}$$

$$\boldsymbol{B}=\iint_{S_{e\sigma}}\boldsymbol{R}^{\mathrm{T}}\boldsymbol{N}\mathrm{d}S \tag{8-7-32}$$

$$\boldsymbol{Q}_1^{\mathrm{T}}=\iiint_{V_e}\boldsymbol{f}^{\mathrm{T}}\boldsymbol{N}\mathrm{d}V \tag{8-7-33}$$

$$\boldsymbol{Q}_2^{\mathrm{T}}=\iint_{S_{e\sigma}}\bar{\boldsymbol{T}}^{\mathrm{T}}\boldsymbol{N}\mathrm{d}S \tag{8-7-34}$$

则钱氏广义变分原理的泛函化为

$$\begin{aligned}\Pi_{\text{Chien}}^{*}=&\sum_{e}\left(\frac{1}{2}\boldsymbol{\beta}_e^{\mathrm{T}}\boldsymbol{C}\cdot\boldsymbol{\beta}_e+\boldsymbol{\beta}_e^{\mathrm{T}}\boldsymbol{G}\cdot\boldsymbol{q}_e+\boldsymbol{Q}_1\cdot\boldsymbol{q}_e\right)+\alpha\left(\boldsymbol{\beta}_e^{\mathrm{T}}\boldsymbol{E}^{\mathrm{T}}\cdot\boldsymbol{\gamma}_e-\frac{1}{2}\boldsymbol{\gamma}_e^{\mathrm{T}}\boldsymbol{J}\cdot\boldsymbol{\gamma}_e\right.\\&\left.-\frac{1}{2}\boldsymbol{\beta}_e^{\mathrm{T}}\boldsymbol{C}\cdot\boldsymbol{\beta}_e\right)-\boldsymbol{\beta}_e^{\mathrm{T}}\boldsymbol{H}\cdot\boldsymbol{q}_e-(\boldsymbol{\beta}_e^{\mathrm{T}}\boldsymbol{B}\cdot\boldsymbol{q}_e-\boldsymbol{Q}_2\cdot\boldsymbol{q}_e)\end{aligned} \tag{8-7-35}$$

对该泛函分别关于变量 $\boldsymbol{\beta}_e$、$\boldsymbol{\gamma}_e$ 和 $\boldsymbol{q}_e$ 取驻值，有

$$\frac{\partial\Pi_{\text{Chien}}^{*}}{\partial\boldsymbol{\beta}_e}=0 \tag{8-7-36}$$

$$\frac{\partial\Pi_{\text{Chien}}^{*}}{\partial\boldsymbol{\gamma}_e}=0 \tag{8-7-37}$$

及

$$\frac{\partial\Pi_{\text{Chien}}^{*}}{\partial\boldsymbol{q}_e}=0 \tag{8-7-38}$$

从而得

$$[(1-\alpha)\boldsymbol{C}\cdot\boldsymbol{\beta}_e+\alpha\boldsymbol{E}^{\mathrm{T}}\cdot\boldsymbol{\gamma}_e+(\boldsymbol{G}-\boldsymbol{H}-\boldsymbol{B})\boldsymbol{q}_e]=0 \tag{8-7-39}$$

$$\boldsymbol{E}\cdot\boldsymbol{\beta}_e-\boldsymbol{J}\cdot\boldsymbol{\gamma}_e=0 \tag{8-7-40}$$

$$[(\boldsymbol{G}-\boldsymbol{H}-\boldsymbol{B})^{\mathrm{T}}\boldsymbol{\beta}_e+\boldsymbol{Q}_1+\boldsymbol{Q}_2]=0 \tag{8-7-41}$$

由 $\boldsymbol{E}\cdot\boldsymbol{\beta}_e-\boldsymbol{J}\cdot\boldsymbol{\gamma}_e=0$ 可解得

$$\boldsymbol{\gamma}_e=\boldsymbol{J}^{-1}\boldsymbol{E}\cdot\boldsymbol{\beta}_e \tag{8-7-42}$$

代入 $[(1-\alpha)\boldsymbol{C}\cdot\boldsymbol{\beta}_e+\alpha\boldsymbol{E}^{\mathrm{T}}\cdot\boldsymbol{\gamma}_e+(\boldsymbol{G}-\boldsymbol{H}-\boldsymbol{B})\boldsymbol{q}_e]=0$ 中，可解得

$$\boldsymbol{\beta}_e=-[(1-\alpha)\boldsymbol{C}+\alpha\boldsymbol{E}^{\mathrm{T}}\boldsymbol{J}^{-1}\boldsymbol{E}]^{-1}(\boldsymbol{G}-\boldsymbol{H}-\boldsymbol{B})\boldsymbol{q}_e \tag{8-7-43}$$

再代入 $[(\boldsymbol{G}-\boldsymbol{H}-\boldsymbol{B})^{\mathrm{T}}\boldsymbol{\beta}_e+\boldsymbol{Q}_1+\boldsymbol{Q}_2]=0$ 中，得

$$(\boldsymbol{G}-\boldsymbol{H}-\boldsymbol{B})^{\mathrm{T}}[(1-\alpha)\boldsymbol{C}+\alpha\boldsymbol{E}^{\mathrm{T}}\boldsymbol{J}^{-1}\boldsymbol{E}]^{-1}(\boldsymbol{G}-\boldsymbol{H}-\boldsymbol{B})\boldsymbol{q}_e=\boldsymbol{Q}_1+\boldsymbol{Q}_2 \tag{8-7-44}$$

或

$$\boldsymbol{K}_e\boldsymbol{q}_e=\boldsymbol{Q}_e \tag{8-7-45}$$

其中，$\boldsymbol{K}_e$ 为单元刚度矩阵；$\boldsymbol{Q}_e$ 为单元力列阵。

$$\boldsymbol{K}_e=(\boldsymbol{G}-\boldsymbol{H}-\boldsymbol{B})^{\mathrm{T}}[(1-\alpha)\boldsymbol{C}+\alpha\boldsymbol{E}^{\mathrm{T}}\boldsymbol{J}^{-1}\boldsymbol{E}]^{-1}(\boldsymbol{G}-\boldsymbol{H}-\boldsymbol{B}) \tag{8-7-46}$$

$$\boldsymbol{Q}_e=\boldsymbol{Q}_1+\boldsymbol{Q}_2 \tag{8-7-47}$$

在上述方程式中，除了涉及一些矩阵的求逆和其他运算外，还存在一个待定的拉格朗日乘子 α 。

当取 $\alpha=0$ 时，上述有限元力学方程将退化为由 Hellinger-Reissner 两变量广义变分原理导出的有限元单元力学方程。刚度矩阵化为

$$\boldsymbol{K}_e=(\boldsymbol{G}-\boldsymbol{H}-\boldsymbol{B})^{\mathrm{T}}\boldsymbol{C}^{-1}(\boldsymbol{G}-\boldsymbol{H}-\boldsymbol{B}) \tag{8-7-48}$$

当取 $\alpha=1$ 时，刚度矩阵化为

$$\boldsymbol{K}_e=(\boldsymbol{G}-\boldsymbol{H}-\boldsymbol{B})^{\mathrm{T}}(\boldsymbol{E}^{\mathrm{T}}\boldsymbol{J}^{-1}\boldsymbol{E})^{-1}(\boldsymbol{G}-\boldsymbol{H}-\boldsymbol{B}) \tag{8-7-49}$$

当取 $\alpha=\dfrac{1}{2}$ 时，刚度矩阵化为

$$\boldsymbol{K}_e=\frac{1}{2}(\boldsymbol{G}-\boldsymbol{H}-\boldsymbol{B})^{\mathrm{T}}(\boldsymbol{C}+\boldsymbol{E}^{\mathrm{T}}\boldsymbol{J}^{-1}\boldsymbol{E})^{-1}(\boldsymbol{G}-\boldsymbol{H}-\boldsymbol{B}) \tag{8-7-50}$$

与两变量广义变分原理的混合元有限元法一样，单元平衡方程也通过刚度矩阵表示为位移列阵与外力列阵相联系的形式。但其情形有所不同，首先是独立的变量数增加，由位移和应力的两个独立变量增加至位移、应力和应变三个独立变量，应力应变无须再受其物理关系的限制；其次是插值函数自由度增加，各插值函数不仅自身没有任何限制，而且应力插值函数 $\boldsymbol{P}$、位移插值函数 $\boldsymbol{N}$ 和应变插值函数 $\boldsymbol{M}$ 三者之间也无限制性的联系，不仅由此得到的应力计算值会精确很多，而且由此得到的应变计算值也会精确很多。

针对拉格朗日乘子标量，可以将其视为一个待定的量。一旦选定了，如上述的 0、1、$\frac{1}{2}$ 等，问题的具体情形就确定了。需要说明的是，在上述混合元分析中，用拉格朗日乘子标量 α 代替原来完全广义变分原理公式中的 A_{ijkl}。原式中的 A_{ijkl} 不是单纯的标量，因此在实践中可以进行更宽泛的考虑。当然，高阶拉格朗日乘子本身的意义和选择方式也有待进一步的探讨。

第9章　半解析半有限元法

虽然有限元法适用于许多问题的数值求解，但在实际应用中也会出现许多的不足和问题，最突出的问题表现在以下几个方面：①复杂结构系统的计算量过大；②参数等因素的影响规律没有显式形式的体现；③精度控制难；④参数选择导致的奇异化。

有限元法似乎是万能的，什么问题都可以用有限元法来解决。因此，很多人患了有限元法依赖症。碰到一个问题，一上来就用有限元法来进行数值计算和仿真。然而，由于有限元法只针对单个算例进行计算，很难给出多变量影响因素的规律，因此经过大量的建模、计算和前后处理，也只能给出单个算例的结果。不仅如此，若单元的类型和单元划分的数量选取得不合适，还会增加很多的计算量。一般来说，问题精度要求得越高，单元就划分得越小，整体的单元数量就会越多，问题维数也就会越多。因此，不加分析地、盲目地通过划分单元的方式来进行数值计算，其计算量相当大。有的问题，即使利用高速运算的大容量计算机，计算起来也很困难。对于复杂结构、复杂边界和复杂材料特性的连续体，其情况尤为严重。对于复杂的结构、边界和材料，由于要划分极多的离散单元，产生极高的维度和极多的未知数，导致很大甚至无法实现的计算量。

为了解决上述问题，学者试图寻求一些更近似的方法，既可以保证计算的精度，也可以降低有限元的数值计算量。其中一种有效的方法就是半解析半有限元法。

9.1　半解析半有限元法的思想

半解析半有限元法就是结合实际的问题，将空间三维的某一个维度或某两个维度用解析的方法来处理，将实际有限元处理的空间维数降低一维或两维，从而大幅度减少计算机数值计算的工作量。传统的解析方法无须大型计算机，而且可以给出感兴趣区域规律性的结果，从而节约了数据前期准备、中期计算和后期处理的时间。但传统解析方法的最大问题是只能解决有限的简单问题。半解析半有限元法充分发挥解析方法和有限元法的各自优势，取长补短，形成一种更高效的分析和计算方法。对于在某一方向比较规则的连续体，沿此方向的未知数采用连续的解析表达，而其他方向仍按有限元的方法进行处理。这样一来，就可以把空间三维有限元的问题转化成二维有限元的问题，使维度降低一维，从而降低计算量，节省很多的机时。例如，针对轴对称三维结构的问题，若边界条件也是轴对称的(如轴对称作用力、轴对称位移边界)，则可以将三维结构的问题转化为二维结构的问题，其单元就可以选二维的轴对称单元。而针对轴对称三维结构的非轴对称边界，就无法化成二维的问题，此时，若直接采用三维单元进行计算，相对二维单元来说，其计算量一下就增加了很多倍。为了降低计算机的计算量，有限元的划分还按二维来进行，其第三维采用解析的方法或近似解析的方法来处理。解析处理的一种手段是沿环向选取适当的试探函数，并依据问题的精度选取合适的项数，例如，可以将待求的变量沿环向展开成三角级数求和的形式，而三角级数求和的项数可依据问题的精度来确定。

空间三维单元的节点具有三个方向的维度，若将某一个维度用解析手段来处理，则从有限元的角度看，该节点就变成了节线，三维的单元块体就转化成二维的单元条体。因此这种方法也称为有限元法中的有限条法。

为了理解半解析半有限元法在实践中的应用,可以通过下面的例子给予说明。从以下两个例子中可以看到这种方法的实施过程和方法的实质，其中一个例子是简支板的弯曲问题，另一个例子是旋转壳的静力学分析计算问题。

9.2　简支板的弯曲

对于如图 9.1 所示的两端简支的薄板，当受垂直面力载荷作用时会发生弯曲。若载荷沿 x 方向是均匀的，则该三维薄板的弯曲问题可自然退化为二维薄梁的弯曲问题,问题自动得到简化。但当载荷沿 x 方向是非均匀分布时，就无法直接将其退化为二维薄梁的弯曲问题。若按一般的三维结构问题来处理会增加很多计算量。考虑到结构及支撑边界沿 y 方向的规则性，将板的法向位移(挠度)沿 y 方向展开成三角级数并根据精度要求取有限多个阶(项)，而沿 x 方向仍按有限元的思路来处理。这样划分的有限单元块实际上是有限单元条。条与条之间连接的是节线，而不是节点。

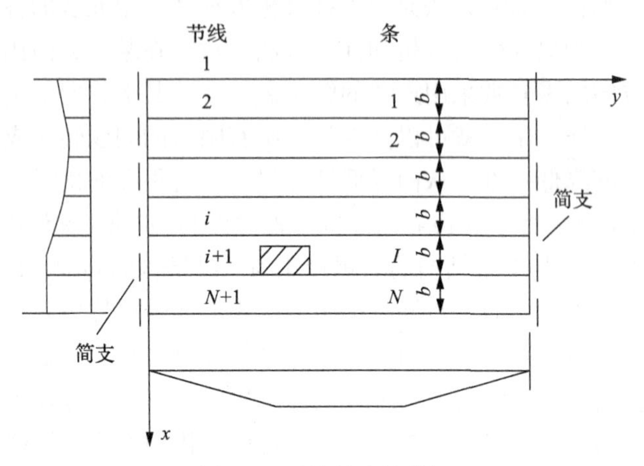

图 9.1　两端简支的薄板

设薄板弯曲的挠度为$w(x,y)$，按照半解析的方法，沿y方向可按三角级数展开，展开后的表达式可写为

$$w(x,y)=\sum_{m=1}^{M}f_m(x)\sin\frac{m\pi y}{l} \tag{9-2-1}$$

其中，$f_m(x)$为展开的系数函数，其含义是有限单元条中间点$y=l/2$处对应三角级数各阶的挠度位移w_m。由于对某一单元条来说，挠度是沿x方向变化的，从有限元分析的角度，还需对其进行函数插值处理，确定对应的形函数。若取$f_m(x)$的试探函数为三次幂形式的函数，即

$$f_m(x)=a_1+a_2x+a_3x^2+a_4x^3 \tag{9-2-2}$$

并设某一单元条的两侧节线（i侧和j侧）中点的各阶挠度和转角分别为w_{im}、θ_{im}、w_{jm}、θ_{jm}，则可解出

$$a_1=w_{im}$$

$$a_2=\theta_{im}$$

$$a_3=-\frac{\theta_{jm}+2\theta_{im}}{b}-3\frac{w_{im}-w_{jm}}{b^2}$$

$$a_4 = \frac{2(w_{im} - w_{jm})}{b^3} + \frac{\theta_{jm} + \theta_{im}}{b^2}$$

进而可以得到

$$\begin{aligned} f_m(x) = & \left(1 - \frac{3x^2}{b^2} + \frac{2x^3}{b^3}\right) w_{im} + \left(x - \frac{2x^2}{b} + \frac{x^3}{b^2}\right) \theta_{im} + \left(\frac{3x^2}{b^2} - \frac{2x^3}{b^3}\right) w_{jm} \\ & + \left(-\frac{x^2}{b} + \frac{x^3}{b^2}\right) \theta_{jm} \end{aligned} \tag{9-2-3}$$

其中，b 为单元条宽度。

若令

$$[N] = \left[\left(1 - \frac{3x^2}{b^2} + \frac{2x^3}{b^3}\right) \left(x - \frac{2x^2}{b} + \frac{x^3}{b^2}\right) \left(\frac{3x^2}{b^2} - \frac{2x^3}{b^3}\right) \left(\frac{3x^2}{b^2} - \frac{2x^3}{b^3}\right) \right] \tag{9-2-4}$$

及

$$\left\{W_m^I\right\} = \begin{bmatrix} w_{im} \\ \theta_{im} \\ w_{jm} \\ \theta_{jm} \end{bmatrix} \tag{9-2-5}$$

则第 I 单元的挠度可写为

$$w^I(x, y) = \sum_{m=1}^{M} [N(x)] \left\{W_m^I\right\} \sin \frac{m\pi y}{l} \tag{9-2-6}$$

在描述薄板弯曲的能量表达式中，将涉及曲率和共轭的弯矩，其曲率为

$$\{\kappa\} = \begin{bmatrix} \dfrac{\partial^2 w}{\partial x^2} \\ \dfrac{\partial^2 w}{\partial y^2} \\ -2\dfrac{\partial^2 w}{\partial x \partial y} \end{bmatrix} = \sum_{m=1}^{M} \begin{bmatrix} N''(x) \sin \dfrac{m\pi y}{l} \\ -\dfrac{m^2\pi^2}{l^2} N(x) \sin \dfrac{m\pi y}{l} \\ -2\dfrac{m\pi}{l} N'(x) \cos \dfrac{m\pi y}{l} \end{bmatrix} \left\{W_m^I\right\} = \sum_{m=1}^{M} [B_m] \left\{W_m^I\right\} \tag{9-2-7}$$

共轭弯矩为

$$\{M\} = \begin{bmatrix} M_x \\ M_y \\ M_{xy} \end{bmatrix} \tag{9-2-8}$$

曲率和共轭弯矩间的本构方程为

$$\{M\} = [D]\{\kappa\} = \sum_{m=1}^{M} [D][B_m]\{W_m^I\} \tag{9-2-9}$$

则单元条 I 的变形能可写为

$$U^I = \iint_S \frac{1}{2}\{M\}^{\mathrm{T}}\{\kappa\}\mathrm{d}x\mathrm{d}y = \frac{1}{2}\sum_{n=1}^{M}\{W_n^I\}^{\mathrm{T}} \sum_{m=1}^{M}\int_0^l\int_0^b [B_n]^{\mathrm{T}}[D][B_m]\mathrm{d}x\mathrm{d}y\{W_m^I\} \tag{9-2-10}$$

外力 $q(x,y)$ 的功为

$$V^I = \iint_S q(x,y)w^I(x,y)\mathrm{d}x\mathrm{d}y = \sum_{m=1}^{M}\{W_m^I\}\int_0^l\int_0^b q(x,y)[N(x)]\sin\frac{m\pi y}{l}\mathrm{d}x\mathrm{d}y \tag{9-2-11}$$

设单元条 I 通过节线传递的力为

$$\{R^I\} = \begin{Bmatrix} \{R_1\} \\ \{R_2\} \\ \vdots \\ \{R_M\} \end{Bmatrix} \tag{9-2-12}$$

则对应的广义位移为

$$\{W^I\} = \begin{Bmatrix} \{W_1^I\} \\ \{W_2^I\} \\ \vdots \\ \{W_M^I\} \end{Bmatrix} \tag{9-2-13}$$

虽然对于整体结构，单元条之间通过节线传递的力属于内力，但对于一个单元，单元条之间通过节线传递的力属于外力，因此从单元条的视角看，其总外力所做的功应该为

$$V^e = V^I + \{W^I\}^{\mathrm{T}}\{R^I\} \tag{9-2-14}$$

按照虚功原理中的虚位移原理，当系统在平衡状态时，外力在虚位移上所做的功应该等于虚位移引起的变形能，即 $\delta U^I = \delta V^I + \delta\{W^I\}^{\mathrm{T}}\{R^I\}$，也为

$$\begin{aligned}&\left(\sum_{n=1}^{M}\sum_{m=1}^{M}\delta\left\{W_n^I\right\}^{\mathrm{T}}\int_0^l\int_0^b[B_n]^{\mathrm{T}}[D][B_m]\mathrm{d}x\mathrm{d}y\right)\left\{W_m^I\right\}\\&=\sum_{n=1}^{M}\delta\left\{W_n^I\right\}^{\mathrm{T}}\left(\int_0^l\int_0^b q(x,y)[N(x)]\sin\frac{n\pi y}{l}\mathrm{d}x\mathrm{d}y\right)+\delta\{W^I\}^{\mathrm{T}}\{R^I\}\end{aligned} \tag{9-2-15}$$

若将载荷也展开成三角级数和的形式：

$$q(x,y)=\sum_{m=1}^{M}q_m(x)\sin\frac{m\pi y}{l} \tag{9-2-16}$$

则由于三角级数展开式中的各阶虚位移 $\delta\left\{W_m^I\right\}$ 是相互独立的，方程两侧对应各阶虚位移 $\delta\left\{W_m^I\right\}$ 的系数应该相等，同时再利用三角级数的正交性，可得

$$\left\{R_m^I\right\}=\left(\int_0^l\int_0^b[B_m]^{\mathrm{T}}[D][B_m]\mathrm{d}x\mathrm{d}y\right)\left\{W_m^I\right\}-\int_0^l\int_0^b[N(x)]q_m(x)\sin^2\frac{m\pi y}{l}\mathrm{d}x\mathrm{d}y \tag{9-2-17}$$

或写为

$$\left\{R_m^I\right\}=\left[K_m^I\right]\left\{W_m^I\right\}-\left\{P_m^I\right\} \tag{9-2-18}$$

其中

$$\left[K_m^I\right]=\int_0^l\int_0^b[B_m]^{\mathrm{T}}[D][B_m]\mathrm{d}x\mathrm{d}y$$

$$\left\{P_m^I\right\}=\int_0^l\int_0^b[N(x)]q_m(x)\sin^2\frac{m\pi y}{l}\mathrm{d}x\mathrm{d}y$$

这样的分析手段虽然增加了一些三角级数求和的项数，但单元数由原本的块状单元变成了条状单元，其维数得到了显著的降低，况且，当利用了三角级数正交性后，消除了谐波间的耦合，还会使问题进一步简化，更有利于进一步的数值计算和分析。

9.3　旋转壳的静力学分析计算

旋转壳体结构是工程中常见的结构，如烟囱结构、发电厂的大型工业冷却塔结构等。对于如图 9.2 所示的底端支撑的双曲冷却塔旋转壳，当受到风力载荷作用时会发生弯曲等变形。如果载荷是轴对称的，即沿环向θ方向是均匀的，则该三维薄壳的弯曲问题可退化为二维薄梁的弯曲问题，问题的求解自动得到了简化。但当外载荷不是轴对称的，即沿环向θ方向不是均匀分布的时，就无法直接将其退化为二维问题求解。若按一般的三维问题处理会增加很多的计算工作量。考虑到结构及支撑的轴对称性，即沿环向的规则性，可将壳体的变形位移沿环向θ方向展开成三角级数并根据精度要求取若干项，而沿其他方向仍按有限元的思路来处理。这样划分的有限单元块实际上是有限环状条单元。条与条之间连接的不是节点，而是圆形节线。

图 9.2　底端支撑的双曲冷却塔旋转壳

旋转壳上任一点的位移可以用两种坐标描述：一种是柱坐标 $\boldsymbol{v}=\{V\}=\{u,v,w\}^{\mathrm{T}}$，另一种是球坐标 $\boldsymbol{v}=\{V^{*}\}=\{u^{*},v^{*},w^{*}\}^{\mathrm{T}}$，如图 9.3 所示。柱坐标的

三个方向分别是径向、环向和轴向；球坐标的三个方向分别是子午向、环向和法向。二者的转换关系为

$$\{V\}=[T]\{V^*\} \tag{9-3-1}$$

及

$$\{V^*\}=[T]\{V\} \tag{9-3-2}$$

其中

$$[T]=\begin{bmatrix} -\sin\phi & 0 & \cos\phi \\ 0 & 1 & 0 \\ \cos\phi & 0 & \sin\phi \end{bmatrix}$$

为转换矩阵，且 ϕ 为轴向与法向之间的夹角。

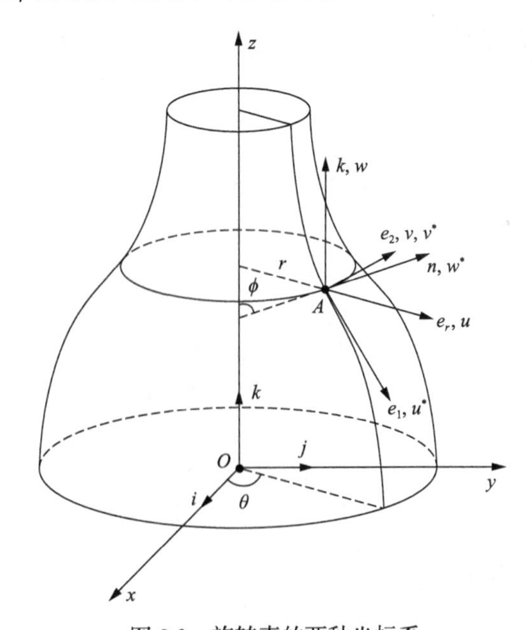

图 9.3　旋转壳的两种坐标系

将柱坐标系中的位移 $\boldsymbol{v}=\{V\}=\{u,v,w\}^{\mathrm{T}}$ 沿环向 θ 方向按三角级数展开，展开后的表达式可写为

$$\{V\} = \sum_{k=0}^{M} [XC_k][G]\{a_k\} \tag{9-3-3}$$

其中

$$[XC_k] = \begin{bmatrix} [X]_2 \cos(k\theta) & 0 & 0 \\ 0 & [X]_1 \sin(k\theta) & 0 \\ 0 & 0 & [X]_2 \cos(k\theta) \end{bmatrix}$$

为 3×16 的拟对角矩阵，且其中的$[X]_n = \begin{bmatrix} 1 & x & \cdots & x^{2(n+1)-1} \end{bmatrix}$为行向量阵；

$$[G] = \begin{bmatrix} [G]_2 & 0 & 0 \\ 0 & [G]_1 & 0 \\ 0 & 0 & [G]_2 \end{bmatrix}$$

是 16×16 的拟对角矩阵，且其中的$[G]_n$为 2(n+1)×2(n+1)的常数矩阵，具体表达式分别为

$$[G]_0 = \frac{1}{2}\begin{bmatrix} 1 & 1 \\ -1 & 1 \end{bmatrix}$$

$$[G]_1 = \frac{1}{4}\begin{bmatrix} 2 & 1 & 2 & -1 \\ -3 & -1 & 3 & -1 \\ 0 & -1 & 0 & 1 \\ 1 & 1 & -1 & 1 \end{bmatrix}$$

$$[G]_2 = \frac{1}{16}\begin{bmatrix} 8 & 5 & 1 & 8 & -5 & 1 \\ -15 & -7 & -1 & 15 & -7 & 1 \\ 0 & -6 & -2 & 0 & 6 & -2 \\ 10 & 10 & 2 & -10 & 10 & -2 \\ 0 & 1 & 1 & 0 & -1 & 1 \\ -3 & -3 & -1 & 3 & -3 & 1 \end{bmatrix}$$

而

$$\{a_k\} = \begin{bmatrix} [a_k^u]_2 \\ [b_k^v]_1 \\ [a_k^w]_2 \end{bmatrix}$$

是 16 阶的列向量矩阵。

为了便于分析，把 $\{a_k\}$ 的各分量中属于同一节点(节圆线)的分量排列在一起，并依 u、v、w 及其导数的顺序排列，可得到新的列向量矩阵为

$$\{\alpha_k\} = \begin{Bmatrix} a_k^{u(-1)} \\ b_k^{v(-1)} \\ a_k^{w(-1)} \\ a_k^{u'(-1)} \\ b_k^{v'(-1)} \\ a_k^{w'(-1)} \\ a_k^{u''(-1)} \\ a_k^{w''(-1)} \\ a_k^{u(1)} \\ b_k^{v(1)} \\ a_k^{w(1)} \\ a_k^{u'(1)} \\ b_k^{v'(1)} \\ a_k^{w'(1)} \\ a_k^{u''(1)} \\ a_k^{w''(1)} \end{Bmatrix} \tag{9-3-4}$$

其中，$u(-1)$、$v(-1)$、$w(-1)$、$u(1)$、$v(1)$、$w(1)$ 等括号中的–1 或 1 分别为单元条的首末两端，其导数是对弧长 s 的导数。这样一来，新列向量与原列向量存在如下转换关系，即

$$\{a_k\} = [C]\{\alpha_k\} \tag{9-3-5}$$

其中，$[C]$为 16×16 的变化矩阵，其形式为

$$
[C]=\begin{bmatrix}
1 & 0 & 0 & 0 & 0 & 0 & 0 & 0 & 0 & 0 & 0 & 0 & 0 & 0 & 0 & 0 \\
0 & 0 & 0 & l & 0 & 0 & 0 & 0 & 0 & 0 & 0 & 0 & 0 & 0 & 0 & 0 \\
0 & 0 & 0 & 0 & 0 & 0 & l^2 & 0 & 0 & 0 & 0 & 0 & 0 & 0 & 0 & 0 \\
0 & 0 & 0 & 0 & 0 & 0 & 0 & 0 & 1 & 0 & 0 & 0 & 0 & 0 & 0 & 0 \\
0 & 0 & 0 & 0 & 0 & 0 & 0 & 0 & 0 & 0 & 0 & l & 0 & 0 & 0 & 0 \\
0 & 0 & 0 & 0 & 0 & 0 & 0 & 0 & 0 & 0 & 0 & 0 & 0 & 0 & l^2 & 0 \\
0 & 1 & 0 & 0 & 0 & 0 & 0 & 0 & 0 & 0 & 0 & 0 & 0 & 0 & 0 & 0 \\
0 & 0 & 0 & 0 & l & 0 & 0 & 0 & 0 & 0 & 0 & 0 & 0 & 0 & 0 & 0 \\
0 & 0 & 0 & 0 & 0 & 0 & 0 & 0 & 0 & 1 & 0 & 0 & 0 & 0 & 0 & 0 \\
0 & 0 & 0 & 0 & 0 & 0 & 0 & 0 & 0 & 0 & 0 & 0 & l & 0 & 0 & 0 \\
0 & 0 & 1 & 0 & 0 & 0 & 0 & 0 & 0 & 0 & 0 & 0 & 0 & 0 & 0 & 0 \\
0 & 0 & 0 & 0 & 0 & l & 0 & 0 & 0 & 0 & 0 & 0 & 0 & 0 & 0 & 0 \\
0 & 0 & 0 & 0 & 0 & 0 & 0 & l^2 & 0 & 0 & 0 & 0 & 0 & 0 & 0 & 0 \\
0 & 0 & 0 & 0 & 0 & 0 & 0 & 0 & 0 & 0 & 1 & 0 & 0 & 0 & 0 & 0 \\
0 & 0 & 0 & 0 & 0 & 0 & 0 & 0 & 0 & 0 & 0 & 0 & 0 & l & 0 & 0 \\
0 & 0 & 0 & 0 & 0 & 0 & 0 & 0 & 0 & 0 & 0 & 0 & 0 & 0 & 0 & l^2
\end{bmatrix}
$$

描述壳体弯曲的内力列向量可以用球坐标系下的分量写为

$$
\{N\}=\{N_s \quad N_\theta \quad S_{s\theta} \quad M_s \quad M_\theta \quad M_{s\theta}\}^{\mathrm{T}} \tag{9-3-6}
$$

其中，N_s、N_θ、$S_{s\theta}$是子午向、环向的薄膜内力和薄膜剪力；M_s、M_θ、$M_{s\theta}$是相应的弯矩和扭矩。

对应的共轭应变列向量可以用球坐标系下的分量写为

$$
\{\varepsilon\}=\{\varepsilon_s \quad \varepsilon_\theta \quad \varepsilon_{s\theta} \quad \kappa_s \quad \kappa_\theta \quad \kappa_{s\theta}\}^{\mathrm{T}} \tag{9-3-7}
$$

其中，ε_s、ε_θ、$\varepsilon_{s\theta}$是子午向、环向的薄膜线应变和薄膜剪应变；κ_s、κ_θ、$\kappa_{s\theta}$是相应方向上薄膜的变形弯曲曲率和扭曲曲率。

应变与球坐标系下的位移关系为

$$\{\varepsilon\}=[L]\{V^*\} \tag{9-3-8}$$

其中，[L]为 6×3 微分算子矩阵：

$$[L]=\begin{bmatrix} \frac{1}{l}\frac{\partial}{\partial x} & 0 & \frac{1}{R} \\ \frac{\cos\phi}{r} & \frac{1}{r}\frac{\partial}{\partial\theta} & \frac{\sin\phi}{r} \\ \frac{1}{r}\frac{\partial}{\partial\theta} & \frac{1}{l}\frac{\partial}{\partial x}-\frac{\cos\phi}{r} & 0 \\ \frac{1}{Rl}\frac{\partial}{\partial x}+\frac{1}{l}\frac{\mathrm{d}}{\mathrm{d}x}\left(\frac{1}{R}\right) & 0 & -\frac{1}{l^2}\frac{\partial^2}{\partial x^2} \\ \frac{\cos\phi}{rR} & \frac{\sin\phi}{r^2}\frac{\partial}{\partial\theta} & -\frac{\cos\phi}{rl}\frac{\partial}{\partial x}-\frac{1}{r^2}\frac{\partial^2}{\partial\theta^2} \\ \frac{1}{rR}\frac{\partial}{\partial\theta} & \frac{\sin\phi}{rl}\frac{\partial}{\partial x}-\frac{\cos\phi\sin\phi}{r^2} & -\frac{1}{rl}\frac{\partial^2}{\partial x\partial\theta}+\frac{\cos\phi}{r^2}\frac{\partial}{\partial\theta} \end{bmatrix}$$

l 为单元条弧长；R 为法向曲率半径。

将位移插值函数代入其中，得

$$\{\varepsilon\}=[L]\{V^*\}=[L][T]\sum_{k=0}^{M}[XC_k][G][C]\{\alpha_k\}=\sum_{k=0}^{M}\left[S_k^6\right][B_k][A]\{\alpha_k\} \tag{9-3-9}$$

其中

$$\left[S_k^6\right]=\begin{bmatrix} \cos(k\theta) & 0 & 0 & 0 & 0 & 0 \\ 0 & \cos(k\theta) & 0 & 0 & 0 & 0 \\ 0 & 0 & \sin(k\theta) & 0 & 0 & 0 \\ 0 & 0 & 0 & \cos(k\theta) & 0 & 0 \\ 0 & 0 & 0 & 0 & \cos(k\theta) & 0 \\ 0 & 0 & 0 & 0 & 0 & \sin(k\theta) \end{bmatrix}$$

$$[A]=[G][C]$$

$$[B_k]=-\begin{bmatrix} -\dfrac{\sin\phi}{l}[X]_2^1 & [0]_1 & \dfrac{\cos\phi}{l}[X]_2^1 \\ [0]_2 & \dfrac{k}{r}[X]_1 & \dfrac{1}{r}[X]_2 \\ \dfrac{k\sin\phi}{r}[X]_2 & \dfrac{1}{l}[X]_1^1-\dfrac{\cos\phi}{r}[X]_1 & -\dfrac{k\cos\phi}{r}[X]_2 \\ \dfrac{\sin\phi}{Rl}[X]_2^1-\dfrac{\cos\phi}{l^2}[X]_2^2 & [0]_1 & -\dfrac{\cos\phi}{l^2}[X]_2^1-\dfrac{\sin\phi}{l^2}[X]_2^2 \\ \dfrac{k^2\cos\phi}{r^2}[X]_2-\dfrac{\cos^2\phi}{rl}[X]_2^1 & \dfrac{k\sin\phi}{r^2}[X]_1 & \dfrac{k^2\sin\phi}{r^2}[X]_2-\dfrac{\sin\phi\cos\kappa}{rl}[X]_2^1 \\ k\left(\dfrac{\cos\phi}{rl}[X]_2^1-\dfrac{\cos^2\phi}{r^2}[X]_2\right) & \dfrac{\sin\phi}{r}\left(\dfrac{[X]_1^1}{l}-\dfrac{\cos\phi}{r}[X]_1\right) & \dfrac{k\sin\phi}{r}\left(\dfrac{[X]_2^1}{l}-\dfrac{\cos\phi}{r}[X]_2\right) \end{bmatrix}$$

且$[X]_n^m$为$[X]_n$的 m 阶导数。

内力与共轭应变的物理关系为

$$\{N\}=[D]\{\varepsilon\} \tag{9-3-10}$$

其中，$[D]$为 6×6 的刚度矩阵

$$[D]=\frac{Eh}{1-\mu^2}\begin{bmatrix} 1 & \mu & 0 & 0 & 0 & 0 \\ \mu & 1 & 0 & 0 & 0 & 0 \\ 0 & 0 & \dfrac{1-\mu}{2} & 0 & 0 & 0 \\ 0 & 0 & 0 & \dfrac{h^2}{12} & \dfrac{\mu h^2}{12} & 0 \\ 0 & 0 & 0 & \dfrac{\mu h^2}{12} & \dfrac{h^2}{12} & 0 \\ 0 & 0 & 0 & 0 & 0 & \dfrac{(1-\mu)h^2}{12} \end{bmatrix}$$

E 为杨氏模量；μ 为泊松比；h 为壳体厚度。

设作用在壳体单位面积上的外载荷为

$$\{P\}=\begin{Bmatrix} p_s \\ p_\theta \\ p_\phi \end{Bmatrix} \tag{9-3-11}$$

将其展开成三角级数为

$$\{P\}=\begin{Bmatrix}p_s\\p_\theta\\p_\phi\end{Bmatrix}=\sum_{k=1}^{M}\left[S_k^3\right]\{P_k\} \tag{9-3-12}$$

其中

$$\left[S_k^3\right]=\begin{bmatrix}\cos k\theta & 0 & 0\\0 & \sin k\theta & 0\\0 & 0 & \cos k\theta\end{bmatrix}$$

$$\{P_k\}=\begin{Bmatrix}[X]_0[G]_0\left\{a_{k_1}^p\right\}\\ [X]_0[G]_0\left\{b_{k_2}^p\right\}\\ [X]_0[G]_0\left\{a_{k_3}^p\right\}\end{Bmatrix}$$

单元条的变形能可表示为

$$\begin{aligned}U&=\int_0^{2\pi}\int_{-1}^{1}\frac{1}{2}\{N\}^{\mathrm T}\{\varepsilon\}rl\mathrm{d}x\mathrm{d}\theta\\&=\int_0^{2\pi}\int_{-1}^{1}\frac{1}{2}(\varepsilon)^{\mathrm T}[D]\{\varepsilon\}rl\mathrm{d}x\mathrm{d}\theta\\&=\int_0^{2\pi}\int_{-1}^{1}\frac{1}{2}\left(\sum_{k=0}^{M}\{\alpha_k\}^{\mathrm T}[A]^{\mathrm T}[B_k]^{\mathrm T}\left[S_k^6\right]\right)[D]\left(\sum_{k=0}^{M}\left[S_k^6\right][B_k][A]\{\alpha_k\}\right)rl\mathrm{d}x\mathrm{d}\theta\end{aligned} \tag{9-3-13}$$

外力势能为

$$\begin{aligned}V&=\int_0^{2\pi}\int_{-1}^{1}\{V^*\}^{\mathrm T}\{P\}rl\mathrm{d}x\mathrm{d}\theta\\&=\int_0^{2\pi}\int_{-1}^{1}[T]\left(\sum_{k=0}^{M}\{\alpha_k\}^{\mathrm T}[A]^{\mathrm T}[XC_k]^{\mathrm T}\right)\left(\sum_{k=1}^{M}\left[S_k^3\right]\{P_k\}\right)rl\mathrm{d}x\mathrm{d}\theta\end{aligned} \tag{9-3-14}$$

设单元条之间通过圆形节线传递的力为

$$\{R\}=\begin{Bmatrix}\{R_0\}\\\{R_1\}\\\vdots\\\{R_M\}\end{Bmatrix} \tag{9-3-15}$$

对应的广义位移为

$$\{\alpha\} = \begin{Bmatrix} \{\alpha_0\} \\ \{\alpha_1\} \\ \vdots \\ \{\alpha_M\} \end{Bmatrix} \tag{9-3-16}$$

由虚功原理，可得单元条的平衡方程为

$$\delta(U - V) - \delta\{\alpha\}^{\mathrm{T}}\{R\} = 0 \tag{9-3-17}$$

由于各虚位移 $\delta\{\alpha_k\}$ 是相互独立的，方程两侧对应各虚位移 $\delta\{\alpha_k\}$ 的系数应该相等，再利用环向三角级数的正交性，则得

$$\{R_k\} = [KE_k]\{\alpha_k\} - \{PE_k\} \tag{9-3-18}$$

其中

$$[KE_k] = l[A]^{\mathrm{T}} \int_{-1}^{1} [B_k]^{\mathrm{T}} [D][B_k] r\mathrm{d}x [A]$$

$$\{PE_k\} = l[A]^{\mathrm{T}} \int_{-1}^{1} [X]^{\mathrm{T}} [T]\{P_k\} r\mathrm{d}x$$

且 $[X]$ 为

$$[X] = \begin{bmatrix} [X]_2 & 0 & 0 \\ 0 & [X]_1 & 0 \\ 0 & 0 & [X]_2 \end{bmatrix}$$

这样就给出了某一谐波的环形单元条的静力平衡方程，依据相邻单元条的位移连续原则，可对各单元条进行总装，消除内力的作用，从而得到壳体结构整体代数形式的静力平衡方程组。其对应的刚度矩阵为对角线带状矩阵，可以通过有效的求解方法进行相对简化的求解。

同简支薄板弯曲问题的情形类似，通过这种半解析半有限元法处理，原本的壳体单元块化成了环形单元条，单元数及其维数都得到了显著的降低。这种半解析的分析手段虽然增加了一些三角级数求和的项数，但利用了三角级数正交性后，谐波间的耦合被消除，问题得到进一步的简化，更有利于计

算的速度和问题规律的分析。

综上可以看出，半解析半有限元法从未知变量的角度考虑，将其空间多维坐标的某一维(或某二维)通过解析的途径求解，其他用有限元数值的方法求解；而从有限元几何单元的角度看，将原本的三维单元块转变成二维单元条，将节点转变成节线，这样一来，就大大降低了整体系统的维数，有利于快速的数值计算。

第 10 章　子结构与模态综合法

在有限元法中，经常会碰到两类问题：一类是单元数量巨大、方程阶数巨高的问题；另一类是结构尺度跨越极大、单元尺度无法均衡的问题。如某些实际的工程结构，其有限元数量需要划分得很多，形成的代数方程组的阶数极高，可达成千上万，甚至更高。针对这样的问题，即使使用大型的计算机，计算求解起来都十分困难。除此之外，对于某些复杂的机电系统结构，机身本体结构的尺度很大，可达到几米量级，而其中元器件的尺度却很小，可接近厘米甚至毫米量级，尺度跨越非常大，导致单元的尺度无法确定。为了有效解决以上两类问题，学者想到了分块处理的方法，即子结构的方法。

子结构就是将若干基本单元组装在一起，形成一个新的结构。该结构可视为一个大单元(或广义单元)结构。在分析计算时，可将一个复杂的结构系统划分为若干个子结构，子结构的数量要比单元的数量小很多，相对来说，问题的维数或方程的阶数都会降低很多。这相当于在划分单元时，所选的单元很大，而总单元数量较少。但与基本单元有所不同，子结构是若干基本单元的组合体。子结构的节点未知变量和刚度等都源于其中的基本单元。如果单纯地把基本单元做大，基本单元数量做少，势必会使求解的精度降低。子结构则不同，子结构的刚度不是直接源于内部的插值运算，而是源于内部单元刚度的转换，因此其问题的求解精度等同于子结构内部基本单元所对应的精度。

子结构方法的分析计算过程大致有三步：第一步是将子结构内部各基本单元的节点变量转化为子结构外部边界节点的变量，由于转化后的变量数相对原来节点变量数显著减少和收缩，也称为变量的凝聚，即将子结构内部各基本单元的节点变量都凝聚到子结构外部边界上；第二步对以子结构为基本单元体(广义单元)的系统进行求解，其求解过程同一般的有限元法，所不同的是，变量的数量或方程的阶数降低很多；第三步根据子结构外部边界节点的解确定子结构内部各基本单元节点的解，该过程相当于第一步的逆过程，因此也称为溯源回代过程。若有多个子结构，则该过程是针对不同子结构分别进行的。

10.1　静力子结构方法

子结构方法是处理静力学或动力学不同尺度结构的一种方法，其目的是通过维数凝聚使子结构的内部维数凝聚到子结构的边界上，形成一种大的“单元”，从而降低问题的维数，减少求解复杂系统大型代数方程的计算量。其基本原理可描述如下。

针对某一个含多个单元的子结构，以节点位移为变量，其静力平衡方程为

$$[K]\{u\}=\{f\} \tag{10-1-1}$$

其中，$[K]$为刚度；$\{u\}$为节点位移；$\{f\}$为节点力。

子结构的节点是由其中各基本单元的节点构成的，在所有这些节点中，既包括子结构内部的节点，也包括子结构边界上的节点。若把内部节点和边界上的节点分开，则平衡方程可写为

$$\begin{bmatrix} \boldsymbol{K}_{II} & \boldsymbol{K}_{IB} \\ \boldsymbol{K}_{BI} & \boldsymbol{K}_{BB} \end{bmatrix}\begin{Bmatrix} \boldsymbol{u}_I \\ \boldsymbol{u}_B \end{Bmatrix}=\begin{Bmatrix} \boldsymbol{f}_I \\ \boldsymbol{f}_B \end{Bmatrix} \tag{10-1-2}$$

其中，下标 I 代表内部；下标 B 代表边界。

将该方程展开后，得到以下两个方程，即

$$[K_{II}]\{u_I\}+[K_{IB}]\{u_B\}=\{f_I\} \tag{10-1-3}$$

$$[K_{BI}]\{u_I\}+[K_{BB}]\{u_B\}=\{f_B\} \tag{10-1-4}$$

由式(10-1-3)可解得

$$\{u_I\}=[K_{II}]^{-1}\{f_I\}-[K_{II}]^{-1}[K_{IB}]\{u_B\} \tag{10-1-5}$$

将其代入式(10-1-4)中，得

$$[K_{BB}]\{u_B\}=\{f_B\}-[K_{BI}]\left([K_{II}]^{-1}\{f_I\}-[K_{II}]^{-1}[K_{IB}]\{u_B\}\right) \tag{10-1-6}$$

整理后，得第 i 个子结构凝聚后的平衡方程为

$$\left([K_{BB}^i]-[K_{BI}^i][K_{II}^i]^{-1}[K_{IB}^i]\right)\{u_B^i\}=\{f_B^i\}-[K_{BI}^i][K_{II}^i]^{-1}\{f_I^i\} \tag{10-1-7}$$

这里的上标 i 为子结构的编号。

这样一来，对于某个子结构，原本含内部节点自由度(节点位移)的平衡方程就转化为只含边界上节点自由度的方程，整体方程的维数(自由度)得到降低。边界节点力 $\{f_B^i\}$ 既包括外力，也包括子结构之间(或子结构与其他基本单元)相互作用的内力，对 N 个子结构(包括未纳入子结构的基本单元)进行重新组装后，子结构之间相互作用的节点内力就相互抵消，只剩外力，其总体平衡方程可写为

$$\left(\left[K_{BB}\right]-\sum_{i=1}^{N}\left[K_{BI}^{i}\right]\left[K_{II}^{i}\right]^{-1}\left[K_{IB}^{i}\right]\right)\{u_B\}=\{f_B\}-\sum_{i=1}^{N}\left[K_{BI}^{i}\right]\left[K_{II}^{i}\right]^{-1}\left\{f_I^i\right\} \tag{10-1-8}$$

其中，$\left[K_{BB}\right]$、$\{u_B\}$ 和 $\{f_B\}$ 分别为对应整体结构的刚度矩阵、位移列矩阵和外力列矩阵，其中的求和实际上只是相邻子结构(或基本单元)的求和。

得到子结构边界的位移解后，溯源回代到子结构内部位移的方程中，即

$$\{u_I\}=\left[K_{II}\right]^{-1}\{f_I\}-\left[K_{II}\right]^{-1}\left[K_{IB}\right]\{u_B\} \tag{10-1-9}$$

可得子结构内部节点的位移解。

从以上分析方法可以看出，对于静力子结构问题，并没有进行进一步的近似，只是在求解过程中，把原本需要直接求解的过程分解成凝聚和回代两个过程，从而降低了每一个过程中求解大型代数方程的维数，减少了计算量。

10.2　动力子结构的准静态方法

动力学问题也可借助这种子结构的方法，但由于动力学问题中增加了质量矩阵的惯性项，求解方法就没有静力学那么简单了。对于动力学问题，若将受力的自由度和不受力的自由度分开，分别称为主自由度和副自由度，则可得动力学方程为

$$\begin{bmatrix}\boldsymbol{M}_{II} & \boldsymbol{M}_{IB}\\ \boldsymbol{M}_{BI} & \boldsymbol{M}_{BB}\end{bmatrix}\begin{Bmatrix}\ddot{\boldsymbol{u}}_I\\ \ddot{\boldsymbol{u}}_B\end{Bmatrix}+\begin{bmatrix}\boldsymbol{K}_{II} & \boldsymbol{K}_{IB}\\ \boldsymbol{K}_{BI} & \boldsymbol{K}_{BB}\end{bmatrix}\begin{Bmatrix}\boldsymbol{u}_I\\ \boldsymbol{u}_B\end{Bmatrix}=\begin{Bmatrix}\boldsymbol{0}\\ \boldsymbol{f}_B\end{Bmatrix} \tag{10-2-1}$$

若对第一行的方程，忽略惯性力的作用，则得

$$\left[\boldsymbol{K}_{II}\right]\{\boldsymbol{u}_I\}+\left[\boldsymbol{K}_{IB}\right]\{\boldsymbol{u}_B\}=0 \tag{10-2-2}$$

解得自由度减缩关系为

$$\{\boldsymbol{u}_I\} = -[\boldsymbol{K}_{II}]^{-1}[\boldsymbol{K}_{IB}]\{\boldsymbol{u}_B\} = [\boldsymbol{C}_{IB}]\{\boldsymbol{u}_B\} \tag{10-2-3}$$

总位移自由度可描述成主自由度的形式，即

$$\{\boldsymbol{u}\} = \begin{Bmatrix} \boldsymbol{u}_I \\ \boldsymbol{u}_B \end{Bmatrix} = \begin{bmatrix} \boldsymbol{C}_{IB} \\ \boldsymbol{I} \end{bmatrix}\{\boldsymbol{u}_B\} \tag{10-2-4}$$

将其代入原方程中，得

$$\begin{bmatrix} \boldsymbol{M}_{II} & \boldsymbol{M}_{IB} \\ \boldsymbol{M}_{BI} & \boldsymbol{M}_{BB} \end{bmatrix}\begin{bmatrix} \boldsymbol{C}_{IB} \\ \boldsymbol{I} \end{bmatrix}\{\ddot{\boldsymbol{u}}_B\} + \begin{bmatrix} \boldsymbol{K}_{II} & \boldsymbol{K}_{IB} \\ \boldsymbol{K}_{BI} & \boldsymbol{K}_{BB} \end{bmatrix}\begin{bmatrix} \boldsymbol{C}_{IB} \\ \boldsymbol{I} \end{bmatrix}\{\boldsymbol{u}_B\} = \begin{Bmatrix} \boldsymbol{0} \\ \boldsymbol{f}_B \end{Bmatrix} \tag{10-2-5}$$

或

$$\begin{bmatrix} \boldsymbol{C}_{IB} \\ \boldsymbol{I} \end{bmatrix}^{\mathrm{T}}\begin{bmatrix} \boldsymbol{M}_{II} & \boldsymbol{M}_{IB} \\ \boldsymbol{M}_{BI} & \boldsymbol{M}_{BB} \end{bmatrix}\begin{bmatrix} \boldsymbol{C}_{IB} \\ \boldsymbol{I} \end{bmatrix}\{\ddot{\boldsymbol{u}}_B\} + \begin{bmatrix} \boldsymbol{C}_{IB} \\ \boldsymbol{I} \end{bmatrix}^{\mathrm{T}}\begin{bmatrix} \boldsymbol{K}_{II} & \boldsymbol{K}_{IB} \\ \boldsymbol{K}_{BI} & \boldsymbol{K}_{BB} \end{bmatrix}\begin{bmatrix} \boldsymbol{C}_{IB} \\ \boldsymbol{I} \end{bmatrix}\{\boldsymbol{u}_B\} = \{\boldsymbol{f}_B\} \tag{10-2-6}$$

可写为

$$[\boldsymbol{M}_B]\{\ddot{\boldsymbol{u}}_B\} + [\boldsymbol{K}_B]\{\boldsymbol{u}_B\} = \{\boldsymbol{f}_B\} \tag{10-2-7}$$

其中

$$[\boldsymbol{M}_B] = \begin{bmatrix} \boldsymbol{C}_{IB} \\ \boldsymbol{I} \end{bmatrix}^{\mathrm{T}}\begin{bmatrix} \boldsymbol{M}_{II} & \boldsymbol{M}_{IB} \\ \boldsymbol{M}_{BI} & \boldsymbol{M}_{BB} \end{bmatrix}\begin{bmatrix} \boldsymbol{C}_{IB} \\ \boldsymbol{I} \end{bmatrix}$$

$$[\boldsymbol{K}_B] = \begin{bmatrix} \boldsymbol{C}_{IB} \\ \boldsymbol{I} \end{bmatrix}^{\mathrm{T}}\begin{bmatrix} \boldsymbol{K}_{II} & \boldsymbol{K}_{IB} \\ \boldsymbol{K}_{BI} & \boldsymbol{K}_{BB} \end{bmatrix}\begin{bmatrix} \boldsymbol{C}_{IB} \\ \boldsymbol{I} \end{bmatrix}$$

这种将静态自由度凝聚减缩的方法也称为 Guyan-Irons 减缩方法。采用这种静力自由度减缩方法，其动力问题求解往往精度不高。为了改善这种情况，由前面对应的自由振动方程，可解得

$$\{\ddot{\boldsymbol{u}}_B\} = -[\boldsymbol{M}_B]^{-1}[\boldsymbol{K}_B]\{\boldsymbol{u}_B\} \tag{10-2-8}$$

进而有

$$\{\ddot{\boldsymbol{u}}_I\}=[\boldsymbol{K}_{II}]^{-1}[\boldsymbol{K}_{IB}][\boldsymbol{M}_B]^{-1}[\boldsymbol{K}_B]\{\boldsymbol{u}_B\} \tag{10-2-9}$$

则由

$$\begin{bmatrix}\boldsymbol{M}_{II} & \boldsymbol{M}_{IB}\\ \boldsymbol{M}_{BI} & \boldsymbol{M}_{BB}\end{bmatrix}\begin{Bmatrix}\ddot{\boldsymbol{u}}_I\\ \ddot{\boldsymbol{u}}_B\end{Bmatrix}+\begin{bmatrix}\boldsymbol{K}_{II} & \boldsymbol{K}_{IB}\\ \boldsymbol{K}_{BI} & \boldsymbol{K}_{BB}\end{bmatrix}\begin{Bmatrix}\boldsymbol{u}_I\\ \boldsymbol{u}_B\end{Bmatrix}=\begin{Bmatrix}\boldsymbol{0}\\ \boldsymbol{f}_B\end{Bmatrix} \tag{10-2-10}$$

的第一行关系，即

$$[\boldsymbol{M}_{II}]\{\ddot{\boldsymbol{u}}_I\}+[\boldsymbol{M}_{IB}]\{\ddot{\boldsymbol{u}}_B\}+[\boldsymbol{K}_{II}]\{\boldsymbol{u}_I\}+[\boldsymbol{K}_{IB}]\{\boldsymbol{u}_B\}=0 \tag{10-2-11}$$

可解得

$$\{\boldsymbol{u}_I\}=\left\{-[\boldsymbol{K}_{II}]^{-1}[\boldsymbol{K}_{IB}]+[\boldsymbol{K}_{II}]^{-1}\left([\boldsymbol{M}_{IB}]-[\boldsymbol{M}_{II}][\boldsymbol{K}_{II}]^{-1}[\boldsymbol{K}_{IB}]\right)[\boldsymbol{M}_B]^{-1}[\boldsymbol{K}_B]\right\}\{\boldsymbol{u}_B\} \tag{10-2-12}$$

这种改进式的减缩过程相对纯静态的减缩适当考虑了惯性的作用。尽管如此，还是准静态的自由度减缩。不仅如此，同时从上述分析可以看到，以上自由度减缩都是将副自由度凝聚到主自由度上，而不是像静力子结构那样将子结构内部自由度凝聚到边界自由度上。这就带来直观区分内部自由度和边界自由度的困难。不过，为了解决这个问题，对于一个子结构，若将内部节点的作用力都等效到边界上，则可认为内部节点的自由度为副自由度，而边界节点上的自由度为主自由度，从而可认为，子结构的自由度也都凝聚到了边界上。

10.3　简谐激励的动力子结构方法

在上述自由度凝聚过程中，要么采用了静态的凝聚，要么采用了准静态的凝聚，二者都没有考虑激励的动态影响。当考虑一定频率 ω 的简谐激励时，从受迫振动稳态响应幅值的角度考虑，10.2 节子结构振动方程(10-2-1)中第一行副自由度的自由振动方程可写为

$$\left([\boldsymbol{K}_{II}]-\omega^2[\boldsymbol{M}_{II}]\right)\{\bar{\boldsymbol{u}}_I\}=-\left([\boldsymbol{K}_{IB}]-\omega^2[\boldsymbol{M}_{IB}]\right)\{\bar{\boldsymbol{u}}_B\} \tag{10-3-1}$$

其中，上标“–”代表幅值，从而可解得

$$\{\bar{\boldsymbol{u}}_I\}=-\left([\boldsymbol{K}_{II}]-\omega^2[\boldsymbol{M}_{II}]\right)^{-1}\left([\boldsymbol{K}_{IB}]-\omega^2[\boldsymbol{M}_{IB}]\right)\{\bar{\boldsymbol{u}}_B\} \tag{10-3-2}$$

将其代入式(10-2-1)第二行的受迫振动方程中，得

$$\left(\left[\boldsymbol{K}_{BI}\right]-\omega^2\left[\boldsymbol{M}_{BI}\right]\right)\left\{\bar{\boldsymbol{u}}_I\right\}+\left(\left[\boldsymbol{K}_{BB}\right]-\omega^2\left[\boldsymbol{M}_{BB}\right]\right)\left\{\bar{\boldsymbol{u}}_B\right\}=\left\{\bar{\boldsymbol{f}}_B\right\} \tag{10-3-3}$$

即

$$[\boldsymbol{D}]\left\{\bar{\boldsymbol{u}}_B\right\}=\left\{\bar{\boldsymbol{f}}_B\right\} \tag{10-3-4}$$

其中

$$\begin{aligned}[\boldsymbol{D}]=&\left(\left[\boldsymbol{K}_{BB}\right]-\omega^2\left[\boldsymbol{M}_{BB}\right]\right)-\left(\left[\boldsymbol{K}_{BI}\right]-\omega^2\left[\boldsymbol{M}_{BI}\right]\right)\left(\left[\boldsymbol{K}_{II}\right]-\omega^2\left[\boldsymbol{M}_{II}\right]\right)^{-1}\\&\cdot\left(\left[\boldsymbol{K}_{IB}\right]-\omega^2\left[\boldsymbol{M}_{IB}\right]\right)\end{aligned}$$

由此可求得主自由度(在这里也可以直接认为是边界节点的自由度)位移的幅值解，并可进一步通过溯源回代的方法，求得内部副自由度位移的幅值解。

10.4　约束模态动力子结构方法

除以上方法，还有一种约束模态子结构的方法，称为约束子结构方法。设第 i 个子结构的动力学方程可写为

$$\begin{bmatrix}\boldsymbol{M}_{II} & \boldsymbol{M}_{IB}\\ \boldsymbol{M}_{BI} & \boldsymbol{M}_{BB}\end{bmatrix}\begin{Bmatrix}\ddot{\boldsymbol{u}}_I\\ \ddot{\boldsymbol{u}}_B\end{Bmatrix}+\begin{bmatrix}\boldsymbol{K}_{II} & \boldsymbol{K}_{IB}\\ \boldsymbol{K}_{BI} & \boldsymbol{K}_{BB}\end{bmatrix}\begin{Bmatrix}\boldsymbol{u}_I\\ \boldsymbol{u}_B\end{Bmatrix}=\begin{Bmatrix}\boldsymbol{f}_I\\ \boldsymbol{f}_B\end{Bmatrix} \tag{10-4-1}$$

其中，下标 I 代表内部，B 代表边界。

对应的自由振动方程为

$$\begin{bmatrix}\boldsymbol{M}_{II} & \boldsymbol{M}_{IB}\\ \boldsymbol{M}_{BI} & \boldsymbol{M}_{BB}\end{bmatrix}\begin{Bmatrix}\ddot{\boldsymbol{u}}_I\\ \ddot{\boldsymbol{u}}_B\end{Bmatrix}+\begin{bmatrix}\boldsymbol{K}_{II} & \boldsymbol{K}_{IB}\\ \boldsymbol{K}_{BI} & \boldsymbol{K}_{BB}\end{bmatrix}\begin{Bmatrix}\boldsymbol{u}_I\\ \boldsymbol{u}_B\end{Bmatrix}=\begin{Bmatrix}\boldsymbol{0}\\ \boldsymbol{0}\end{Bmatrix} \tag{10-4-2}$$

约束子结构法的思路是，先将子结构的边界固定，求出子结构的模态，再截取子结构的部分低阶模态，达到降阶(实质上是降自由度)的目的，之后将固定边界还原。其具体过程描述如下。

固定子结构边界后，子结构内部节点的自由振动方程可写为

$$\left[\boldsymbol{M}_{II}\right]\left\{\ddot{\boldsymbol{u}}_I\right\}+\left[\boldsymbol{K}_{II}\right]\left\{\boldsymbol{u}_I\right\}=\{\boldsymbol{0}\} \tag{10-4-3}$$

对应的振型方程为

$$\left([\boldsymbol{K}_{II}]-\omega^2[\boldsymbol{M}_{II}]\right)\{\boldsymbol{\phi}_I\}=\{\boldsymbol{0}\} \tag{10-4-4}$$

对于 R 阶内部节点自由度的子结构，可以得到 R 阶模态(特征向量)和 R 阶频率(特征值)。按模态截取的原则，只截取前 $K(K<R)$ 阶模态作为近似，舍弃高阶模态的作用，其模态矩阵可写为

$$\boldsymbol{\Phi}_{IK}=[\phi_{I1}\quad \phi_{I2}\quad \cdots\quad \phi_{IK}] \tag{10-4-5}$$

将内部节点的位移(物理坐标)用截取后的模态坐标代替，即 $\{\boldsymbol{u}_I\}=[\boldsymbol{\Phi}_{IK}]\{\boldsymbol{q}_K\}$，边界坐标仍取原来的位移物理坐标，则变换关系如下：

$$\{\boldsymbol{u}\}=\begin{Bmatrix}\boldsymbol{u}_I\\ \boldsymbol{u}_B\end{Bmatrix}=\begin{bmatrix}\boldsymbol{\Phi}_{IK} & \boldsymbol{0}\\ \boldsymbol{0} & \boldsymbol{I}\end{bmatrix}\begin{Bmatrix}\boldsymbol{q}_K\\ \boldsymbol{u}_B\end{Bmatrix} \tag{10-4-6}$$

将其代入含边界自由度的自由振动方程中，得

$$\begin{bmatrix}\boldsymbol{M}_{II} & \boldsymbol{M}_{IB}\\ \boldsymbol{M}_{BI} & \boldsymbol{M}_{BB}\end{bmatrix}\begin{bmatrix}\boldsymbol{\Phi}_{IK} & \boldsymbol{0}\\ \boldsymbol{0} & \boldsymbol{I}\end{bmatrix}\begin{Bmatrix}\ddot{\boldsymbol{q}}_K\\ \ddot{\boldsymbol{u}}_B\end{Bmatrix}+\begin{bmatrix}\boldsymbol{K}_{II} & \boldsymbol{K}_{IB}\\ \boldsymbol{K}_{BI} & \boldsymbol{K}_{BB}\end{bmatrix}\begin{bmatrix}\boldsymbol{\Phi}_{IK} & \boldsymbol{0}\\ \boldsymbol{0} & \boldsymbol{I}\end{bmatrix}\begin{Bmatrix}\boldsymbol{q}_K\\ \boldsymbol{u}_B\end{Bmatrix}=\begin{Bmatrix}\boldsymbol{0}\\ \boldsymbol{0}\end{Bmatrix} \tag{10-4-7}$$

由第一行可以得到关于模态坐标的方程为

$$[\boldsymbol{M}_{II}][\boldsymbol{\Phi}_{IK}]\{\ddot{\boldsymbol{q}}_K\}+[\boldsymbol{K}_{II}][\boldsymbol{\Phi}_{IK}]\{\boldsymbol{q}_K\}=-[\boldsymbol{M}_{IB}]\{\ddot{\boldsymbol{u}}_B\}+[\boldsymbol{K}_{IB}]\{\boldsymbol{u}_B\} \tag{10-4-8}$$

其中，$[\boldsymbol{\Phi}_{IK}]$ 为一种约束模态。方程两端同时左乘 $[\boldsymbol{\Phi}_{IK}]^{\mathrm{T}}$，得

$$\begin{aligned}&[\boldsymbol{\Phi}_{IK}]^{\mathrm{T}}[\boldsymbol{M}_{II}][\boldsymbol{\Phi}_{IK}]\{\ddot{\boldsymbol{q}}_K\}+[\boldsymbol{\Phi}_{IK}]^{\mathrm{T}}[\boldsymbol{K}_{II}][\boldsymbol{\Phi}_{IK}]\{\boldsymbol{q}_K\}\\ &=-[\boldsymbol{\Phi}_{IK}]^{\mathrm{T}}\left([\boldsymbol{M}_{IB}]\{\ddot{\boldsymbol{u}}_B\}+[\boldsymbol{K}_{IB}]\{\boldsymbol{u}_B\}\right)\end{aligned} \tag{10-4-9}$$

依据振型的正交性，可得

$$\operatorname{diag}(m_k)\{\ddot{\boldsymbol{q}}_K\}+\operatorname{diag}(m_k\omega_k^2)\{\boldsymbol{q}_K\}=-[\boldsymbol{\Phi}_{IK}]^{\mathrm{T}}\left([\boldsymbol{M}_{IB}]\{\ddot{\boldsymbol{u}}_B\}+[\boldsymbol{K}_{IB}]\{\boldsymbol{u}_B\}\right) \tag{10-4-10}$$

其中

$$\operatorname{diag}(m_k)=[\boldsymbol{\Phi}_{IK}]^{\mathrm{T}}[\boldsymbol{M}_{II}][\boldsymbol{\Phi}_{IK}]$$

$$\mathrm{diag}(m_k\omega_k^2)=[\boldsymbol{\Phi}_{IK}]^{\mathrm{T}}[\boldsymbol{K}_{II}][\boldsymbol{\Phi}_{IK}]$$

代表对角矩阵。

通过对振型进行归一化处理，可得

$$\mathrm{diag}(m_k)=[\boldsymbol{\Phi}_{IK}]^{\mathrm{T}}[\boldsymbol{M}_{II}][\boldsymbol{\Phi}_{IK}]=1 \tag{10-4-11}$$

则有

$$[\boldsymbol{\Phi}_{IK}]^{\mathrm{T}}[\boldsymbol{K}_{II}][\boldsymbol{\Phi}_{IK}]=\mathrm{diag}(\omega_k^2) \tag{10-4-12}$$

当系统处于频率为 λ 的谐振时，有

$$\{\boldsymbol{q}_K\}=\{\bar{\boldsymbol{q}}_K\}\mathrm{e}^{\mathrm{i}\lambda t} \tag{10-4-13}$$

$$\{\boldsymbol{u}_B\}=\{\bar{\boldsymbol{u}}_B\}\mathrm{e}^{\mathrm{i}\lambda t} \tag{10-4-14}$$

代入式(10-4-10)，得

$$\mathrm{diag}(\omega_k^2-\lambda^2)\{\bar{\boldsymbol{q}}_K\}=-[\boldsymbol{\Phi}_{IK}]^{\mathrm{T}}\left([\boldsymbol{K}_{IB}]-\lambda^2[\boldsymbol{M}_{IB}]\right)\{\bar{\boldsymbol{u}}_B\} \tag{10-4-15}$$

当 $\lambda\to 0$ 时，式(10-4-15)退化为静态方程，即

$$\mathrm{diag}(\omega_k^2)\{\bar{\boldsymbol{q}}_K\}=-[\boldsymbol{\Phi}_{IK}]^{\mathrm{T}}[\boldsymbol{K}_{IB}]\{\bar{\boldsymbol{u}}_B\} \tag{10-4-16}$$

也为

$$[\boldsymbol{\Phi}_{IK}]^{\mathrm{T}}[\boldsymbol{K}_{II}][\boldsymbol{\Phi}_{IK}]\{\bar{\boldsymbol{q}}_K\}=-[\boldsymbol{\Phi}_{IK}]^{\mathrm{T}}[\boldsymbol{K}_{IB}]\{\bar{\boldsymbol{u}}_B\} \tag{10-4-17}$$

或

$$[\boldsymbol{\Phi}_{IK}]^{\mathrm{T}}[\boldsymbol{K}_{II}]\{\bar{\boldsymbol{u}}_I\}=-[\boldsymbol{\Phi}_{IK}]^{\mathrm{T}}[\boldsymbol{K}_{IB}]\{\bar{\boldsymbol{u}}_B\} \tag{10-4-18}$$

解得

$$\{\bar{\boldsymbol{u}}_I\}=-[\boldsymbol{K}_{II}]^{-1}[\boldsymbol{K}_{IB}]\{\bar{\boldsymbol{u}}_B\}=[\boldsymbol{C}_{IB}]\{\bar{\boldsymbol{u}}_B\} \tag{10-4-19}$$

式(10-4-19)与忽略惯性效应的静态自由度凝缩方法得到的结果是相同的。由此可得静态的自由度缩减(凝聚)，即 Guyan-Irons 的减缩为

$$\{\boldsymbol{u}\}=\begin{Bmatrix}\boldsymbol{u}_I\\ \boldsymbol{u}_B\end{Bmatrix}=\begin{bmatrix}\boldsymbol{C}_{IB}\\ \boldsymbol{I}\end{bmatrix}\{\boldsymbol{u}_B\} \tag{10-4-20}$$

用这种静态缩聚的方法处理动态问题，显然会带来误差。但当激励频率比较小时，也可以作为一种有效的近似方法。

当$\lambda \neq 0$时，其惯性项是被考虑在内的。由于是通过模态截取的方法减缩了内部节点的自由度，这种方法也称为模态综合法。

为了进一步提高分析计算的精度，针对动态的问题，还可在静态缩聚的基础上考虑一个基于约束模态的调节项，即

$$\{\boldsymbol{q}_K\} = \{\overline{\boldsymbol{q}}_K\} + \{\boldsymbol{p}_K\} \tag{10-4-21}$$

使

$$\{\boldsymbol{u}_I\} = [\boldsymbol{C}_{IB}]\{\boldsymbol{u}_B\} + [\boldsymbol{\Phi}_{IK}]\{\boldsymbol{p}_K\} \tag{10-4-22}$$

进而有

$$\{\boldsymbol{u}\} = \begin{Bmatrix} \boldsymbol{u}_I \\ \boldsymbol{u}_B \end{Bmatrix} = \begin{bmatrix} \boldsymbol{\Phi}_{IK} & \boldsymbol{C}_{IB} \\ \boldsymbol{0} & \boldsymbol{I} \end{bmatrix} \begin{Bmatrix} \boldsymbol{p}_K \\ \boldsymbol{u}_B \end{Bmatrix} \tag{10-4-23}$$

对于处于频率λ的谐振情况，可得对应的特征方程为

$$\mathrm{diag}(\omega_k^2 - \lambda^2)\left(\{\overline{\boldsymbol{q}}_K\} + \{\overline{\boldsymbol{p}}_K\}\right) = -[\boldsymbol{\Phi}_{IK}]^{\mathrm{T}}\left([\boldsymbol{K}_{IB}] - \lambda^2[\boldsymbol{M}_{IB}]\right)\{\overline{\boldsymbol{u}}_B\} \tag{10-4-24}$$

由于$\mathrm{diag}(\omega_k^2)\{\overline{\boldsymbol{q}}_K\} = -[\boldsymbol{\Phi}_{IK}]^{\mathrm{T}}[\boldsymbol{K}_{IB}]\{\overline{\boldsymbol{u}}_B\}$，则式(10-4-24)可化为

$$\mathrm{diag}(\omega_k^2 - \lambda^2)\{\overline{\boldsymbol{p}}_K\} = \lambda^2\left([\boldsymbol{\Phi}_{IK}]^{\mathrm{T}}[\boldsymbol{M}_{IB}] - \mathrm{diag}\left(\frac{1}{\omega_k^2}\right)[\boldsymbol{\Phi}_{IK}]^{\mathrm{T}}[\boldsymbol{K}_{IB}]\right)\{\overline{\boldsymbol{u}}_B\} \tag{10-4-25}$$

解得

$$\{\overline{\boldsymbol{p}}_K\} = \mathrm{diag}\left(\frac{\lambda^2}{\omega_k^2 - \lambda^2}\right)\left([\boldsymbol{\Phi}_{IK}]^{\mathrm{T}}[\boldsymbol{M}_{IB}] - \mathrm{diag}\left(\frac{1}{\omega_k^2}\right)[\boldsymbol{\Phi}_{IK}]^{\mathrm{T}}[\boldsymbol{K}_{IB}]\right)\{\overline{\boldsymbol{u}}_B\} \tag{10-4-26}$$

令

$$[\boldsymbol{A}]^{\mathrm{T}} = [\boldsymbol{\Phi}_{IK}]^{\mathrm{T}}[\boldsymbol{M}_{IB}] - \mathrm{diag}\left(\frac{1}{\omega_k^2}\right)[\boldsymbol{\Phi}_{IK}]^{\mathrm{T}}[\boldsymbol{K}_{IB}] \tag{10-4-27}$$

则有

$$\{\bar{\boldsymbol{p}}_K\} = \mathrm{diag}\left(\frac{\lambda^2}{\omega_k^2 - \lambda^2}\right)[\boldsymbol{A}]^{\mathrm{T}}\{\bar{\boldsymbol{u}}_B\} \tag{10-4-28}$$

从而得到凝聚的位移关系为

$$\{\bar{\boldsymbol{u}}\} = \begin{Bmatrix} \bar{\boldsymbol{u}}_I \\ \bar{\boldsymbol{u}}_B \end{Bmatrix} = \begin{bmatrix} \boldsymbol{\Phi}_{IK} & \boldsymbol{C}_{IB} \\ \boldsymbol{0} & \boldsymbol{I} \end{bmatrix} \begin{Bmatrix} \mathrm{diag}\left(\dfrac{\lambda^2}{\omega_k^2 - \lambda^2}\right)[\boldsymbol{A}]^{\mathrm{T}} \\ \boldsymbol{I} \end{Bmatrix} \{\bar{\boldsymbol{u}}_B\} \tag{10-4-29}$$

其一般形式为

$$\{\boldsymbol{u}\} = \begin{Bmatrix} \boldsymbol{u}_I \\ \boldsymbol{u}_B \end{Bmatrix} = \begin{bmatrix} \boldsymbol{\Phi}_{IK} & \boldsymbol{C}_{IB} \\ \boldsymbol{0} & \boldsymbol{I} \end{bmatrix} \begin{Bmatrix} \mathrm{diag}\left(\dfrac{\lambda^2}{\omega_k^2 - \lambda^2}\right)[\boldsymbol{A}]^{\mathrm{T}} \\ \boldsymbol{I} \end{Bmatrix} \{\boldsymbol{u}_B\} \tag{10-4-30}$$

以上过程都是从自由振动的角度来分析位移减缩的方法。当考虑强迫振动时，系统的方程可写为

$$\begin{bmatrix} \boldsymbol{M}_{II} & \boldsymbol{M}_{IB} \\ \boldsymbol{M}_{BI} & \boldsymbol{M}_{BB} \end{bmatrix} \begin{Bmatrix} \ddot{\boldsymbol{u}}_I \\ \ddot{\boldsymbol{u}}_B \end{Bmatrix} + \begin{bmatrix} \boldsymbol{K}_{II} & \boldsymbol{K}_{IB} \\ \boldsymbol{K}_{BI} & \boldsymbol{K}_{BB} \end{bmatrix} \begin{Bmatrix} \boldsymbol{u}_I \\ \boldsymbol{u}_B \end{Bmatrix} = \begin{Bmatrix} \boldsymbol{0} \\ \boldsymbol{f}_B \end{Bmatrix} \tag{10-4-31}$$

将减缩后的位移自由度代入其中，得对应的特征方程为

$$\left(\begin{bmatrix} \boldsymbol{K}_{II} & \boldsymbol{K}_{IB} \\ \boldsymbol{K}_{BI} & \boldsymbol{K}_{BB} \end{bmatrix} - \lambda^2 \begin{bmatrix} \boldsymbol{M}_{II} & \boldsymbol{M}_{IB} \\ \boldsymbol{M}_{BI} & \boldsymbol{M}_{BB} \end{bmatrix}\right) \begin{bmatrix} \boldsymbol{\Phi}_{IK} & \boldsymbol{C}_{IB} \\ \boldsymbol{0} & \boldsymbol{I} \end{bmatrix} \begin{Bmatrix} \mathrm{diag}\left(\dfrac{\lambda^2}{\omega_k^2 - \lambda^2}\right)[\boldsymbol{A}]^{\mathrm{T}} \\ \boldsymbol{I} \end{Bmatrix} \{\bar{\boldsymbol{u}}_B\}$$
$$= \begin{Bmatrix} \boldsymbol{0} \\ \{\bar{\boldsymbol{f}}_B\} \end{Bmatrix} \tag{10-4-32}$$

前一行的式子自然满足，由后一行的关系可得

$$[\boldsymbol{D}]\{\bar{\boldsymbol{u}}_B\} = \{\bar{\boldsymbol{f}}_B\} \tag{10-4-33}$$

其中

$$[\boldsymbol{D}]=(\boldsymbol{K}_{BI}-\lambda^2\boldsymbol{M}_{BI})\left[\boldsymbol{\Phi}_{IK}\mathrm{diag}\left(\frac{\lambda^2}{\omega_k^2-\lambda^2}\right)[\boldsymbol{A}]^{\mathrm{T}}+\boldsymbol{C}_{IB}\right]+(\boldsymbol{K}_{BB}-\lambda^2\boldsymbol{M}_{BB})$$

从以上的分析可以看出，无论是静力子结构方法还是动力子结构方法，都存在凝聚和回代两个过程。凝聚过程就是设法将子结构的内部节点变量转化为边界节点上的变量，回代过程就是利用边界节点的解再求得内部节点的解。针对静力问题，可直接采用各节点的物理变量(坐标)来进行，体现的自由度分别是内部节点的自由度和边界上节点的自由度。对于动力问题，依据所选择的方法，可以直接采用节点的物理变量来进行，也可以对内部节点采用模态变量(模态坐标)来进行，但体现的自由度则分别是有节点力作用的主自由度和无节点力作用的副自由度。静力子结构的凝聚过程不存在近似的问题，但动力子结构的凝聚过程却存在近似的问题，近似的程度依赖于所选择的具体方法。在动力子结构的方法中，普遍采用的是模态综合的方法。模态综合的方法，就是将子结构内部节点的物理坐标变量转化成模态坐标变量，然后通过模态截取手段，截取部分低阶模态，这样一方面降低了系统的自由度，另一方面将内部坐标自由度凝聚到边界自由度上。

10.5　动力子结构算例

为了说明子结构方法的有效性，下面以一个不同尺度的大小质量块的组合体为例，应用准静态的方法对其进行求解。其中大小质量块的尺度不同，甚至差异很大。在划分单元时，对应的单元尺度不同，若一并求解，不仅维数很多，而且对应的精度也得不到有效保证。采用动力子结构方法，可先聚焦大尺度，再聚焦小尺度，从而可实现不同尺度的求解。

对于一个结构的动力问题，按照静态或准静态凝聚方法，同时也可以考虑有阻尼的情况和副自由度有作用力的情况。若同时考虑阻尼因素$\left[\hat{\boldsymbol{C}}_B\right]$和副自由度受外力$[\boldsymbol{f}_I]$的影响，其凝聚后子结构的动力学方程可写为

$$[\boldsymbol{M}_B]\{\ddot{\boldsymbol{u}}_B\}+\left[\hat{\boldsymbol{C}}_B\right]\{\dot{\boldsymbol{u}}_B\}+[\boldsymbol{K}_B]\{\boldsymbol{u}_B\}=\left\{\hat{\boldsymbol{f}}_B\right\} \tag{10-5-1}$$

其中，质量矩阵、阻尼矩阵、刚度矩阵和外力列阵分别为

$$[\boldsymbol{M}_B]=\begin{bmatrix}\boldsymbol{C}_{IB}\\ \boldsymbol{I}\end{bmatrix}^{\mathrm{T}}\begin{bmatrix}\boldsymbol{M}_{II} & \boldsymbol{M}_{IB}\\ \boldsymbol{M}_{BI} & \boldsymbol{M}_{BB}\end{bmatrix}\begin{bmatrix}\boldsymbol{C}_{IB}\\ \boldsymbol{I}\end{bmatrix} \tag{10-5-2}$$

$$\left[\hat{\boldsymbol{C}}_B\right]=\begin{bmatrix}\boldsymbol{C}_{IB}\\ \boldsymbol{I}\end{bmatrix}^{\mathrm{T}}\begin{bmatrix}\hat{\boldsymbol{C}}_{II} & \hat{\boldsymbol{C}}_{IB}\\ \hat{\boldsymbol{C}}_{BI} & \hat{\boldsymbol{C}}_{BB}\end{bmatrix}\begin{bmatrix}\boldsymbol{C}_{IB}\\ \boldsymbol{I}\end{bmatrix} \tag{10-5-3}$$

$$\left[\boldsymbol{K}_B\right]=\begin{bmatrix}\boldsymbol{C}_{IB}\\ \boldsymbol{I}\end{bmatrix}^{\mathrm{T}}\begin{bmatrix}\boldsymbol{K}_{II} & \boldsymbol{K}_{IB}\\ \boldsymbol{K}_{BI} & \boldsymbol{K}_{BB}\end{bmatrix}\begin{bmatrix}\boldsymbol{C}_{IB}\\ \boldsymbol{I}\end{bmatrix} \tag{10-5-4}$$

$$\left\{\hat{\boldsymbol{f}}_B\right\}=\left\{\boldsymbol{f}_B\right\}+\left[\boldsymbol{C}_{IB}\right]^{\mathrm{T}}\left\{\boldsymbol{f}_I\right\} \tag{10-5-5}$$

所利用的位移凝聚的关系为

$$\left\{\boldsymbol{u}_I\right\}=\left[\boldsymbol{C}_{IB}\right]\left\{\boldsymbol{u}_B\right\} \tag{10-5-6}$$

且

$$\left[\boldsymbol{C}_{IB}\right]=-\left[\boldsymbol{K}_{II}\right]^{-1}\left[\boldsymbol{K}_{IB}\right] \tag{10-5-7}$$

在各个子结构的系统矩阵被凝聚处理之后，需要将各个子结构进行总装，进而得到整体系统的动力学方程。

现以一个大、小两个质量块连接的结构为例，进行动力学特性的分析。对于大质量块 p，在子结构化凝聚处理之后，将边界主自由度中大质量块与小质量块相连接的和与小质量块不连接的分开，可将该子结构的动力学方程写为

$$\begin{bmatrix}\boldsymbol{M}_{p11} & \boldsymbol{M}_{p12}\\ \boldsymbol{M}_{p21} & \boldsymbol{M}_{p22}\end{bmatrix}\begin{Bmatrix}\ddot{\boldsymbol{u}}_{p1}\\ \ddot{\boldsymbol{u}}_{p2}\end{Bmatrix}+\begin{bmatrix}\hat{\boldsymbol{C}}_{p11} & \hat{\boldsymbol{C}}_{p12}\\ \hat{\boldsymbol{C}}_{p21} & \hat{\boldsymbol{C}}_{p22}\end{bmatrix}\begin{Bmatrix}\dot{\boldsymbol{u}}_{p1}\\ \dot{\boldsymbol{u}}_{p2}\end{Bmatrix}+\begin{bmatrix}\boldsymbol{K}_{p11} & \boldsymbol{K}_{p12}\\ \boldsymbol{K}_{p21} & \boldsymbol{K}_{p22}\end{bmatrix}\begin{Bmatrix}\boldsymbol{u}_{p1}\\ \boldsymbol{u}_{p2}\end{Bmatrix}=\begin{Bmatrix}\boldsymbol{f}_{p1}\\ \boldsymbol{f}_{p2}\end{Bmatrix} \tag{10-5-8}$$

其中，$\boldsymbol{u}_{p2}$ 为大质量块与小质量块交接界面上的主自由度位移；$\boldsymbol{u}_{p1}$ 为大质量块结构剩余的主自由度；$\boldsymbol{f}_{p2}$ 与 $\boldsymbol{f}_{p1}$ 分别为作用在各节点上的作用力。

当忽略阻尼影响时，凝聚后大质量块子结构的动力学方程可写为

$$\left[\boldsymbol{M}_p\right]\left\{\ddot{\boldsymbol{u}}_{p2}\right\}+\left[\boldsymbol{K}_p\right]\left\{\boldsymbol{u}_{p2}\right\}=\left[\hat{\boldsymbol{f}}_{p2}\right] \tag{10-5-9}$$

其中，质量矩阵、刚度矩阵和外力列阵分别为

$$\left[\boldsymbol{M}_p\right]=\begin{bmatrix}\boldsymbol{C}_{Ip}\\ \boldsymbol{I}\end{bmatrix}^{\mathrm{T}}\begin{bmatrix}\boldsymbol{M}_{p11} & \boldsymbol{M}_{p12}\\ \boldsymbol{M}_{p21} & \boldsymbol{M}_{p22}\end{bmatrix}\begin{bmatrix}\boldsymbol{C}_{Ip}\\ \boldsymbol{I}\end{bmatrix} \tag{10-5-10}$$

$$\left[\boldsymbol{K}_p\right]=\begin{bmatrix}\boldsymbol{C}_{Ip}\\ \boldsymbol{I}\end{bmatrix}^{\mathrm{T}}\begin{bmatrix}\boldsymbol{K}_{p11} & \boldsymbol{K}_{p12}\\ \boldsymbol{K}_{p21} & \boldsymbol{K}_{p22}\end{bmatrix}\begin{bmatrix}\boldsymbol{C}_{Ip}\\ \boldsymbol{I}\end{bmatrix} \tag{10-5-11}$$

$$\left\{\hat{\boldsymbol{f}}_{p2}\right\}=\left\{\boldsymbol{f}_{p2}\right\}+\left[\boldsymbol{C}_{Ip}\right]^{\mathrm{T}}\left\{\boldsymbol{f}_{p1}\right\} \tag{10-5-12}$$

且

$$\left[\boldsymbol{C}_{Ip}\right]=-\left[\boldsymbol{K}_{P11}\right]^{-1}\left[\boldsymbol{K}_{P12}\right] \tag{10-5-13}$$

类似地，小质量块f子结构的动力学方程可写为

$$\begin{bmatrix}\boldsymbol{M}_{f11} & \boldsymbol{M}_{f12}\\ \boldsymbol{M}_{f21} & \boldsymbol{M}_{f22}\end{bmatrix}\begin{Bmatrix}\ddot{\boldsymbol{u}}_{f1}\\ \ddot{\boldsymbol{u}}_{f2}\end{Bmatrix}+\begin{bmatrix}\hat{\boldsymbol{C}}_{f11} & \hat{\boldsymbol{C}}_{f12}\\ \hat{\boldsymbol{C}}_{f21} & \hat{\boldsymbol{C}}_{f22}\end{bmatrix}\begin{Bmatrix}\dot{\boldsymbol{u}}_{f1}\\ \dot{\boldsymbol{u}}_{f2}\end{Bmatrix}+\begin{bmatrix}\boldsymbol{K}_{f11} & \boldsymbol{K}_{f12}\\ \boldsymbol{K}_{f21} & \boldsymbol{K}_{f22}\end{bmatrix}\begin{Bmatrix}\boldsymbol{u}_{f1}\\ \boldsymbol{u}_{f2}\end{Bmatrix}=\begin{Bmatrix}\boldsymbol{f}_{f1}\\ \boldsymbol{f}_{f2}\end{Bmatrix} \tag{10-5-14}$$

其中，$\boldsymbol{u}_{f1}$为小质量块与大质量块交接界面上的主自由度位移；$\boldsymbol{u}_{f2}$为小质量块结构剩余的主自由度；$\boldsymbol{f}_{f2}$与$\boldsymbol{f}_{f1}$分别为作用在小质量块各节点上的作用力。

凝聚后小质量块子结构的动力学方程可写为

$$\left[\boldsymbol{M}_f\right]\left\{\ddot{\boldsymbol{u}}_{f1}\right\}+\left[\boldsymbol{K}_f\right]\left\{\boldsymbol{u}_{f1}\right\}=\left[\hat{\boldsymbol{f}}_{f1}\right] \tag{10-5-15}$$

其中，质量矩阵、刚度矩阵和外力列阵分别为

$$\left[\boldsymbol{M}_f\right]=\begin{bmatrix}\boldsymbol{C}_{If}\\ \boldsymbol{I}\end{bmatrix}^{\mathrm{T}}\begin{bmatrix}\boldsymbol{M}_{f22} & \boldsymbol{M}_{f21}\\ \boldsymbol{M}_{f12} & \boldsymbol{M}_{f11}\end{bmatrix}\begin{bmatrix}\boldsymbol{C}_{Ip}\\ \boldsymbol{I}\end{bmatrix} \tag{10-5-16}$$

$$\left[\boldsymbol{K}_f\right]=\begin{bmatrix}\boldsymbol{C}_{If}\\ \boldsymbol{I}\end{bmatrix}^{\mathrm{T}}\begin{bmatrix}\boldsymbol{K}_{f22} & \boldsymbol{K}_{f21}\\ \boldsymbol{K}_{f12} & \boldsymbol{K}_{f11}\end{bmatrix}\begin{bmatrix}\boldsymbol{C}_{Ip}\\ \boldsymbol{I}\end{bmatrix} \tag{10-5-17}$$

$$\left\{\hat{\boldsymbol{f}}_{f1}\right\}=\left\{\boldsymbol{f}_{f1}\right\}+\left[\boldsymbol{C}_{If}\right]^{\mathrm{T}}\left\{\boldsymbol{f}_{f2}\right\} \tag{10-5-18}$$

且

$$\left[\boldsymbol{C}_{If}\right]=-\left[\boldsymbol{K}_{f22}\right]^{-1}\left[\boldsymbol{K}_{f21}\right] \tag{10-5-19}$$

利用两子结构接触面节点位移协调连续性的条件，即

$$\boldsymbol{u}_{p2}=\boldsymbol{u}_{f1}=\boldsymbol{u}_m \tag{10-5-20}$$

可将这两个子结构的方程总装起来。

原本的两质量块整体系统的总装动力方程为

$$\begin{bmatrix}\boldsymbol{M}_{p11} & \boldsymbol{M}_{p12} & \boldsymbol{0}\\ \boldsymbol{M}_{p21} & \boldsymbol{M}_{p22}+\boldsymbol{M}_{f11} & \boldsymbol{M}_{f12}\\ \boldsymbol{0} & \boldsymbol{M}_{f21} & \boldsymbol{M}_{f22}\end{bmatrix}\begin{Bmatrix}\ddot{\boldsymbol{u}}_{p1}\\ \ddot{\boldsymbol{u}}_m\\ \ddot{\boldsymbol{u}}_{f2}\end{Bmatrix}+\begin{bmatrix}\boldsymbol{K}_{p11} & \boldsymbol{K}_{p12} & \boldsymbol{0}\\ \boldsymbol{K}_{p21} & \boldsymbol{K}_{p22}+\boldsymbol{K}_{f11} & \boldsymbol{K}_{f12}\\ \boldsymbol{0} & \boldsymbol{K}_{f21} & \boldsymbol{K}_{f22}\end{bmatrix}\begin{Bmatrix}\boldsymbol{u}_{p1}\\ \boldsymbol{u}_m\\ \boldsymbol{u}_{f2}\end{Bmatrix}$$

$$=\begin{Bmatrix}\boldsymbol{f}_{p1}\\ \boldsymbol{f}_{p2}+\boldsymbol{f}_{f1}\\ \boldsymbol{f}_{f2}\end{Bmatrix} \tag{10-5-21}$$

凝聚后的总装动力方程为

$$\left(\left[\boldsymbol{M}_f\right]+\left[\boldsymbol{M}_p\right]\right)\left\{\ddot{\boldsymbol{u}}_{f1}\right\}+\left(\left[\boldsymbol{K}_f\right]+\left[\boldsymbol{K}_p\right]\right)\left\{\boldsymbol{u}_{f1}\right\}=\left\{\hat{\boldsymbol{f}}_{f1}\right\}+\left\{\hat{\boldsymbol{f}}_{p2}\right\} \tag{10-5-22}$$

通过动力子结构的自由度凝聚，得到的子结构化凝聚后的系统总装动力方程较原始有限元划分的动力方程，其自由度得到大大降低，方程维度也大大降低，求解更为简便，计算时间可以大幅缩短。

在求解完上述整体的动力学方程之后，可以按照溯源回代的扩展过程，反推还原出小质量块结构和大质量块结构其余副自由度的动力学响应，即将凝聚的超单元还原为原始离散的有限元网格解，从而得到两个块体内部各自关键区域特征点的载荷。

在实际工程分析中，也可以根据工程背景的需要，只对某一个区域进行子结构处理。如针对如图 10.1 所示的整体网格划分结构，当小质量块的尺度相对大质量块很小时，若按通常的有限元划分，则这两个单元的尺度相差太大，不利于有限元计算。为此，先对小质量块进行子结构化处理，其过程如下。

对于小质量块，只选取与大质量块连接的界面节点作为小质量块的主自由度，其余的节点均作为副自由度，通过准静态凝聚方法，将小质量块的副自由度凝聚到主自由度上。

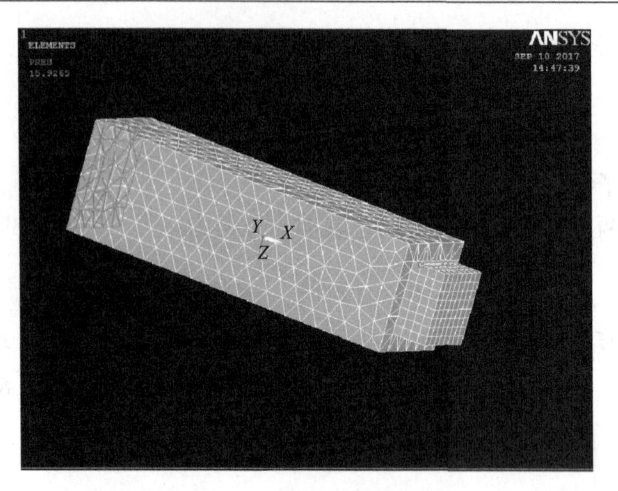

图 10.1　整体网格划分结构

其子结构化并考虑阻尼因素的力学方程可写为

$$\left[\boldsymbol{M}_f\right]\left\{\ddot{\boldsymbol{u}}_f\right\}+\left[\hat{\boldsymbol{C}}_f\right]\left\{\dot{\boldsymbol{u}}_f\right\}+\left[\boldsymbol{K}_f\right]\left\{\boldsymbol{u}_f\right\}=\left\{\boldsymbol{f}_f\right\} \tag{10-5-23}$$

对大质量块不进行子结构化处理，但可将整体的自由度按与小质量块相连接的和不连接的分开，得到其动力学方程为

$$\begin{bmatrix}\boldsymbol{M}_{p11} & \boldsymbol{M}_{p12}\\ \boldsymbol{M}_{p21} & \boldsymbol{M}_{p22}\end{bmatrix}\begin{Bmatrix}\ddot{\boldsymbol{u}}_{p1}\\ \ddot{\boldsymbol{u}}_{p2}\end{Bmatrix}+\begin{bmatrix}\hat{\boldsymbol{C}}_{p11} & \hat{\boldsymbol{C}}_{p12}\\ \hat{\boldsymbol{C}}_{p21} & \hat{\boldsymbol{C}}_{p22}\end{bmatrix}\begin{Bmatrix}\dot{\boldsymbol{u}}_{p1}\\ \dot{\boldsymbol{u}}_{p2}\end{Bmatrix}+\begin{bmatrix}\boldsymbol{K}_{p11} & \boldsymbol{K}_{p12}\\ \boldsymbol{K}_{p21} & \boldsymbol{K}_{p22}\end{bmatrix}\begin{Bmatrix}\boldsymbol{u}_{p1}\\ \boldsymbol{u}_{p2}\end{Bmatrix}=\begin{Bmatrix}\boldsymbol{f}_{p1}\\ \boldsymbol{f}_{p2}\end{Bmatrix} \tag{10-5-24}$$

利用两个结构接触面节点位移协调连续性的条件，即

$$\boldsymbol{u}_{p2}=\boldsymbol{u}_f=\boldsymbol{u}_m \tag{10-5-25}$$

将子结构化的小质量块缩减自由度后的动力学方程与没有子结构化的大质量块的动力学方程进行总装，得总装后的方程为

$$\begin{bmatrix}\boldsymbol{M}_{p11} & \boldsymbol{M}_{p12}\\ \boldsymbol{M}_{p21} & \boldsymbol{M}_{p22}+\boldsymbol{M}_f\end{bmatrix}\begin{Bmatrix}\ddot{\boldsymbol{u}}_{p1}\\ \ddot{\boldsymbol{u}}_m\end{Bmatrix}+\begin{bmatrix}\hat{\boldsymbol{C}}_{p11} & \hat{\boldsymbol{C}}_{p12}\\ \hat{\boldsymbol{C}}_{p21} & \hat{\boldsymbol{C}}_{p22}+\hat{\boldsymbol{C}}_f\end{bmatrix}\begin{Bmatrix}\dot{\boldsymbol{u}}_{p1}\\ \dot{\boldsymbol{u}}_m\end{Bmatrix}+\begin{bmatrix}\boldsymbol{K}_{p11} & \boldsymbol{K}_{p12}\\ \boldsymbol{K}_{p21} & \boldsymbol{K}_{p22}+\boldsymbol{K}_f\end{bmatrix}$$
$$\cdot\begin{Bmatrix}\boldsymbol{u}_{p1}\\ \boldsymbol{u}_m\end{Bmatrix}=\begin{Bmatrix}\boldsymbol{f}_{p1}\\ \boldsymbol{f}_{p2}+\boldsymbol{f}_f\end{Bmatrix} \tag{10-5-26}$$

对该动力学方程进行动力求解，得到如图 10.2 所示的结果，最后依据小质量块边界主自由度的解，经溯源回代的扩展过程，求得小质量块其他副自由度的解，如图 10.3 所示。从而可得包括小质量块的副自由度在内的两质量块整体系统的全部解。

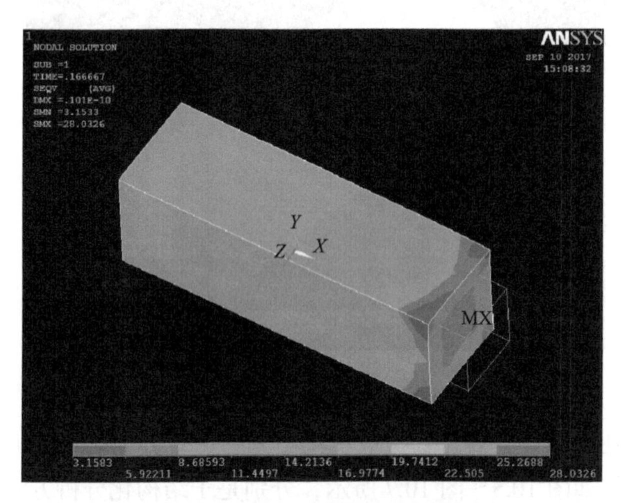

图 10.2　总装之后(凝聚)的求解结果

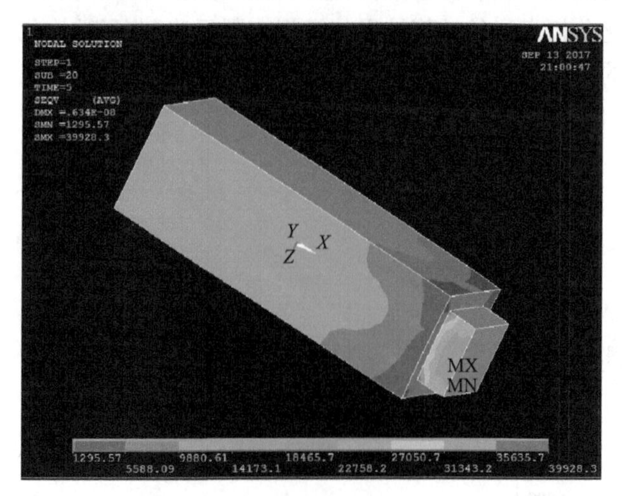

图 10.3　溯源回代之后(扩展)小质量块其他副自由度的解

为了进一步验证子结构计算方法的正确性，将如图 10.1 所示的模型进行常规有限元法求解，得出分析结果如图 10.4 所示，从图 10.3 与图 10.4 的应力云图分布和幅值大小来看，二者结果非常近似。

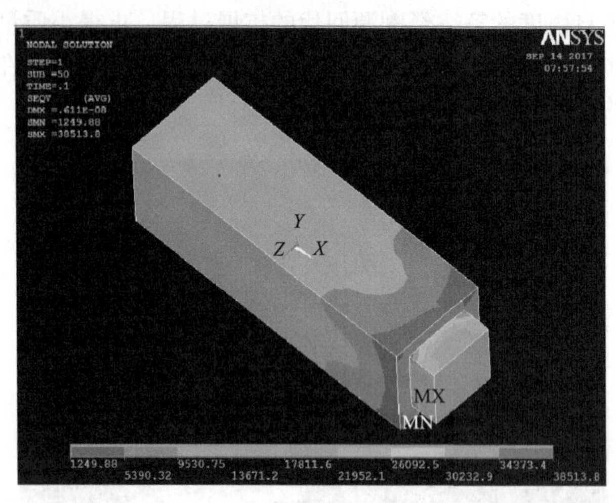

图 10.4　常规有限元法分析结果

为了从数值上进行对比，选取结构中同一位置处的仿真数据作为比较对象，对比结果如图 10.5～图 10.7 所示，分别是子结构化分析方法与常规有限元法的加速度数据对比、位移数据对比和应力数据对比。从对比结果可以看出，子结构化分析方法的计算结果与常规有限元法(非子结构化处理)的计算结果是一致的。

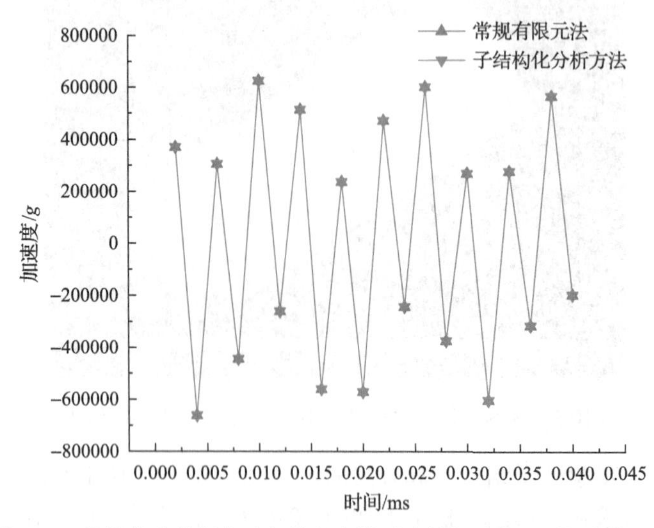

图 10.5　子结构化分析方法与常规有限元法的加速度(过载)数据对比

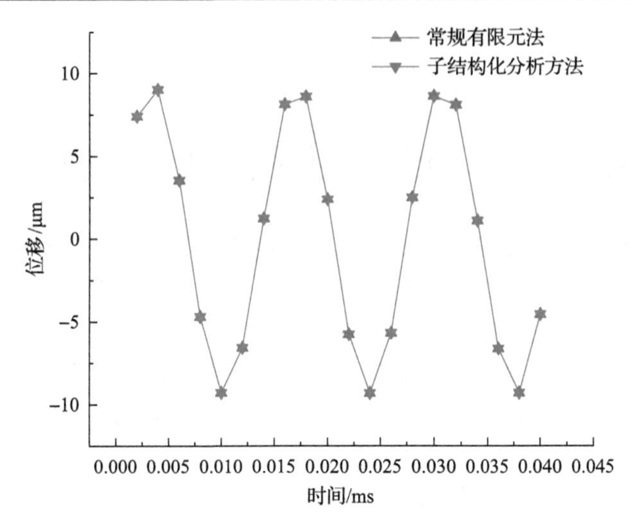

图 10.6　子结构化分析方法与常规有限元法的位移数据对比

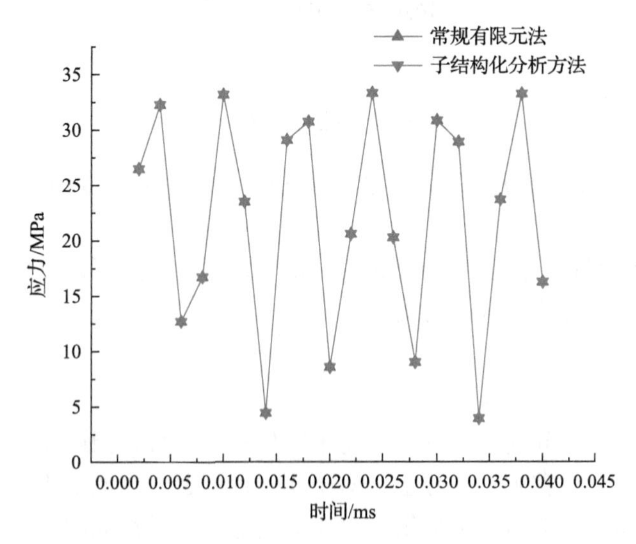

图 10.7　子结构化分析方法与常规有限元法的应力数据对比

第 11 章　非线性方程组的近似解法

前文中的微分方程近似求解方法并不只适用于线性微分方程，对非线性方程也是适用的。当然对于非线性微分方程，还存在稳定性的问题。避开稳定性问题不说，对于稳定区域的求解，有限元法同样适用于非线性的问题。如对于结构动力学来说，大变形会涉及几何非线性，大应变也会涉及物理非线性。无论哪种非线性，体现在力学的有限元方程中都是多维非线性的代数方程。

对于非线性静力问题，其基本方程可写为

$$\boldsymbol{\varphi}(\boldsymbol{u}) = \boldsymbol{N}(\boldsymbol{u}) - \boldsymbol{f} = \boldsymbol{0} \tag{11-0-1}$$

或

$$\boldsymbol{\varphi}(\boldsymbol{u}) = \boldsymbol{K}(\boldsymbol{u})\boldsymbol{u} - \boldsymbol{f} = \boldsymbol{0} \tag{11-0-2}$$

其中，$\boldsymbol{u}$ 为位移矢量；$\boldsymbol{f}$为外力矢量；$\boldsymbol{N}(\boldsymbol{u})$ 为内力矢量；$\boldsymbol{K}(\boldsymbol{u})$ 为非线性刚度矩阵。

对于线性问题，刚度和位移无关，是个常量，因此可以直接通过求刚度矩阵的逆来得到位移响应的精确解，为

$$\boldsymbol{u} = \boldsymbol{K}^{-1}\boldsymbol{f} \tag{11-0-3}$$

但对于非线性问题，刚度矩阵是未知位移的函数，因此无法通过直接求逆的方法来得到位移解。实际上，对于非线性问题，一般很难得到精确解，只能通过近似的手段得到近似解。对于上述这类非线性问题，可有以下三种近似的解法，分别是直接迭代法、牛顿法和增量法。

11.1　直接迭代法

直接迭代法，就是先给定有关位移近似解的初值，然后将其代入刚度矩阵中，再按线性问题中直接求刚度逆的方法得到新的位移近似。如果把位移近似解的初值视为 $\boldsymbol{u}_0$ ，则可由线性问题中直接求刚度逆方法得到新的位移，

近似为 $\boldsymbol{u}_1$，即

$$\boldsymbol{u}_1 = \boldsymbol{K}^{-1}(\boldsymbol{u}_0)\boldsymbol{f} \tag{11-1-1}$$

一般而言，$\boldsymbol{u}_1$ 的近似效果总比 $\boldsymbol{u}_0$ 的近似效果好。为了得到更好的近似，可再把 $\boldsymbol{u}_1$ 代入刚度矩阵中，用同样的线性问题的解法，可得到更进一步的位移近似解 $\boldsymbol{u}_2$，即

$$\boldsymbol{u}_2 = \boldsymbol{K}^{-1}(\boldsymbol{u}_1)\boldsymbol{f} \tag{11-1-2}$$

这样一来，就形成了一个迭代过程。迭代的次数越多，就越接近真实的解。其迭代的一般公式为

$$\boldsymbol{u}_{n+1} = \boldsymbol{K}^{-1}(\boldsymbol{u}_n)\boldsymbol{f} \tag{11-1-3}$$

按照这个迭代公式，可以得到一系列的近似解，构成一个近似解数列，而且是收敛的数列。

何时停止迭代，要看问题的精度要求。这个精度可由迭代近似解的相对误差来确定。设 n+1 阶近似与 n 阶近似的差为

$$\Delta\boldsymbol{u}_n = \boldsymbol{u}_{n+1} - \boldsymbol{u}_n \tag{11-1-4}$$

则可定义一种范数 $\|\Delta\boldsymbol{u}_n\|$ 和 $\|\boldsymbol{u}_n\|$，使

$$\|\Delta\boldsymbol{u}_n\| / \|\boldsymbol{u}_n\| \leqslant \varepsilon \tag{11-1-5}$$

其中，ε 为问题给定的相对误差允许值，代表问题的精度要求。范数的确定有多种方法，最典型的是最大值法和均方值法。最大值法定义范数为

$$\|\Delta\boldsymbol{u}_n\| = \max\{\Delta\boldsymbol{u}_n\} \tag{11-1-6}$$

即以分量差值最大者作为范数，但此时的 $\boldsymbol{u}_n$ 应为对应的分量，即

$$\frac{\max\{\Delta\boldsymbol{u}_n\}}{\{\text{corresponding } \boldsymbol{u}_n\}} \leqslant \varepsilon \tag{11-1-7}$$

均方值法定义范数为

$$\|\Delta\boldsymbol{u}_n\| = \left[\Delta\boldsymbol{u}_n^{\mathrm{T}}\Delta\boldsymbol{u}_n\right]^{\frac{1}{2}} \tag{11-1-8}$$

即以分量差的平方和再开方作为范数，此时 $\boldsymbol{u}_n$ 的范数 $\|\boldsymbol{u}_n\|$ 也可以是分量的均方值，即

$$\frac{\left[\Delta \boldsymbol{u}_n^{\mathrm{T}} \Delta \boldsymbol{u}_n\right]^{\frac{1}{2}}}{\left[\boldsymbol{u}_n^{\mathrm{T}} \boldsymbol{u}_n\right]^{\frac{1}{2}}} \leqslant \varepsilon \tag{11-1-9}$$

11.2　牛　顿　法

牛顿法又称牛顿-拉弗森方法(Newton-Raphson method)，也是一种迭代的方法。它是一种用切线逐步逼近真实解的近似方法。该方法源于非线性方程的求根，通常情况下，一般的非线性方程很难直接求得其方程的根，牛顿法就是一种近似求根的方法。

设$\bar{x}$是方程

$$f(x)=0 \tag{11-2-1}$$

的根，对于一般的函数 $f(x)$，很难直接求得其方程的根，为此，可设一个近似的初始值 x_0 作为根的初始近似值，过点 $[x_0, f(x_0)]$ 作函数 $y=f(x)$ 的切线，其方程为

$$y=f(x_0)+f'(x_0)(x-x_0) \tag{11-2-2}$$

该直线与 x 轴交点的横坐标为

$$x_1=x_0-\frac{f(x_0)}{f'(x_0)} \tag{11-2-3}$$

其中，x_1 可作为根的一次近似值。过点 $[x_1, f(x_1)]$ 再作函数 $y=f(x)$ 的切线，其方程为

$$y=f(x_1)+f'(x_1)(x-x_1) \tag{11-2-4}$$

该直线与 x 轴交点的横坐标为

$$x_2=x_1-\frac{f(x_1)}{f'(x_1)} \tag{11-2-5}$$

其中，x_2 可作为根的二次近似值。以此类推，可得到根的 n+1 次近似值 x_{n+1} 为

$$x_{n+1} = x_n - \frac{f(x_n)}{f'(x_n)} \tag{11-2-6}$$

这就构成了牛顿近似求根的迭代过程。可以看出，若将 $f(x)$ 视为一个非线性的函数，则求根的过程就是用若干次的切线的根来逐步逼近真实根。因此，牛顿法实质上是对非线性方程进行线性化近似的方法。

类似于牛顿的切线逼近方法，还存在一种割线逼近的方法，也称为弦截法。它是用 n 点与 n–1 点的割线代替 n 点的切线，逐步逼近方程的真实根。在迭代方程中，用 n 点与 n–1 点两点割线的斜率代替切线的斜率，其迭代方程为

$$x_{n+1} = x_n - \frac{f(x_n)}{\left[f(x_n) - f(x_{n-1})\right]}(x_n - x_{n-1}) \tag{11-2-7}$$

按照上述一维非线性方程的牛顿法，对于一个有限元问题的多维非线性方程，其近似求解的思想也是类似的。设非线性方程的 n 阶近似解为 u_n，则与方程真实解的差为

$$\varphi(u_n) = N(u_n) - f \neq 0 \tag{11-2-8}$$

为了使近似效果更好，现给一个修正量 Δu_n，得到一个新的近似为

$$u_{n+1} = u_n + \Delta u_n \tag{11-2-9}$$

它与方程真实解的差为

$$\varphi(u_{n+1}) = \varphi(u_n + \Delta u_n) = N(u_{n+1}) - f \neq 0 \tag{11-2-10}$$

将 $\varphi(u_{n+1})$ 在 u_n 附近进行泰勒级数展开，得

$$\varphi(u_{n+1}) = \varphi(u_n + \Delta u_n) = \varphi(u_n) + \frac{\partial \varphi(u_n)}{\partial u_n}\Delta u_n + \cdots \tag{11-2-11}$$

取一阶近似，并设 $K_n = \dfrac{\partial \varphi(u_n)}{\partial u_n}$，则得

$$\varphi(u_{n+1}) = \varphi(u_n) + K_n \Delta u_n \tag{11-2-12}$$

令 $\varphi(u_{n+1}) = 0$，可解得修正量 Δu_n 为

$$\Delta u_n = -K_n^{-1}\varphi(u_n) = -K_n^{-1}\left[N(u) - f\right] \tag{11-2-13}$$

有了这个修正量，就可以得到新的近似解 u_{n+1} 为

$$u_{n+1} = u_n + \Delta u_n \tag{11-2-14}$$

再对 u_{n+1} 进行进一步迭代，就可得进一步的近似解 u_{n+2}。因此牛顿法的迭代方程为

$$\begin{cases} \Delta u_n = -K_n^{-1}\varphi(u_n) = -K_n^{-1}\left[N(u) - f\right] \\ K_n = \dfrac{\partial \varphi(u_n)}{\partial u_n} \\ u_{n+1} = u_n + \Delta u_n \end{cases} \tag{11-2-15}$$

11.3　增　量　法

增量法求解是针对需要考虑载荷加载历史的问题，将输入载荷的加载历史分成若干小段，并用比例因子 λ 从 0 到 1 的变化来描述加载的历史，即 $f_i = \lambda_i \bar{f}$，$i = 0,1,2,\cdots,n$，其中 $\lambda_0 = 0$，$\lambda_n = 1$。

若设对应 λ_i 的位移解为 u_i，设对应 $\lambda_{i+1} = \lambda_i + \Delta\lambda$ 的位移解为 $u_{i+1} = u_i + \Delta u$，则有

$$\varphi(u_i, \lambda_i) = N(u_i) - \lambda_i \bar{f} \tag{11-3-1}$$

及

$$\varphi(u_{i+1}, \lambda_{i+1}) = N(u_{i+1}) - \lambda_{i+1} \bar{f} \tag{11-3-2}$$

即

$$\varphi(u_i + \Delta u, \lambda_i + \Delta\lambda) = N(u_i + \Delta u) - (\lambda_i + \Delta\lambda)\bar{f} \tag{11-3-3}$$

将 $\varphi(u_{i+1}, \lambda_{i+1})$ 在 u_i 和 λ_i 附近进行泰勒级数展开，得

$$\varphi(u_i + \Delta u, \lambda_i + \Delta\lambda) = \varphi(u_i, \lambda_i) + \frac{\partial \varphi(u_i, \lambda_i)}{\partial u_i}\Delta u_i + \frac{\partial \varphi(u_i, \lambda_i)}{\partial \lambda_i}\Delta\lambda_i + \cdots \tag{11-3-4}$$

对应 λ_i 的位移解 u_i 并不是精确解，因此在一般情况下，即

$$\varphi(u_i,\lambda_i)=N(u_i)-\lambda_i\overline{f}\neq 0 \tag{11-3-5}$$

对应式(11-3-5)，只取一阶近似，并在 $\varphi(u_i,\lambda_i)=N(u_i)-\lambda_i\overline{f}\neq 0$ 的情况下使 $\varphi(u_{i+1},\lambda_{i+1})=0$，则得

$$\frac{\mathrm{d}N(u_i)}{\mathrm{d}u_i}\Delta u-\overline{f}\Delta\lambda=-N(u_i)+\lambda_i\overline{f} \tag{11-3-6}$$

令 $K_i=\dfrac{\mathrm{d}N(u_i)}{\mathrm{d}u_i}$，则有

$$\Delta u=K_i^{-1}\left[\lambda_{i+1}\overline{f}-N(u_i)\right] \tag{11-3-7}$$

可以看出，该方法的实质是利用比例因子 λ_i 的增量求出位移解的增量 Δu。

第 12 章　摄 动 方 法

摄动方法是一种求解微分方程近似解或渐近解的数学方法。与傅里叶变换等工程数学方法类似，也是因物理学、力学等学科的需要而发展起来的求解微分方程问题近似解的方法。因此，摄动方法也属于一种工程中的近似方法，它针对的问题可以是线性的，也可以是非线性的。无论针对的是哪种问题，其共同的特征是在模型中都含有某种小参数。

摄动的概念最早出现在天体物理学分析中，但作为近似解求解方法最早是由 Prandtl 于 1904 年为求解流体力学边界层问题而提出的：中国力学工作者对摄动方法特别是奇异摄动理论的发展有开创性的贡献。钱伟长于 1948 年求解圆板大挠度问题时，提出了合成展开法的摄动方法；郭永怀于 1953 年将庞加莱(Poincare)和莱特希尔(Lighthill)发展起来的方法推广应用至边界层效应的黏性流问题，后来钱学森于 1956 年再次深入阐述了这个方法，并将其称为 PLK 方法。

摄动方法的英文是“perturbation method”，perturbation 的本义是扰动。摄动方法分析问题的思路就是源于“小扰动”。针对一个具有理想模型的系统，如线性系统，其解是容易求得的，但结构的微小变化或参数的微小变化，会产生一个小的扰动，从而使原本理想的模型变成非理想的模型，如小扰动引起了系统的非线性，系统求解就困难了。这时，如果注意到结构或参数变化的微小性，采用某种近似的手段，分析出结构的微小变化或参数的微小变化对解的影响，并将其叠加到理想模型的解中，也会得到非理想模型的一种近似解。弄清楚这个问题，对于系统本身呈现的就是一种非理想模型，而且是因小扰动引起的，就找到了对应的求解思路。换句话说，若一个系统所呈现的非理想模型主要是由某个小参数引起的，摄动方法就是通过聚焦小参数的作用，借助于某种变换和理想模型的解来求非理想模型的渐近近似解的方法。

根据小参数在系统模型中作用的不同，在摄动方法中，存在两类摄动问题，一类是正则摄动问题，另一类是奇异摄动问题。当小参数为零时，不会引起解的奇异或模型的奇异变化，非理想模型及其对应的解能退化成理想模型及其对应的解，则就是正则摄动问题；反之，若小参数为零会导致模型的奇异变化或解的奇异变化(包括无解或多解)，则就是奇异摄动问题。

为了判断摄动问题是正则还是奇异，先给出渐近近似式“一致有效”的概念和定义。一致有效是指：对于一个小参数 ε，若把一个函数展开成其幂级数的形式：

$$x(t,\varepsilon)=\sum_{n=1}^{m}\varepsilon^{n}x_{n}(t)+R_{m}(t,\varepsilon) \tag{12-0-1}$$

则当 $\varepsilon\to 0$ 时，对于 $t\in(a,b)$，一致有

$$\left|R_{m}(t,\varepsilon)\right|=O(\varepsilon^{m+1}) \tag{12-0-2}$$

则称

$$x(t,\varepsilon)=\sum_{n=1}^{m}\varepsilon^{n}x_{n}(t) \tag{12-0-3}$$

为 $x(t,\varepsilon)$ 当 $\varepsilon\to 0$ 时在区间 (a, b) 上一致有效的 m 阶渐近近似式。如果它是某微分方程的近似解，则称其为“一致有效”的 m 阶渐近近似解。

判断摄动问题是否为正则摄动问题，可通过按正常(正规)的摄动方法和步骤所求得的近似解是否是“一致有效”的渐近近似解来判断，若是，则是正则摄动问题；若不是，则属于奇异摄动问题。奇异摄动问题用正常的摄动方法求解得不到一致有效的渐近解。因此，需要采用奇异摄动的方法来进行求解，当然，最终得到的解还应该是一致有效并收敛的。

正则摄动的方法步骤是：①先将解的形式展开成小参数的幂级数形式；②将这种形式的解代入问题的微分方程和边界条件(或初始条件)中，得到关于小参数幂级数形式的方程和边界(或初始)条件；③令小参数各次幂的系数都为零，可得到一系列的对应小参数各次幂的可以求解的方程和边界(或初始)条件；④将所得的小参数各次幂所对应的解再代回最先设的幂级数展开式中，就可以得到渐近的近似解。

12.1　正则摄动问题的方法

对于正则摄动问题，其求解方法就是上述正则摄动方法。下面的例子可以说明正则摄动方法的具体实施步骤。与此同时，通过如下的例子，可具体分析采用摄动方法进行微分方程求解的过程。

例 12-1-1　求下列微分方程的解：

$$\begin{cases} y' + y = \varepsilon y^2 \\ y(0) = 1 \end{cases} \tag{12-1-1}$$

该方程是个非线性方程，但非线性项是通过小参数 ε 联系的，属于一个弱非线性的问题。

对于一般的非线性微分方程，是很难找到其解析解的。为此，可将解设定为小参数 ε 的幂级数展开形式。其解的形式为

$$y(x,\varepsilon) = y_0(x) + \varepsilon y_1(x) + \varepsilon^2 y_2(x) + \cdots + \varepsilon^n y_n(x) + \cdots \tag{12-1-2}$$

将其代入微分方程中得

$$\begin{aligned} & y_0'(x) + \varepsilon y_1'(x) + \varepsilon^2 y_2'(x) + \cdots + \varepsilon^n y_n'(x) + y_0(x) + \varepsilon y_1(x) + \varepsilon^2 y_2(x) + \cdots \\ & + \varepsilon^n y_n(x) + \cdots = \varepsilon \Big[y_0^2 + 2\varepsilon y_0 y_1 + \varepsilon^2 (2y_0 y_2 + y_1^2) + \cdots + \varepsilon^{2n} (2y_0 y_{2n} \\ & \qquad + 2y_1 y_{2n-1} + \cdots + y_n^2) + \cdots \Big] \end{aligned} \tag{12-1-3}$$

整理得

$$\begin{aligned} & (y_0' + y_0) + \varepsilon(y_1' + y_1 - y_0^2) + \varepsilon^2 (y_2' + y_2 - 2y_0 y_1) + \cdots + \varepsilon^{2n+1} [y_{2n+1}' + y_{2n+1} \\ & -(2y_0 y_{2n} + 2y_1 y_{2n-1} + \cdots + y_n^2)] = 0 \end{aligned} \tag{12-1-4}$$

边界条件为

$$y_0(0) + \varepsilon y_1(0) + \varepsilon^2 y_2(0) + \cdots + \varepsilon^n y_n(0) + \cdots = 1 \tag{12-1-5}$$

要使上述微分方程和边界条件成立，需使 ε 的各次幂的系数都为零，从而可得 ε 各次幂对应的方程及其边界条件分别为

$$\varepsilon^0: \begin{cases} y_0' + y_0 = 0 \\ y_0(0) = 1 \end{cases} \tag{12-1-6}$$

$$\varepsilon^1: \begin{cases} y_1' + y_1 - y_0^2 = 0 \\ y_1(0) = 0 \end{cases} \tag{12-1-7}$$

$$\varepsilon^2:\quad \begin{cases} y_2' + y_2 - 2y_0 y_1 = 0 \\ y_2(0) = 0 \end{cases} \tag{12-1-8}$$

$$\vdots$$

$$\varepsilon^{2n+1}:\quad \begin{cases} y_{2n+1}' + y_{2n+1} - (2y_0 y_{2n} + 2y_1 y_{2n-1} + \cdots + y_n^2) = 0 \\ y_{2n+1}(0) = 0 \end{cases} \tag{12-1-9}$$

$$\vdots$$

零阶方程的解为

$$y_0(x) = \mathrm{e}^{-x} \tag{12-1-10}$$

将其代入一阶方程，得

$$\varepsilon^1:\quad \begin{cases} y_1' + y_1 = \mathrm{e}^{-2x} \\ y_1(0) = 0 \end{cases} \tag{12-1-11}$$

其解为

$$y_1(x) = \mathrm{e}^{-x}(1 - \mathrm{e}^{-x}) \tag{12-1-12}$$

再将零阶解和一阶解代入二阶方程中，得

$$\varepsilon^2:\quad \begin{cases} y_2' + y_2 = 2\mathrm{e}^{-2x}(1 - \mathrm{e}^{-x}) \\ y_2(0) = 0 \end{cases} \tag{12-1-13}$$

其解为

$$y_2(x) = \mathrm{e}^{-x}(1 - \mathrm{e}^{-x})^2 \tag{12-1-14}$$

对于 k 阶方程，可归纳出解为

$$y_k(x) = \mathrm{e}^{-x}(1 - \mathrm{e}^{-x})^k \tag{12-1-15}$$

将这些解都代入总近似解表达式

$$y(x,\varepsilon) = y_0(x) + \varepsilon y_1(x) + \varepsilon^2 y_2(x) + \cdots + \varepsilon^n y_n(x) + \cdots \tag{12-1-16}$$

中，可得原方程的近似解为

$$y(x,\varepsilon)=\mathrm{e}^{-x}[1+\varepsilon(1-\mathrm{e}^{-x})+\varepsilon^2(1-\mathrm{e}^{-x})^2+\cdots+\varepsilon^n(1-\mathrm{e}^{-x})^n+\cdots] \tag{12-1-17}$$

实际上，若$\varepsilon(1-\mathrm{e}^{-x})\leqslant 1$，则有

$$y(x,\varepsilon)=\frac{\mathrm{e}^{-x}}{1-\varepsilon(1-\mathrm{e}^{-x})} \tag{12-1-18}$$

从方程解的构成可以看出，当小参数ε等于 0 时，方程退化为

$$\begin{cases} y'+y=0 \\ y(0)=1 \end{cases} \tag{12-1-19}$$

其解退化为

$$y(x)=\mathrm{e}^{-x} \tag{12-1-20}$$

由小参数ε的幂级数展开得到的渐近近似解，当$\varepsilon\to 0$时是一致有效的。因此，这个摄动求解问题是一个正则摄动问题。

12.2　奇异摄动问题的方法

1. 正则摄动方法的失效

对于奇异摄动问题，通过下面一个非线性振动方程例子进行说明。

例 12-2-1　求解下列方程(杜芬方程)的初值问题，其方程和初始条件为

$$\ddot{x}+x+\varepsilon x^3=0 \tag{12-2-1}$$

$$x(0)=1,\quad \dot{x}(0)=0 \tag{12-2-2}$$

上述方程属于一个弱非线性的问题，先按正则摄动的方法，设它的解可以展开成ε的幂级数，即

$$x=\sum_{n=0}^{\infty}\varepsilon^n x_n(t) \tag{12-2-3}$$

将其代入微分方程和初始条件中，再令ε各次幂的系数为 0，可得关于$x_n(t)$的递推方程和对应的初始条件分别如下。

ε^0：

$$\ddot{x}_0 + x_0 = 0 \tag{12-2-4}$$

$$x_0(0) = 1, \quad \dot{x}_0(0) = 0 \tag{12-2-5}$$

ε^n：

$$\ddot{x}_n + x_n = -x_{n-1}^3 \tag{12-2-6}$$

$$x_n(0) = 0, \quad \dot{x}_n(0) = 0 \tag{12-2-7}$$

$$n = 1, 2, \cdots$$

零次幂对应的解为

$$x_0(t) = \cos t \tag{12-2-8}$$

这是 $\varepsilon = 0$ 时退化方程的解，将其代到一次幂 (n=1) 的方程和初始条件中，得其解为

$$x_1(t) = -\frac{3}{8} t \sin t + \frac{1}{32}\left[\cos(3t) - \cos t\right] \tag{12-2-9}$$

则可得解的一阶近似为

$$x = \cos t + \varepsilon\left\{-\frac{3}{8} t \sin t + \frac{1}{32}\left[\cos(3t) - \cos t\right]\right\} + O(\varepsilon^2) \tag{12-2-10}$$

式 (12-2-10) 中出现了长期项 ($t \sin t$)，当 $\varepsilon \to 0$ 时，$\varepsilon t \sin t$ 在 $0 \leqslant t < \infty$ 不一致收敛于 0，因此不是一致有效的渐近近似解，出现了奇异的问题，无法用正则摄动方法来求解。

上述例子中的小参数体现在方程的非线性项上。在实际的问题中，小参数会体现在各种因素上。下面再看另外一个例子，该例子中的小参数体现在高阶导数中。

例 12-2-2　求下列一阶微分方程边值问题的解：

$$\varepsilon \frac{\mathrm{d}y}{\mathrm{d}x} + xy = 1 \tag{12-2-11}$$

$$y(0) = 1 \tag{12-2-12}$$

尽管这个微分方程有精确解，即

$$y=\left(1+\frac{1}{\varepsilon}\int_0^x \mathrm{e}^{\frac{x^2}{2\varepsilon}}\mathrm{d}x\right)\mathrm{e}^{-\frac{x^2}{2\varepsilon}} \tag{12-2-13}$$

但仍可按正则摄动的方法进行近似解的求解。

设其解为小参数的幂级数展开式为

$$y(x,\varepsilon)=y_0(x)+\varepsilon y_1(x)+\varepsilon^2 y_2(x)+\cdots+\varepsilon^n y_n(x)+\cdots \tag{12-2-14}$$

将其代入微分方程和边界条件，再令 ε 各次幂的系数为 0，可得如下一系列方程：

$$\varepsilon^0\text{：}\ xy_0=1 \tag{12-2-15}$$

$$\varepsilon^1\text{：}\ \frac{\mathrm{d}y_0}{\mathrm{d}x}+xy_1=0 \tag{12-2-16}$$

$$\varepsilon^2\text{：}\ \frac{\mathrm{d}y_1}{\mathrm{d}x}+xy_2=0 \tag{12-2-17}$$

$$\varepsilon^3\text{：}\ \frac{\mathrm{d}y_2}{\mathrm{d}x}+xy_3=0 \tag{12-2-18}$$

对应的解为

$$y_0=\frac{1}{x} \tag{12-2-19}$$

$$y_1=\frac{1}{x^3} \tag{12-2-20}$$

$$y_2=\frac{3}{x^5} \tag{12-2-21}$$

$$y_3=\frac{3.5}{x^7} \tag{12-2-22}$$

将对应的解代入解的幂级数展开式中，得

$$y(x,\varepsilon)=\frac{1}{x}+\varepsilon\frac{1}{x^3}+\varepsilon^2\frac{3}{x^5}+\varepsilon^3\frac{3.5}{x^7}+\cdots \tag{12-2-23}$$

从上述正则摄动的求解过程可以看出，当$\varepsilon=0$时，一方面，方程出现了奇异，原来的一阶微分方程变成了零阶微分方程(实际上已不是微分方程)，另一方面，解也出现了奇异，导致边界条件无法满足。这个例子说明，奇异的摄动问题用正则摄动的方法是无法得到真实解的。

2. 奇异摄动方法

为了求解例 12-2-1 的非线性方程(杜芬方程)，可将自变量坐标t做个微小变形，变换成另一个坐标τ，其变换关系为

$$t=(1+a_1\varepsilon^1+a_2\varepsilon^2+\cdots)\tau \tag{12-2-24}$$

其中，a_i是待定系数。由于

$$\frac{\mathrm{d}x}{\mathrm{d}t}=(1-a_1\varepsilon+\cdots)\frac{\mathrm{d}x}{\mathrm{d}\tau} \tag{12-2-25}$$

$$\frac{\mathrm{d}^2x}{\mathrm{d}t^2}=(1-2a_1\varepsilon+\cdots)\frac{\mathrm{d}^2x}{\mathrm{d}\tau^2} \tag{12-2-26}$$

将其代入微分方程和初始条件中，再令ε各次幂的系数为 0，可得关于$x_n(\tau)$的递推方程和对应的初始条件。

零次幂的方程和初始条件为

$$\frac{\mathrm{d}^2x_0}{\mathrm{d}\tau^2}=x_0=0 \tag{12-2-27}$$

$$x_0(0)=1,\quad \frac{\mathrm{d}x_0(0)}{\mathrm{d}\tau}=0 \tag{12-2-28}$$

一次幂的方程和初始条件为

$$\frac{\mathrm{d}^2x_1}{\mathrm{d}\tau^2}=x_1=-x_0^3-2a_1x_0 \tag{12-2-29}$$

$$x_1(0)=0,\quad \frac{\mathrm{d}x_1(0)}{\mathrm{d}\tau}=0 \tag{12-2-30}$$

零次幂对应方程的解为

$$x_0(\tau)=\cos\tau \tag{12-2-31}$$

将其代入一次幂对应的方程和初始条件中，得

$$\frac{\mathrm{d}^2 x_1}{\mathrm{d}\tau^2}+x_1=-\left(2a_1+\frac{3}{4}\right)\cos\tau-\frac{1}{4}\cos(3\tau) \tag{12-2-32}$$

$$x_1(0)=0,\quad \frac{\mathrm{d}x_1(0)}{\mathrm{d}\tau}=0 \tag{12-2-33}$$

为了不使其方程出现长期项，$\cos\tau$ 项的系数应该为 0，即

$$2a_1+\frac{3}{4}=0 \tag{12-2-34}$$

解得

$$a_1=-\frac{3}{8} \tag{12-2-35}$$

一次幂对应的方程的解为

$$x_1(\tau)=\frac{1}{32}\left[\cos(3\tau)-\cos\tau\right] \tag{12-2-36}$$

从而得一阶近似解为

$$x=\cos\tau+\varepsilon\frac{1}{32}\left[\cos(3\tau)-\cos\tau\right]+O(\varepsilon^2) \tag{12-2-37}$$

$$t=\left(1-\frac{3}{8}\varepsilon\right)\tau+O(\varepsilon^2) \tag{12-2-38}$$

可写为

$$x=\cos\left(1+\frac{3}{8}\varepsilon\right)t+\varepsilon\frac{1}{32}\left[\cos3\left(1+\frac{3}{8}\varepsilon\right)t-\cos\left(1+\frac{3}{8}\varepsilon\right)t\right]+O(\varepsilon^2) \tag{12-2-39}$$

这个解中就没有长期项了。该渐近解当$\varepsilon\to 0$时是一致有效并收敛的。

上述这种奇异摄动的方法用的是变形坐标法。这种方法是 Lindstedt（1882年）和 Poincare（1886 年）先后使用和完善的，因此也称为 Lindstedt-Poincare 法，简称 LP 方法。它是奇异摄动理论中众多方法中的一种。除此之外，解决奇异摄动问题还有很多其他方法，如 PLK 方法、渐近展开匹配方法、多重尺度方

法、WKB 方法等。

12.3 多重尺度方法

多重尺度方法是 20 世纪 50 年代末期到 60 年代初期发展起来的一种方法，是奇异摄动理论中应用最广泛的一种方法。多重尺度方法的思想是把摄动问题中的时间(或空间)自变量分成若干尺度，并将其视作独立的变量，进而将函数对时间(或空间)自变量的导数写为对各种自变量尺度的多元复合函数的导数。在摄动展开过程中，以消去长期项作为条件，来确定各阶的解。

在以时间为自变量的问题中，取 $M+1$ 个不同的尺度，有

$$T_m = \varepsilon^m t, \quad m = 0, 1, \cdots, M \tag{12-3-1}$$

再把要求的函数 $y(t)$(因变量)视作这 $M+1$ 个不同时间尺度的多自变量函数 $y(T_0, T_1, \cdots, T_M, \varepsilon)$。将其对 ε 展开为

$$y(t) = y(T_0, T_1, \cdots, T_M, \varepsilon) = \sum_{m=0}^{M} \varepsilon^m y_m(T_0, T_1, \cdots, T_M) + O(\varepsilon^{M+1}) \tag{12-3-2}$$

对于一个多元函数，其导数可写为

$$\frac{\mathrm{d}}{\mathrm{d}t} = \frac{\partial}{\partial T_0} + \varepsilon \frac{\partial}{\partial T_1} + \varepsilon^2 \frac{\partial}{\partial T_2} + \cdots \tag{12-3-3}$$

这样一来，一个常微分方程将转化为偏微分方程。这似乎是把问题复杂化了，看上去问题更难求解了。但从实际的具体问题看，并非如此：一来，它可以将原来的非线性问题转化为线性问题，二来，可以通过消去长期项的手段简化问题的求解。下面看几个例子。

例 12-3-1 求解微分方程：

$$\begin{cases} \ddot{x} + 2\varepsilon \dot{x} + (1 + \varepsilon^2) x = 0 \\ x(0) = 0, \quad \dot{x}(0) = 1 \end{cases} \tag{12-3-4}$$

该方程的精确解为

$$x = \sin t \cdot \mathrm{e}^{-\varepsilon t} \tag{12-3-5}$$

将它在 $\varepsilon = 0$ 处对 ε 展开，得

$$x = \sin t - \varepsilon t \sin t + \cdots \tag{12-3-6}$$

可以看出，ε 的一次项就出现了长期项，当 $\varepsilon t < 1$ 时，即对于 $0 < T < 1/\varepsilon$ 的情况，方程的解在 $(0,T)$ 内是一致有效的。但当 $T \geqslant 1/\varepsilon$ 时，就不能一致有效。

现在，采用多重尺度方法，取 $M = 1$，实际上相当于采用两重尺度的方法。

取 $T_0 = t$，$T_1 = \varepsilon t$。前一个尺度相当于 1，后一个尺度为 $1/\varepsilon$。对于小量 ε，后一个尺度为大尺度，属于慢变量，相对来说，前一个尺度就是小尺度，属于快变量。大尺度可在 $T \geqslant 1/\varepsilon$ 范围用。

设

$$x(t) = u(T_0, T_1, \varepsilon) = u_0(T_0, T_1) + \varepsilon u_1(T_0, T_1) + \cdots \tag{12-3-7}$$

将时间视作不同尺度时间的多元函数，对于一个多元函数，其导数可写为

$$\frac{\mathrm{d}}{\mathrm{d}t} = \frac{\partial}{\partial T_0} + \varepsilon \frac{\partial}{\partial T_1} + \cdots \tag{12-3-8}$$

及

$$\frac{\mathrm{d}^2}{\mathrm{d}t^2} = \frac{\partial^2}{\partial {T_0}^2} + 2\varepsilon \frac{\partial^2}{\partial T_0 \partial T_1} + \varepsilon^2 \frac{\partial^2}{\partial {T_1}^2} + \cdots \tag{12-3-9}$$

并将其代入原始方程和初始条件中，得

$$\begin{cases} \left[\left(\dfrac{\partial^2}{\partial {T_0}^2} + 2\varepsilon \dfrac{\partial^2}{\partial T_0 \partial T_1} + \varepsilon^2 \dfrac{\partial^2}{\partial {T_1}^2}\right) + 2\varepsilon \left(\dfrac{\partial}{\partial T_0} + \varepsilon \dfrac{\partial}{\partial T_1}\right) + (1+\varepsilon^2)\right][u_0(T_0, T_1) \\ +\varepsilon u_1(T_0, T_1)] = 0 \\ u_0(0,0) + \varepsilon u_1(0,0) + \cdots = 0, \quad \left(\dfrac{\partial}{\partial T_0} + \varepsilon \dfrac{\partial}{\partial T_1} + \cdots\right)[u_0(0,0) + \varepsilon u_1(0,0) + \cdots] = 1 \end{cases} \tag{12-3-10}$$

比较 ε 的各次幂，得如下结论。

ε^0:

$$\begin{cases} \left(\dfrac{\partial^2}{\partial {T_0}^2} + 1\right)[u_0(T_0, T_1)] = 0 \\ u_0(0,0) = 0, \quad \dfrac{\partial}{\partial T_0} u_0(0,0) = 1 \end{cases} \tag{12-3-11}$$

ε^1：

$$\begin{cases}\dfrac{\partial^2}{\partial {T_0}^2}u_1(T_0,T_1)+u_1(T_0,T_1)=-2\dfrac{\partial^2}{\partial T_0\partial T_1}u_0(T_0,T_1)-2\dfrac{\partial}{\partial T_0}u_0(T_0,T_1)\\ u_1(0,0)=0,\quad \dfrac{\partial}{\partial T_0}u_1(0,0)=-\dfrac{\partial}{\partial T_1}u_0(0,0)\end{cases} \tag{12-3-12}$$

u_0 的通解为

$$u_0=A(T_1)\cos T_0+B(T_1)\sin T_0 \tag{12-3-13}$$

利用初始条件，得

$$A(0)=0,\quad B(0)=1 \tag{12-3-14}$$

从而有

$$u_0\big|_{T_1=0}=\sin T_0 \tag{12-3-15}$$

将 u_0 的通解代入对应 ε^1 的方程和初始条件得

$$\begin{cases}\dfrac{\partial^2}{\partial {T_0}^2}u_1(T_0,T_1)+u_1(T_0,T_1)=-2\left(\dfrac{\partial^2}{\partial T_0\partial T_1}+\dfrac{\partial}{\partial T_0}\right)[A(T_1)\cos T_0+B(T_1)\sin T_0]\\ u_1(0,0)=0,\quad \dfrac{\partial}{\partial T_0}u_1(0,0)=-\dfrac{\partial}{\partial T_1}[A(T_1)\cos T_0+B(T_1)\sin T_0]\end{cases} \tag{12-3-16}$$

即

$$\begin{cases}\dfrac{\partial^2}{\partial {T_0}^2}u_1(T_0,T_1)+u_1(T_0,T_1)=2[A(T_1)+\dot{A}(T_1)]\sin T_0-2[B(T_1)+\dot{B}(T_1)]\cos T_0\\ u_1(0,0)=0,\quad \dfrac{\partial}{\partial T_0}u_1(0,0)=-\dfrac{\partial}{\partial T_1}[A(T_1)\cos T_0+B(T_1)\sin T_0]\end{cases} \tag{12-3-17}$$

可以看出，由于方程右端有非奇次项，非奇次项中存在与方程通解相同的项 $\cos T_0$ 和 $\sin T_0$，因此该方程的解会出现长期项，长期项的存在会使解非一致有效。为了消除这种长期项，应使 $\cos T_0$ 和 $\sin T_0$ 的系数为零，即

$$A(T_1)+\dot{A}(T_1)=0 \tag{12-3-18}$$

和

$$B(T_1)+\dot{B}(T_1)=0 \tag{12-3-19}$$

利用条件 $A(0)=0$ ， $B(0)=1$ ，可解得

$$A(T_1)=0,\quad B(T_1)=\mathrm{e}^{-T_1} \tag{12-3-20}$$

从而得

$$u_0=\mathrm{e}^{-T_1}\sin T_0 \tag{12-3-21}$$

对应 ε^1 的方程和初始条件化为

$$\begin{cases}\dfrac{\partial^2}{\partial {T_0}^2}u_1(T_0,T_1)+u_1(T_0,T_1)=0\\ u_1(0,0)=0,\quad \dfrac{\partial}{\partial T_0}u_1(0,0)=0\end{cases} \tag{12-3-22}$$

u_1 的通解为

$$u_1=C(T_1)\cos T_0+D(T_1)\sin T_0 \tag{12-3-23}$$

代入初始条件，得

$$u_1=0 \tag{12-3-24}$$

进而解的近似为

$$x(t)=u(T_0,T_1,\varepsilon)=u_0(T_0,T_1)+\varepsilon u_1(T_0,T_1)+\cdots=\mathrm{e}^{-T_1}\sin T_0=\mathrm{e}^{-\varepsilon t}\sin t \tag{12-3-25}$$

实际上，可以看出，这个零阶近似的解与精确解相同。

例 12-3-2　求解微分方程：

$$\begin{cases}\dot{x}+2\varepsilon\dot{x}+x=0\\ x(0)=0,\quad \dot{x}(0)=1\end{cases} \tag{12-3-26}$$

该方程的精确解为

$$x=\frac{\mathrm{e}^{-\varepsilon t}}{\sqrt{1-\varepsilon^2}}\sin\sqrt{1-\varepsilon^2}\,t=\frac{\mathrm{e}^{-\varepsilon t}}{\sqrt{1-\varepsilon^2}}\sin\left(t-\frac{1}{2}\varepsilon^2 t-\frac{1}{8}\varepsilon^4 t+\cdots\right) \tag{12-3-27}$$

从尺度上看，不仅涉及t和εt，还涉及$\varepsilon^2 t$和$\varepsilon^4 t$等。为此，可引入以下三个尺度，即$T_0 = t$、$T_1 = \varepsilon t$、$T_2 = \varepsilon^2 t$。

将$x(t)$展开为

$$x(t) = u(T_0, T_1, T_2, \varepsilon) = u_0(T_0, T_1, T_2) + \varepsilon u_1(T_0, T_1, T_2) + \varepsilon^2 u_2(T_0, T_1, T_2) + O(\varepsilon^3) \tag{12-3-28}$$

将时间视为不同尺度时间的多元函数，对于一个多元函数，其导数可写为

$$\frac{\mathrm{d}}{\mathrm{d}t} = \frac{\partial}{\partial T_0} + \varepsilon \frac{\partial}{\partial T_1} + \varepsilon^2 \frac{\partial}{\partial T_2} + O(\varepsilon^3) \tag{12-3-29}$$

及

$$\frac{\mathrm{d}^2}{\mathrm{d}t^2} = \frac{\partial^2}{\partial {T_0}^2} + 2\varepsilon \frac{\partial^2}{\partial T_0 \partial T_1} + \varepsilon^2 \left(2\frac{\partial^2}{\partial T_0 \partial T_2} + \frac{\partial^2}{\partial T_1^2} \right) + O(\varepsilon^3) \tag{12-3-30}$$

为便于书写，可记微分算子$\mathrm{D}_n = \dfrac{\partial}{\partial T_n} (n = 0,1,2,\cdots)$，则式(12-3-29)和式(12-3-30)可化为

$$\frac{\mathrm{d}}{\mathrm{d}t} = \mathrm{D}_0 + \varepsilon \mathrm{D}_1 + \varepsilon^2 \mathrm{D}_2 + O(\varepsilon^3) \tag{12-3-31}$$

及

$$\frac{\mathrm{d}^2}{\mathrm{d}t^2} = \mathrm{D}_0^2 + 2\varepsilon \mathrm{D}_0 \mathrm{D}_1 + \varepsilon^2 (2\mathrm{D}_0 \mathrm{D}_2 + \mathrm{D}_1^2) + O(\varepsilon^3) \tag{12-3-32}$$

将其代入微分方程及初始条件中，得

$$\begin{cases} \{[\mathrm{D}_0^2 + 2\varepsilon \mathrm{D}_0 \mathrm{D}_1 + \varepsilon^2 (2\mathrm{D}_0 \mathrm{D}_2 + \mathrm{D}_1^2) + O(\varepsilon^3)] + 2\varepsilon [\mathrm{D}_0 + \varepsilon \mathrm{D}_1 + \varepsilon^2 \mathrm{D}_2 \\ +O(\varepsilon^3)] + 1\} [u_0(T_0, T_1, T_2) + \varepsilon u_1(T_0, T_1, T_2) + \varepsilon^2 u_2(T_0, T_1, T_2) + O(\varepsilon^3)] = 0 \\ [u_0(0,0,0) + \varepsilon u_1(0,0,0) + \varepsilon^2 u_2(0,0,0) + O(\varepsilon^3)] = 0 \\ [\mathrm{D}_0 + \varepsilon \mathrm{D}_1 + \varepsilon^2 \mathrm{D}_2 + O(\varepsilon^3)][u_0(0,0,0) + \varepsilon u_1(0,0,0) + \varepsilon^2 u_2(0,0,0) \\ +O(\varepsilon^3)] = 1 \end{cases} \tag{12-3-33}$$

比较ε的各次幂，得

ε^0：

$$\begin{cases}(D_0^2+1)u_0(T_0,T_1,T_2)=0\\ u_0(0,0,0)=0,\quad D_0u_0(0,0,0)=1\end{cases}\tag{12-3-34}$$

ε^1：

$$\begin{cases}(D_0^2+1)u_1(T_0,T_1,T_2)=-2(D_0D_1+D_0)u_0(T_0,T_1,T_2)\\ u_1(0,0,0)=0,\quad D_0u_1(0,0,0)=-D_1u_0(0,0,0)\end{cases}\tag{12-3-35}$$

ε^2：

$$\begin{cases}[(D_0^2+1)u_2(T_0,T_1,T_2)=-2(D_0D_1+D_0)u_1(T_0,T_1,T_2)-(2D_0D_2+D_1^2\\ \qquad +2D_1)u_0(T_0,T_1,T_2)\\ u_2(0,0,0)=0,\quad D_0u_2(0,0,0)=-D_1u_1(0,0,0)-D_2u_0(0,0,0)\end{cases}\tag{12-3-36}$$

u_0 的通解为

$$u_0=A_0(T_1,T_2)\cos T_0+B_0(T_1,T_2)\sin T_0\tag{12-3-37}$$

利用初始条件，得

$$A_0(0,0)=0,\quad B_0(0,0)=1\tag{12-3-38}$$

将 u_0 的通解代入对应 ε^1 的方程和初始条件，得

$$\begin{cases}(D_0^2+1)u_1(T_0,T_1,T_2)=2(D_1+1)[A_0(T_1,T_2)\sin T_0-B_0(T_1,T_2)\cos T_0]\\ u_1(0,0,0)=0,\quad D_0u_1(0,0,0)=-\dfrac{\partial}{\partial T_1}A_0(T_1,T_2)\end{cases}\tag{12-3-39}$$

为使 u_1 的解不出现长期项，应使 $\cos T_0$ 和 $\sin T_0$ 的系数为零，即

$$(D_1+1)A_0(T_1,T_2)=0\tag{12-3-40}$$

及

$$(D_1+1)B_0(T_1,T_2)=0\tag{12-3-41}$$

解得

$$A_0(T_1,T_2)=a_0(T_2)\mathrm{e}^{-T_1},\quad a_0(0)=0 \tag{12-3-42}$$

$$B_0(T_1,T_2)=b_0(T_2)\mathrm{e}^{-T_1},\quad b_0(0)=1 \tag{12-3-43}$$

从而得

$$u_0=\mathrm{e}^{-T_1}[a_0(T_2)\cos T_0+b_0(T_2)\sin T_0] \tag{12-3-44}$$

由于消去了长期项，u_1 的通解形式与 u_0 的通解形式相同，即

$$u_1=A_1(T_1,T_2)\cos T_0+B_1(T_1,T_2)\sin T_0 \tag{12-3-45}$$

将 u_0 的通解和 u_1 的通解代入对应 ε^2 的方程和初始条件，得

$$\begin{cases}(\mathrm{D}_0^2+1)u_2(T_0,T_1,T_2)=[2(\mathrm{D}_1+1)A_1(T_1,T_2)+2\mathrm{D}_2a_0(T_2)\mathrm{e}^{-T_1}+b_0(T_2)\mathrm{e}^{-T_1}]\\ \qquad\cdot\sin T_0-[2(\mathrm{D}_1+1)B_1(T_1,T_2)+2\mathrm{D}_2b_0(T_2)\mathrm{e}^{-T_1}\\ \qquad-a_0(T_2)\mathrm{e}^{-T_1}]\cos T_0\\ u_2(0,0,0)=0,\quad \mathrm{D}_0u_2(0,0,0)=-\mathrm{D}_1u_1(0,0,0)-\mathrm{D}_2u_0(0,0,0)\end{cases} \tag{12-3-46}$$

为使 u_2 的解不出现长期项，应使 $\cos T_0$ 和 $\sin T_0$ 的系数为零，即

$$(\mathrm{D}_1+1)A_1(T_1,T_2)=-\left[\mathrm{D}_2a_0(T_2)+\frac{1}{2}b_0(T_2)\right]\mathrm{e}^{-T_1} \tag{12-3-47}$$

$$(\mathrm{D}_1+1)B_1(T_1,T_2)=-\left[\mathrm{D}_2b_0(T_2)-\frac{1}{2}a_0(T_2)\right]\mathrm{e}^{-T_1} \tag{12-3-48}$$

为使 A_1 和 B_1 的解不出现长期项，e^{-T_1} 的系数应为零，即

$$\mathrm{D}_2a_0(T_2)+\frac{1}{2}b_0(T_2)=0 \tag{12-3-49}$$

$$\mathrm{D}_2b_0(T_2)-\frac{1}{2}a_0(T_2)=0 \tag{12-3-50}$$

并满足条件 $a_0(0)=0$ 及 $b_0(0)=1$。从而解得

$$a_0(T_2) = -\sin\frac{1}{2}T_2 \tag{12-3-51}$$

$$b_0(T_2) = \cos\frac{1}{2}T_2 \tag{12-3-52}$$

进而可求得

$$A_1(T_1,T_2) = a_1(T_2)\mathrm{e}^{-T_1}, \quad a_1(0) = 0 \tag{12-3-53}$$

及

$$B_1(T_1,T_2) = b_1(T_2)\mathrm{e}^{-T_1}, \quad b_1(0) = 0 \tag{12-3-54}$$

$a_1(T_2)$和$b_1(T_2)$有待通过“u_3的解不出现长期项的条件”来确定。

此时，可得到解的零阶近似为

$$\begin{aligned} x(t) &= u(T_0,T_1,T_2,\varepsilon) = u_0(T_0,T_1,T_2) + O(\varepsilon) \\ &= \mathrm{e}^{-T_1}\left(-\sin\frac{1}{2}T_2\cos T_0 + \cos\frac{1}{2}T_2\sin T_0\right) + O(\varepsilon) \end{aligned} \tag{12-3-55}$$

即

$$\begin{aligned} x(t) &= \mathrm{e}^{-\varepsilon t_1}\left(-\sin\frac{1}{2}\varepsilon^2 t\cos t + \cos\frac{1}{2}\varepsilon^2 t\sin t\right) + O(\varepsilon) \\ &= \mathrm{e}^{-\varepsilon t_1}\sin\left(1-\frac{1}{2}\varepsilon^2\right)t + O(\varepsilon) \end{aligned} \tag{12-3-56}$$

例 12-3-3　用多重尺度方法求解下列非线性微分方程(杜芬方程)：

$$\begin{cases} \ddot{x} + x + \varepsilon x^3 = 0 \\ x(0) = a_0, \quad \dot{x}(0) = 0 \end{cases}$$

首先，引入三个时间尺度，分别是

$$T_0 = t$$

$$T_1 = \varepsilon t$$

$$T_2 = \varepsilon^2 t$$

再将未知函数按小参数展开为

$$x(t)=u(T_0,T_1,T_2,\varepsilon)=u_0(T_0,T_1,T_2)+\varepsilon u_1(T_0,T_1,T_2)+\varepsilon^2u_2(T_0,T_1,T_2)+O(\varepsilon^3) \tag{12-3-57}$$

利用

$$\frac{\mathrm{d}^2}{\mathrm{d}t^2}=\frac{\partial^2}{\partial {T_0}^2}+2\varepsilon\frac{\partial^2}{\partial T_0\partial T_1}+\varepsilon^2\left(2\frac{\partial^2}{\partial T_0\partial T_2}+\frac{\partial^2}{\partial T_1^2}\right)+O(\varepsilon^3) \tag{12-3-58}$$

即

$$\frac{\mathrm{d}^2}{\mathrm{d}t^2}=\mathrm{D}_0^2+2\varepsilon\mathrm{D}_0\mathrm{D}_1+\varepsilon^2(2\mathrm{D}_0\mathrm{D}_2+\mathrm{D}_1^2)+O(\varepsilon^3) \tag{12-3-59}$$

可得关于ε各次幂的递推方程如下。

ε^0:

$$\begin{cases}(\mathrm{D}_0^2+1)u_0(T_0,T_1,T_2)=0\\ u_0(0,0,0)=a_0,\quad \mathrm{D}_0u_0(0,0,0)=0\end{cases} \tag{12-3-60}$$

ε^1:

$$\begin{cases}(\mathrm{D}_0^2+1)u_1(T_0,T_1,T_2)=-2\mathrm{D}_0\mathrm{D}_1u_0(T_0,T_1,T_2)-u_0^3(T_0,T_1,T_2)\\ u_1(0,0,0)=0,\quad \mathrm{D}_0u_1(0,0,0)=-\mathrm{D}_1u_0(0,0,0)\end{cases} \tag{12-3-61}$$

ε^2:

$$\begin{cases}\{(\mathrm{D}_0^2+1)u_2(T_0,T_1,T_2)=-(2\mathrm{D}_0\mathrm{D}_2+\mathrm{D}_1^2)u_0(T_0,T_1,T_2)\\ \qquad -2\mathrm{D}_0\mathrm{D}_1u_1(T_0,T_1,T_2)-3u_0^2(T_0,T_1,T_2)u_1(T_0,T_1,T_2)\\ u_2(0,0,0)=0,\quad \mathrm{D}_0u_2(0,0,0)=-\mathrm{D}_1u_1(0,0,0)-\mathrm{D}_2u_0(0,0,0)\end{cases} \tag{12-3-62}$$

u_0的解为

$$u_0=A(T_1,T_2)\mathrm{e}^{\mathrm{i}T_0}+\overline{A}(T_1,T_2)\mathrm{e}^{-\mathrm{i}T_0} \tag{12-3-63}$$

利用初始条件，得

$$A(0,0)=\overline{A}(0,0)=\frac{1}{2}a_0 \tag{12-3-64}$$

将 u_0 的解代入对应 ε^1 的方程，得

$$\begin{cases}(\mathrm{D}_0^2+1)u_1(T_0,T_1,T_2)=[-(2\mathrm{iD}_1A+3A^2\overline{A})\mathrm{e}^{\mathrm{i}T_0}-A^3\mathrm{e}^{3\mathrm{i}T_0}]+\mathrm{c.c.}\\ u_1(0,0,0)=0,\quad \mathrm{D}_0u_1(0,0,0)=-\mathrm{D}_1[A(0,0)+\overline{A}(0,0)]\end{cases} \tag{12-3-65}$$

其中，c.c.为前一项的复共轭。

为消去长期项，须有

$$2\mathrm{i}D_1A+3A^2\overline{A}=0 \tag{12-3-66}$$

设

$$A=\frac{1}{2}a(T_1,T_2)\mathrm{e}^{\mathrm{i}\phi(T_1,T_2)},\quad \overline{A}=\frac{1}{2}a(T_1,T_2)\mathrm{e}^{-\mathrm{i}\phi(T_1,T_2)} \tag{12-3-67}$$

其中，$a(T_1,T_2)$ 和 $\phi(T_1,T_2)$ 为待定的实函数。则上述方程和初始条件转化为

$$\mathrm{D}_1a(T_1,T_2)=0 \tag{12-3-68}$$

$$\mathrm{D}_1\phi(T_1,T_2)=\frac{3}{8}a^2(T_1,T_2) \tag{12-3-69}$$

$$a(0,0)=a_0 \tag{12-3-70}$$

$$\phi(0,0)=0 \tag{12-3-71}$$

解得

$$a(T_1,T_2)=a(T_2),\quad a(0)=a_0 \tag{12-3-72}$$

$$\phi(T_1,T_2)=\frac{3}{8}a^2(T_2)T_1+\phi_0(T_2),\quad \phi_0(0)=0 \tag{12-3-73}$$

消去长期项后 u_1 的解为

$$u_1=\left[B(T_1,T_2)\mathrm{e}^{\mathrm{i}T_0}+\frac{A^3}{8}\mathrm{e}^{3\mathrm{i}T_0}\right]+\mathrm{c.c.} \tag{12-3-74}$$

从u_1的初始条件得到

$$B(0,0)=\overline{B}(0,0)=-\frac{1}{8}A^2(0,0)\overline{A}(0,0)=-\frac{1}{64}a_0^3 \tag{12-3-75}$$

将u_0和u_1的解代入对应ε^2的方程，得

$$\begin{cases}(\mathrm{D}_0^2+1)u_2(T_0,T_1,T_2)=\left[-\left(2\mathrm{iD}_1B+3A^2\overline{B}+6A\overline{A}B+2\mathrm{iD}_2A-\dfrac{15}{8}A^3\overline{A}^2\right)\mathrm{e}^{\mathrm{i}T_0}\right.\\ \qquad\qquad\left.+\left(\dfrac{21}{8}A^4\overline{A}-3BA^2\right)\mathrm{e}^{3\mathrm{i}T_0}-\dfrac{3}{8}A^5\mathrm{e}^{5\mathrm{i}T_0}\right]+\mathrm{c.c.}\\ u_2(0,0,0)=0,\quad \mathrm{D}_0u_2(0,0,0)=-\mathrm{D}_1u_1(0,0,0)-\mathrm{D}_2u_0(0,0,0)\end{cases} \tag{12-3-76}$$

为消去长期项，须有

$$2\mathrm{iD}_1B+3A^2\overline{B}+6A\overline{A}B+2\mathrm{iD}_2A-\frac{15}{8}A^3\overline{A}^2=0 \tag{12-3-77}$$

为消去式(12-3-77)中的B，依据B的初始条件，可试取

$$B=-\frac{1}{8}A^2\overline{A} \tag{12-3-78}$$

则上述方程化为

$$2\mathrm{iD}_2A-\frac{21}{8}A^3\overline{A}^2=0 \tag{12-3-79}$$

利用上述A和$\overline{A}$的解的形式，得

$$\mathrm{D}_2a(T_1,T_2)=0 \tag{12-3-80}$$

$$\mathrm{D}_2\phi(T_1,T_2)=-\frac{21}{256}a^4 \tag{12-3-81}$$

从而利用a和ϕ的初始条件可解得

$$a(T_1,T_2)=a_0 \tag{12-3-82}$$

$$\phi(T_1,T_2)=\frac{3}{8}a_0^2T_1-\frac{21}{256}a^4T_2 \tag{12-3-83}$$

于是有

$$A=\frac{1}{2}a_0\mathrm{e}^{\mathrm{i}\left(\frac{3}{8}a_0^2T_1-\frac{21}{256}a^4T_2\right)} \tag{12-3-84}$$

这样，u_1的解可写为

$$u_1=\left(-\frac{1}{8}A^2\bar{A}\mathrm{e}^{\mathrm{i}T_0}+\frac{A^3}{8}\mathrm{e}^{3\mathrm{i}T_0}\right)+\mathrm{c.c.} \tag{12-3-85}$$

消去长期项后u_2的解为

$$u_2=\left[C(T_1,T_2)\mathrm{e}^{\mathrm{i}T_0}-\frac{3}{8}A^4\bar{A}\mathrm{e}^{3\mathrm{i}T_0}+\frac{A^5}{64}\mathrm{e}^{5\mathrm{i}T_0}\right]+\mathrm{c.c.} \tag{12-3-86}$$

由u_2的初始条件得到

$$C(0,0)=\bar{C}(0,0)=\frac{23}{64}A^3(0,0)\bar{A}^2(0,0) \tag{12-3-87}$$

依据该初始条件，可取

$$C(0,0)=\frac{23}{64}A^3\bar{A}^2 \tag{12-3-88}$$

从而得

$$u_2=\left(\frac{23}{64}A^3\bar{A}^2\mathrm{e}^{\mathrm{i}T_0}-\frac{3}{8}A^4\bar{A}\mathrm{e}^{3\mathrm{i}T_0}+\frac{A^5}{64}\mathrm{e}^{5\mathrm{i}T_0}\right)+\mathrm{c.c.} \tag{12-3-89}$$

最终可得

$$\begin{aligned}x(t)=&A(T_1,T_2)\mathrm{e}^{\mathrm{i}T_0}+\varepsilon\left(-\frac{1}{8}A^2\bar{A}\mathrm{e}^{\mathrm{i}T_0}+\frac{A^3}{8}\mathrm{e}^{3\mathrm{i}T_0}\right)\\&+\varepsilon^2\left(\frac{23}{64}A^3\bar{A}^2\mathrm{e}^{\mathrm{i}T_0}-\frac{3}{8}A^4\bar{A}\mathrm{e}^{3\mathrm{i}T_0}+\frac{A^5}{64}\mathrm{e}^{5\mathrm{i}T_0}\right)+\mathrm{c.c}+O(\varepsilon^3)\end{aligned} \tag{12-3-90}$$

将 $A=\frac{1}{2}a_0\mathrm{e}^{\mathrm{i}\left(\frac{3}{8}a_0^2T_1-\frac{21}{256}a^4T_2\right)}$ 及 $\overline{A}=\frac{1}{2}a_0\mathrm{e}^{\mathrm{i}\left(\frac{3}{8}a_0^2T_1-\frac{21}{256}a^4T_2\right)}$ 代入其中，得

$$
\begin{aligned}
x(t)&=a_0\cos(\omega t)+\frac{1}{32}\varepsilon a_0^3\left[\cos(3\omega t)-\cos(\omega t)\right]\\
&\quad+\frac{1}{1024}\varepsilon^2a_0^5\left[\cos(5\omega t)-24\cos(3\omega t)+23\cos(\omega t)\right]+O(\varepsilon^3)
\end{aligned}
\tag{12-3-91}
$$

其中

$$
\omega=1+\frac{3}{8}a_0^2\varepsilon_1-\frac{21}{256}a^4\varepsilon^2+O(\varepsilon^3) \tag{12-3-92}
$$

12.4　摄动方法的应用

12.4.1　解决谐波间耦合问题的摄动方法

在工程计算中，谐波之间耦合的问题尤其是弱耦合问题是经常存在的。例如，当轴对称的旋转壳出现了局部的非轴对称的几何缺陷时，或当局部出现鼓包、裂纹、加肋等非轴对称情况时，都会导致谐波之间耦合的问题。这种耦合经常是弱耦合，针对弱耦合问题，可采用摄动求解的方法进行近似求解。通常弱耦合问题不属于正则摄动的问题，而属于奇异摄动的问题。对于这类振动动力学的问题，需要从频率、振型两个方面进行小参数展开。

1. 耦合特征值问题的摄动展开

具有谐波之间弱耦合作用问题的振动微分方程可写为

$$
[M_{ii}]\{\ddot{\alpha}_i\}+[K_{ii}]\{\alpha_i\}+\varepsilon\sum_{j=0}^{N}[K'_{ij}]\{\alpha_j\}=\{f_i\},\quad i=0,1,2,\cdots,N \tag{12-4-1}
$$

其中，i 为谐波数；$[M_{ii}]$和$[K_{ii}]$分别为完善旋转壳(无耦合系统)第 i 阶谐波的总质量矩阵和总刚度矩阵；$\varepsilon[K'_{ij}]$为弱耦合附加刚度矩阵，且 ε 为一小参量；$\{\alpha_i\}$为节圆广义位移列阵；$\{f_i\}$为节圆广义外力列阵。

将式(12-4-1)的 N+1 个方程统写在一起，得

$$
\begin{bmatrix} [M_{00}] & [0] & \cdots & [0] \\ [0] & [M_{11}] & \cdots & [0] \\ \vdots & \vdots & & \vdots \\ [0] & [0] & \cdots & [M_{NN}] \end{bmatrix} \begin{Bmatrix} \{\ddot{\alpha}_0\} \\ \{\ddot{\alpha}_1\} \\ \vdots \\ \{\ddot{\alpha}_N\} \end{Bmatrix} + \begin{bmatrix} [K_{00}] & [0] & \cdots & [0] \\ [0] & [K_{11}] & \cdots & [0] \\ \vdots & \vdots & & \vdots \\ [0] & [0] & \cdots & [K_{NN}] \end{bmatrix} \begin{Bmatrix} \{\alpha_0\} \\ \{\alpha_1\} \\ \vdots \\ \{\alpha_N\} \end{Bmatrix}
$$

$$
+\varepsilon \begin{bmatrix} [K'_{00}] & [K'_{01}] & \cdots & [K'_{0N}] \\ [K'_{10}] & [K'_{11}] & \cdots & [K'_{1N}] \\ \vdots & \vdots & & \vdots \\ [K'_{N0}] & [K'_{N1}] & \cdots & [K'_{NN}] \end{bmatrix} \begin{Bmatrix} \{\alpha_0\} \\ \{\alpha_1\} \\ \vdots \\ \{\alpha_N\} \end{Bmatrix} = \begin{Bmatrix} \{f_0\} \\ \{f_1\} \\ \vdots \\ \{f_N\} \end{Bmatrix} \tag{12-4-2}
$$

可简写为

$$
[M]\{\ddot{\alpha}\} + [K]\{\alpha\} + \varepsilon[K']\{\alpha\} = \{f\} \tag{12-4-3}
$$

为了说明方便，无论对于式(12-4-2)或式(12-4-3)中的质量矩阵、刚度矩阵，还是以后出现的模态矩阵，均设第 r 列(行)为如图 12.1 所示的矩阵形式中第 i 母列(行)中的第 k 子列(行)。第 i 母列所对应的是第 i 个谐波。

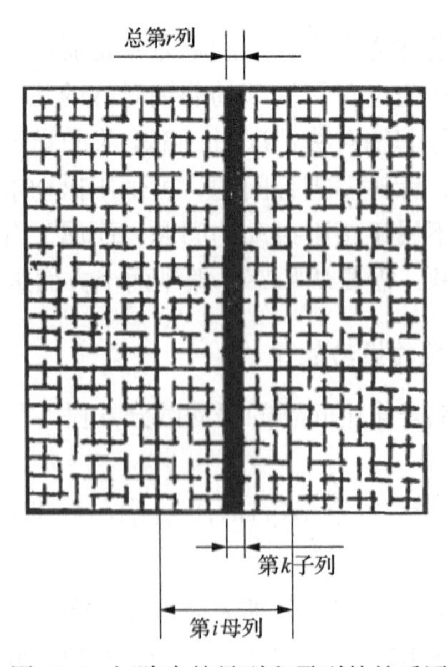

图 12.1　矩阵中的母列和子列的关系图

对应式(12-4-3)振动问题的特征方程可写为

$$
-\omega_r^2[M]\{\varphi_r\} + [K]\{\varphi_r\} + \varepsilon[K']\{\varphi_r\} = 0, \quad r = 1,2,\cdots,(N+1)m \tag{12-4-4}
$$

其中，ω_r 为第 r 阶特征频率；$\{\varphi_r\}$ 为第 r 阶振动模态；N 为所取谐波总数；m 为单谐波的自由度数。将频率和振动模态按小参数 ε 展开为

$$\omega_r = \omega_r^0 + \varepsilon\omega_r^1 + \cdots \tag{12-4-5}$$

$$\{\varphi_r\} = \{\varphi_r^0\} + \varepsilon(\varphi_r^1) + \cdots \tag{12-4-6}$$

将其代入式(12-4-4)中，并比较方程两端 ε 各次幂的系数，可得

$$\varepsilon^0: -(\omega_r^0)^2[M]\{\varphi_r^0\} + [K]\{\varphi_r^0\} = 0 \tag{12-4-7}$$

$$\varepsilon^1:\quad -(\omega_r^0)^2[M]\{\varphi_r^1\} + [K]\{\varphi_r^1\} = 2\omega_r^0\omega_r^1[M]\{\varphi_r^0\} - [K']\{\varphi_r^0\} \tag{12-4-8}$$

$$\varepsilon^2:\ \cdots \tag{12-4-9}$$

$$r = 1, 2, \cdots, (N+1)m$$

2. 固有频率的摄动求解

由式(12-4-7)可以看出，它对应的是完善壳体系统振动的特征值问题。由于它不存在谐波之间的耦合作用，对其求解是较容易的。

设对应完善壳体第 i 阶谐波的特征值问题为

$$\left(-(\omega_{ik}^0)^2[M_{ii}] + [K_{ii}]\right)\{\varphi_{ik}^0\} = 0,\quad i = 0, 1, 2, \cdots, N;\quad k = 1, 2, \cdots, m \tag{12-4-10}$$

则 $\{\varphi_r^0\}$ 的形式可写为

$$\{\varphi_r^0\} = \begin{bmatrix}\{0\}^{\mathrm T} & \{0\}^{\mathrm T} & \cdots & \{\varphi_{ik}^0\}^{\mathrm T} & \{0\}^{\mathrm T} & \cdots & \{0\}^{\mathrm T}\end{bmatrix}^{\mathrm T} \tag{12-4-11}$$

将式(12-4-8)两端乘以 $\{\varphi_r^0\}^{\mathrm T}$，可得

$$-(\omega_r^0)^2\{\varphi_r^0\}^{\mathrm T}[M]\{\varphi_r^1\} + \{\varphi_r^0\}^{\mathrm T}[K]\{\varphi_r^1\} = 2\omega_r^0\omega_r^1\{\varphi_r^0\}^{\mathrm T}[M]\{\varphi_r^0\} - \{\varphi_r^0\}^{\mathrm T}[K']\{\varphi_r^0\},$$
$$r = 1, 2, \cdots, (N+1)m \tag{12-4-12}$$

对式(12-4-12)两端取转置，并注意质量矩阵 $[M]$，刚度矩阵 $[K]$ 和 $[K']$ 的对称性，可得

$$-(\omega_r^0)^2\{\varphi_r^1\}^{\mathrm{T}}[M]\{\varphi_r^0\}+\{\varphi_r^1\}^{\mathrm{T}}[K]\{\varphi_r^0\}=2\omega_r^0\omega_r^1\{\varphi_r^0\}^{\mathrm{T}}[M]\{\varphi_r^0\}-\{\varphi_r^0\}^{\mathrm{T}}[K']\{\varphi_r^0\},$$
$$r=1,2,\cdots,(N+1)m \tag{12-4-13}$$

利用式(12-4-7)，可得

$$\omega_r^1=\frac{\{\varphi_r^0\}^{\mathrm{T}}[K']\{\varphi_r^0\}}{2\omega_r^0\{\varphi_r^0\}^{\mathrm{T}}[M]\{\varphi_r^0\}} \tag{12-4-14}$$

再利用式(12-4-10)，以及图示中矩阵列数的标定假设，可进一步得到

$$\omega_{ik}^1=\frac{k_k'^i}{2k_k^i}\omega_{ik}^0,\quad i=0,1,2,\cdots,N;\quad k=1,2,\cdots,m \tag{12-4-15}$$

其中

$$k_k^i=\{\varphi_{ik}^0\}^{\mathrm{T}}[K_{ii}]\{\varphi_{ik}^0\}$$

$$k_k'^i=\{\varphi_{ik}^0\}^{\mathrm{T}}[K_{ii}']\{\varphi_{ik}^0\}$$

3. 振型的摄动求解

式(12-4-7)所对应完善壳体特征值问题的振型矩阵可表示为

$$[\Phi^0]=\begin{bmatrix}[\Phi_0^0] & & & & & \\ & [\Phi_1^0] & & & & \\ & & \ddots & & & \\ & & & [\Phi_i^0] & & \\ & & & & \ddots & \\ & & & & & [\Phi_N^0]\end{bmatrix} \tag{12-4-16}$$

其中，$[\Phi_i^0]$为完善壳体第 i 阶谐波的振型矩阵，可根据式(12-4-10)确定，其形式为

$$[\Phi_i^0]=\left\{[\varphi_{i1}^0]\quad[\varphi_{i2}^0]\quad\cdots\quad[\varphi_{im}^0]\right\} \tag{12-4-17}$$

由于式(12-4-6)的振型是式(12-4-4)特征值问题的振型列阵，应该满足如

下正交条件：

$$\{\varphi_r\}^{\mathrm{T}}[M]\{\varphi_s\}=0,\quad r\neq s \tag{12-4-18}$$

$$\{\varphi_r\}^{\mathrm{T}}([K]+\varepsilon[K'])\{\varphi_s\}=0,\quad r\neq s \tag{12-4-19}$$

将式(12-4-6)的振型代入式(12-4-18)和式(12-4-19)中，使ε各次幂的系数都为零，由于对应零次幂的系数为零会自然满足，得对应一次幂系数为零的方程为

$$\{\varphi_r^1\}^{\mathrm{T}}[M]\{\varphi_s^0\}+\{\varphi_r^0\}^{\mathrm{T}}[M]\{\varphi_s^1\}=0,\quad r\neq s \tag{12-4-20}$$

$$\{\varphi_r^1\}^{\mathrm{T}}[K]\{\varphi_s^0\}+\{\varphi_r^0\}^{\mathrm{T}}[K]\{\varphi_s^1\}+\{\varphi_r^0\}^{\mathrm{T}}[K']\{\varphi_s^0\}=0,\quad r\neq s \tag{12-4-21}$$

令

$$\{\varphi_r^1\}=\sum_{q=1}^{R}C_{rq}\{\varphi_q^0\}$$

且

$$C_{rr}=0 \tag{12-4-22}$$

将其代入式(12-4-20)和式(12-4-21)，得

$$\begin{cases}C_{rs}m_s+C_{sr}m_r=0\\C_{rs}k_s+C_{sr}k_r+k'_{rs}=0\end{cases},\quad r,s=1,2,\cdots,(N+1)m \tag{12-4-23}$$

其中

$$m_s=\{\varphi_s^0\}^{\mathrm{T}}[M]\{\varphi_s^0\}$$

$$k_s=\{\varphi_s^0\}^{\mathrm{T}}[K]\{\varphi_s^0\}$$

$$k'_{rs}=\{\varphi_r^0\}^{\mathrm{T}}[K']\{\varphi_s^0\}$$

由式(12-4-23)解得

$$\begin{cases}C_{rs}=\dfrac{m_rk'_{rs}}{m_sk_r-m_rk_s},\quad r\neq s\\C_{rr}=0\end{cases} \tag{12-4-24}$$

当 r、s 取为同一母列（i 列）中的不同子列（k 列和 p 列）时，式(12-4-24)可化为

$$\begin{cases} C_{kp}^{i} = \dfrac{m_k^i k(k')_{kp}^{i}}{m_p^i k_k^i - m_k^i k_p^i}, \quad k \neq p, \quad i = 0,1,2,\cdots,N; \quad k,p = 1,2,\cdots,m \\ C_{kk}^{i} = 0 \end{cases} \tag{12-4-25}$$

其中

$$m_k^i = \{\varphi_{ik}^0\}^{\mathrm{T}}[M_{ii}]\{\varphi_{ik}^0\}$$

$$k_k^i = \{\varphi_{ik}^0\}^{\mathrm{T}}[K_{ii}]\{\varphi_{ik}^0\}$$

$$(k')_{kp}^{i} = \{\varphi_{ik}^0\}^{\mathrm{T}}[K_{ii}']\{\varphi_{ip}^0\}$$

当 r、s 取不同母列（i 列和 j 列）中的某两个子列（k 列和 p 列）时，式(12-4-24)可化为

$$\begin{cases} C_{kp}^{ij} = \dfrac{m_k^i k(k')_{kp}^{ij}}{m_p^j k_k^i - m_k^i k_p^j}, \quad i \neq j, \quad i,j = 0,1,2,\cdots,N; \quad k,p = 1,2,\cdots,m \\ C_{kk}^{ij} = 0 \end{cases} \tag{12-4-26}$$

其中

$$(k')_{kp}^{ij} = \{\varphi_{ik}^0\}^{\mathrm{T}}[K_{ij}']\{\varphi_{jp}^0\}$$

利用式(12-4-22)和式(12-4-25)，可求得

$$\{\varphi_{ik}^1\} = \sum_{l=1}^{m} C_{kl}^{i}\{\varphi_{il}^0\}, \quad i = 0,1,2,\cdots,N; \quad k = 1,2,\cdots,m \tag{12-4-27}$$

利用式(12-4-22)和式(12-4-26)，可求得

$$\{\varphi_{ijk}^1\} = \sum_{l=1}^{m} C_{kl}^{ij}\{\varphi_{il}^0\}, \quad i,j = 0,1,2,\cdots,N; \quad k = 1,2,\cdots,m \tag{12-4-28}$$

其中，$\{\varphi_{ijk}^1\}$ 为 $\{\varphi_{ij}^1\}$ 第 k 列构成的列向量。

12.4.2 混凝土侵彻问题的摄动求解方法

根据连续介质力学理论，介质的质量守恒、动量守恒关系可写为

$$\frac{\mathrm{D}\rho}{\mathrm{D}t}+\rho\mathrm{div}\boldsymbol{u}=0 \tag{12-4-29}$$

$$\rho\frac{\mathrm{D}u}{\mathrm{D}t}=-\mathrm{div}\boldsymbol{p} \tag{12-4-30}$$

其中，$\frac{\mathrm{D}}{\mathrm{D}t}$ 为拉格朗日坐标下的全导数符号；ρ 为材料密度；div 为散度；$\boldsymbol{u}$ 和 $\boldsymbol{p}$ 分别为一阶粒子速度张量和二阶压力张量，欧拉方程和拉格朗日方程的微分变换是 $\frac{\mathrm{D}}{\mathrm{D}t}=\frac{\partial}{\partial t}+u_i\frac{\partial}{\partial x_i}$。

冲击波波阵面是一间断面，波阵面两侧的 $\boldsymbol{p}$、ρ 和 $\boldsymbol{u}$ 都是不连续的。按照间断面的理论分析，可得到质量守恒、动量守恒关系式为

$$\Delta\rho v=0 \tag{12-4-31}$$

$$\Delta\rho v\boldsymbol{u}-\boldsymbol{n}\cdot\Delta\boldsymbol{p}=0 \tag{12-4-32}$$

其中，Δ 为冲击波波阵面前面和后面的物理量(张量)之差；•代表两个矢量的点积；$v=c_n-u_n$，c_n 为波速，u_n 为法线上的速度分量；$\boldsymbol{n}$ 为冲击波波阵面法线方向上的单位张量。

法向膨胀理论认为，侵彻弹在对混凝土介质侵彻的过程中，混凝土介质沿弹头外法线方向膨胀，粒子速度、波膨胀速度与弹头表面法线方向相同，并与压力方向相同，因此有

$$\begin{cases}\boldsymbol{u}=u_n\boldsymbol{n}\\ \boldsymbol{c}=c_n\boldsymbol{n}\\ \boldsymbol{p}=p_n\boldsymbol{I}_n\end{cases} \tag{12-4-33}$$

其中，$\boldsymbol{c}$ 为波速一阶张量；$\boldsymbol{I}_n$ 为二阶单位张量。

在这种情况下，速度矢量的散度和压力二阶张量的散度可以分别写为

$$\mathrm{div}\boldsymbol{u}=\nabla\cdot\boldsymbol{u}=\frac{\partial u_n}{\partial N} \tag{12-4-34}$$

$$\mathrm{div}\boldsymbol{p}=\frac{\partial p_n}{\partial N}\boldsymbol{n} \tag{12-4-35}$$

其中，N 为在方向 $\boldsymbol{n}$ 的法向坐标。

对于冲击波波阵面后面的介质，将其代入质量守恒方程和动量守恒方程中，得

$$\frac{\partial \rho}{\partial t}+\frac{\partial}{\partial N}(\rho u_n)=0 \tag{12-4-36}$$

$$\rho\left(\frac{\partial u_n}{\partial t}+u_n\frac{\partial u_n}{\partial N}\right)=-\frac{\partial p_n}{\partial N} \tag{12-4-37}$$

在冲击波波阵面上，有

$$(\rho_{sf}-\rho_0)c_n-\rho_{sf}u_n^l=0 \tag{12-4-38}$$

$$\rho_{sf}(c_n-u_n^l)u_n^l=p_n^l \tag{12-4-39}$$

其中，ρ_{sf} 为冲击波波阵面附近被压缩介质(即响应介质)的密度；ρ_0 为材料的初始密度；u_n^l 和 p_n^l 分别为冲击波波阵面附近的响应介质的粒子速度和压力，即

$$c_n=\frac{\rho_{sf}}{\rho_{sf}-\rho_0}u_n^l \tag{12-4-40}$$

$$p_n^l=\rho_{sf}(c_n-u_n^l)u_n^l=\rho_0 c_n u_n^l \tag{12-4-41}$$

基于改进的 Holmquist-Johnson 模型，密度是压力的线性函数，即

$$\rho=\rho_{\mathrm{lock}}(1+\varepsilon\overline{p}_n)$$

其曲线如图 12.2 所示，其中 $\overline{p}_n=\dfrac{p_n-p_n^l}{p_n^l}$，$\rho_{\mathrm{lock}}$ 为混凝土材料的锁定密度；ε 为数值很小的系数。

在冲击波波阵面上，有 $\rho=\rho_{\mathrm{lock}}$ 和 $\overline{p}_n=0$，可得到在冲击波前上的解为

$$c_n=\frac{\rho_{\mathrm{lock}}}{\rho_{\mathrm{lock}}-\rho_0}u_n^l \tag{12-4-42}$$

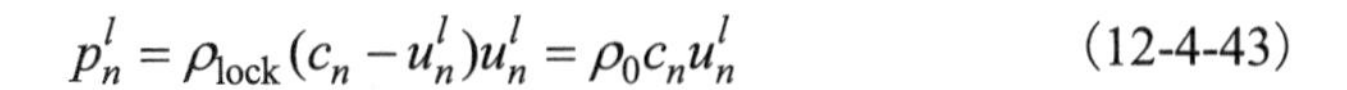

$$p_n^l = \rho_{\text{lock}}(c_n - u_n^l)u_n^l = \rho_0 c_n u_n^l \tag{12-4-43}$$

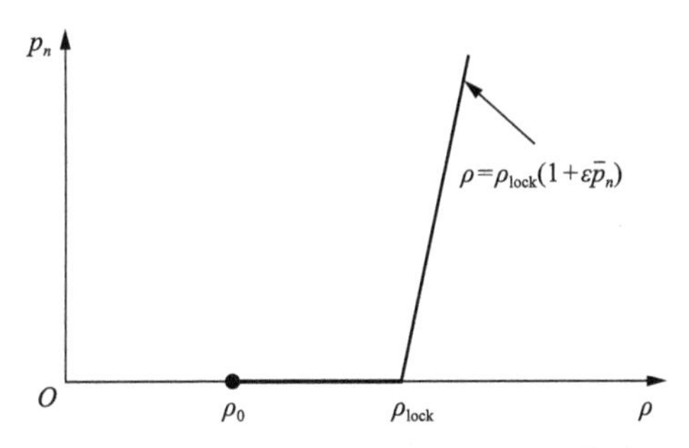

图 12.2 改进的 Holmquist-Johnson 曲线

在冲击波波阵面的后面，考虑到系数 ε 较小，利用摄动方法，物理量 ρ、p_n、u_n 对 ε 的一阶近似的展开式为

$$\rho = \rho_{\text{lock}} + \varepsilon\rho_{\text{lock}}\bar{p}_n^{(0)} \tag{12-4-44}$$

$$\bar{p}_n = \bar{p}_n^{(0)} + \varepsilon\bar{p}_n^{(1)} \tag{12-4-45}$$

或者 $p_n = p_n^{(0)} + \varepsilon p_n^{(1)}$，其中 $p_n^{(0)} = (\bar{p}_n^{(0)} + 1)p_n^l$ 和 $p_n^{(1)} = \bar{p}_n^{(1)} p_n^l$。

$$u_n = u_n^{(0)} + \varepsilon u_n^{(1)} \tag{12-4-46}$$

其中，上标“0”和“1”分别为展开式对应 ε 的零阶量和一阶量。

把其代入前述方程中，得零阶近似解如下。

ε^0：

$$u_n^{(0)} = u_n^{(0)}(t) \tag{12-4-47}$$

$$p_n^{(0)} = p_n^l + \rho_{\text{lock}}\frac{\mathrm{d}u_n^{(0)}}{\mathrm{d}t}(l-N) \quad 或 \quad \bar{p}_n^{(0)} = \frac{\rho_{\text{lock}}}{p_n^l}\frac{\mathrm{d}u_n^{(0)}}{\mathrm{d}t}(l-N) \tag{12-4-48}$$

一阶部分的解如下。

ε^1：

$$u_n^{(1)} = -\frac{\rho_{\text{lock}}}{p_n^l}\frac{\mathrm{d}^2 u_n^{(0)}}{\mathrm{d}t^2}\left(lN - \frac{N^2}{2}\right) \tag{12-4-49}$$

$$\overline{p}_n^{(1)}=\frac{\rho_{\text{lock}}^2}{p_n^{l\,2}}\left[\frac{\mathrm{d}^3u_n^{(0)}}{\mathrm{d}t^3}\left(\frac{lN^2}{2}-\frac{N^3}{6}\right)+u_n^{(0)}\frac{\mathrm{d}^2u_n^{(0)}}{\mathrm{d}t^2}\left(lN-\frac{N^2}{2}\right)-\left(\frac{\mathrm{d}u_n^{(0)}}{\mathrm{d}t}\right)^2\left(lN-\frac{N^2}{2}\right)\right]$$

（12-4-50）

总的一阶近似解为

$$u_n=u_n^{(0)}+\varepsilon u_n^{(1)}=u_n^{(0)}(t)-\varepsilon\frac{\rho_{\text{lock}}}{p_n^l}\frac{\mathrm{d}^2u_n^{(0)}}{\mathrm{d}t^2}\left(lN-\frac{N^2}{2}\right)\tag{12-4-51}$$

$$\begin{aligned}p_n=p_n^{(0)}+\varepsilon p_n^{(1)}=p_n^l+\rho_{\text{lock}}\frac{\mathrm{d}u_n^{(0)}}{\mathrm{d}t}(l-N)+\varepsilon\frac{{\rho_{\text{lock}}}^2}{p_n^{l\,2}}\Bigg[&\frac{\mathrm{d}^3u_n^{(0)}}{\mathrm{d}t^3}\left(\frac{lN^2}{2}-\frac{N^3}{6}\right)\\&+u_n^{(0)}\frac{\mathrm{d}^2u_n^{(0)}}{\mathrm{d}t^2}\left(lN-\frac{N^2}{2}\right)-\left(\frac{\mathrm{d}u_n^{(0)}}{\mathrm{d}t}\right)^2\left(lN-\frac{N^2}{2}\right)\Bigg]\end{aligned}$$

（12-4-52）

第 13 章　统计迭代线性化法

对于非线性的随机问题，一种常用的方法是统计线性化法(statistic linearization method，SLM)，也称为随机线性化法(stochastic linearization method)。该方法的核心思想是用一个等效的线性项代替非线性项，把非线性的振动问题转化为线性的振动问题。为了获取一个从统计意义上更能等效非线性项的线性项，需要通过迭代过程实现，因此又有一种可实施的迭代统计线性化法(iterative method of statistic linearization，IMSL)。

13.1　统计线性化法的基本思想

一般多自由度的非线性随机振动方程可写为

$$\boldsymbol{M}\cdot\ddot{\boldsymbol{X}}+\boldsymbol{D}\cdot\dot{\boldsymbol{X}}+\boldsymbol{K}\cdot\boldsymbol{X}+\boldsymbol{N}(\boldsymbol{X})=\boldsymbol{F}(t) \tag{13-1-1}$$

其中，$\boldsymbol{M}$ 为质量矩阵；$\boldsymbol{D}$ 为阻尼矩阵；$\boldsymbol{K}$ 为刚度矩阵；$\boldsymbol{X}$ 为输出响应向量；$\boldsymbol{F}(t)$ 为外界输入激励向量；$\boldsymbol{N}(\boldsymbol{X})$ 是非线性项。

若选取一个线性项 $\boldsymbol{A}\cdot\boldsymbol{X}$，则可将式(13-1-1)化为

$$\boldsymbol{M}\cdot\ddot{\boldsymbol{X}}+\boldsymbol{D}\cdot\dot{\boldsymbol{X}}+\boldsymbol{K}\cdot\boldsymbol{X}+\boldsymbol{A}\cdot\boldsymbol{X}+(\boldsymbol{N}(\boldsymbol{X})-\boldsymbol{A}\cdot\boldsymbol{X})=\boldsymbol{F}(t) \tag{13-1-2}$$

众所周知，若外界输入激励向量 $\boldsymbol{F}(t)$ 是一个随机过程向量，则一般没有确定的时域描述，而只知道其统计特性。因此，一般无法在时域内求解该问题，通常要在频域内求解。然而，对于一个非线性的问题，在频域内的求解也很困难。实际上，对于一般的非线性随机振动问题，特别是强非线性问题，通常都没有有效的直接求解方法。最常用的办法就是进行线性化处理，即将原来的非线性问题转化成线性问题求解。但如何保证线性化处理后，其解能近似代表真解，是一个非常值得关注的问题。

13.2　求 解 方 法

为解决上述问题，选取常数矩阵 $\boldsymbol{A}$ 使方程中的项 $\boldsymbol{N}(\boldsymbol{X})-\boldsymbol{A}\cdot\boldsymbol{X}$ 足够小以

致可以忽略。这样一来，上述方程就可化为线性方程从而可以在频域内进行求解。使方程中的项 $\boldsymbol{N}(\boldsymbol{X})-\boldsymbol{A}\cdot\boldsymbol{X}$ 足够小的一种办法是寻求常数矩阵 $\boldsymbol{A}$ 使 $E\left[\left\|\boldsymbol{N}(\boldsymbol{X})-\boldsymbol{A}\cdot\boldsymbol{X}\right\|^2\right]$ 最小，其中 $E[\cdot]$ 代表统计平均值，$\|\cdot\|$ 代表矩阵的模。由此可得

$$\boldsymbol{A}=E[\boldsymbol{N}(\boldsymbol{X})\cdot\boldsymbol{X}^{\mathrm{T}}]\cdot E[\boldsymbol{X}\cdot\boldsymbol{X}^{\mathrm{T}}]^{-1} \tag{13-2-1}$$

由于 $\boldsymbol{X}$ 本身是待求的未知变量，此时的常数矩阵 $\boldsymbol{A}$ 是未知的。为了有效得到常数矩阵 $\boldsymbol{A}$，可采用迭代的方法进行求解。迭代的初始值 $\boldsymbol{X}_0$ 可选用下列线性方程的解：

$$\boldsymbol{M}\cdot\ddot{\boldsymbol{X}}+\boldsymbol{D}\cdot\dot{\boldsymbol{X}}+\boldsymbol{K}\cdot\boldsymbol{X}=\boldsymbol{F}(t) \tag{13-2-2}$$

将该线性方程的解 $\boldsymbol{X}_0$ 代入上述方程中，可得常数矩阵的零阶近似 $\boldsymbol{A}_0$，即

$$\boldsymbol{A}_0=E[\boldsymbol{N}(\boldsymbol{X}_0)\cdot\boldsymbol{X}_0^{\mathrm{T}}]\cdot E[\boldsymbol{X}_0\cdot\boldsymbol{X}_0^{\mathrm{T}}]^{-1} \tag{13-2-3}$$

按照下列的递推公式，即

$$\boldsymbol{K}_i=\boldsymbol{K}+\boldsymbol{A}_{i-1} \tag{13-2-4}$$

$$\boldsymbol{M}\cdot\ddot{\boldsymbol{X}}_i+\boldsymbol{D}\cdot\dot{\boldsymbol{X}}_i+\boldsymbol{K}_i\cdot\boldsymbol{X}_i=\boldsymbol{F}(t) \tag{13-2-5}$$

$$\boldsymbol{A}_i=E[\boldsymbol{N}(\boldsymbol{X}_i)\cdot\boldsymbol{X}_i^{\mathrm{T}}]\cdot E[\boldsymbol{X}_i\cdot\boldsymbol{X}_i^{\mathrm{T}}]^{-1} \tag{13-2-6}$$

可获得常数矩阵的第 i 阶的近似矩阵 $\boldsymbol{A}_i$。

迭代的终止准则可遵循下列的判别式：

$$\left|\frac{\max(\boldsymbol{A}_i-\boldsymbol{A}_{i-1})}{\mathrm{corm}\boldsymbol{A}_i}\right|<\varepsilon \tag{13-2-7}$$

其中，max 为取矩阵中最大元素的值；$\mathrm{corm}\boldsymbol{A}_i$ 为最大元素值对应的元素；ε 为取决于计算精度的小量。

由于 $\boldsymbol{F}(t)$ 是随机激励向量(是一个随机过程向量)，可由对应的线性化方程求得响应 $\boldsymbol{X}$ 的统计特征量，包括均值、自相关函数等，进而可得到 $E[\boldsymbol{X}_i\cdot\boldsymbol{X}_i^{\mathrm{T}}]$。但对于非线性项 $\boldsymbol{N}(\boldsymbol{X})$，一般很难通过解析的途径获得 $E[\boldsymbol{N}(\boldsymbol{X}_i)\cdot\boldsymbol{X}_i^{\mathrm{T}}]$。为此，可通过求得的响应 $\boldsymbol{X}$ 产生一个伪随机过程 $\tilde{\boldsymbol{X}}$，再经过计算得到 $\boldsymbol{N}(\boldsymbol{X})$ 的

伪随机过程 $\tilde{\boldsymbol{N}}(\tilde{\boldsymbol{X}})$，最后基于已产生的伪随机过程从统计的角度计算 $E[\tilde{\boldsymbol{N}}(\tilde{\boldsymbol{X}}_i)\cdot\tilde{\boldsymbol{X}}_i^{\mathrm{T}}]$。

13.3　高斯激励的响应分析

对于一个线性系统，若输入激励向量 $\boldsymbol{F}(t)$ 为高斯随机过程，则输出响应 $\boldsymbol{X}$ 也为一个高斯随机过程。而对于零均值的高斯随机过程，有下列递推公式，即

$$E[x^n y]=(n-1)E[x^2]E[x^{n-2}y]+E[xy]E[x^{n-1}] \tag{13-3-1}$$

$$E[x^n]=(n-1)E[x^2]E[x^{n-2}] \tag{13-3-2}$$

$$E[xy]=R_{xy}(0) \tag{13-3-3}$$

$$E[x^2]=R_x(0) \tag{13-3-4}$$

其中，x、y 为零均值的高斯随机过程，即 $E[x]=0$ 和 $E[y]=0$；$R_x(\tau)$ 为 x 的自相关函数；$R_{xy}(\tau)$ 为随机过程 x、y 的互相关函数。利用振动方程，若已知输入激励的二阶矩，则可得到输出响应的二阶矩。

若非线性项 $\boldsymbol{N}(\boldsymbol{X})$ 的各元素可以表示为 $\boldsymbol{X}$ 的幂级数和的形式，即

$$n_i(\boldsymbol{X})=\sum_{j=1}^{P_i}x_j^{Q_{ij}} \tag{13-3-5}$$

其中，P_i 和 Q_{ij} 为整数。则当输入激励向量 $\boldsymbol{F}(t)$ 为高斯随机过程时，可利用上述递推公式求得所需要的统计特征值，即

$$E\left[\boldsymbol{N}(\boldsymbol{X}_i)\cdot\boldsymbol{X}_i^{\mathrm{T}}\right]=\left[\left|E[n_i(\boldsymbol{X})\cdot x_j]\right|\right]=\left[\left|\sum_{k=1}^{P_k}E[x_k^{Q_{ik}}\cdot x_j]\right|\right] \tag{13-3-6}$$

其中，$\left[\left|a_{ij}\right|\right]$ 为由 a_{ij} 元素组成的矩阵。

13.4　算 例 分 析

13.4.1　单自由度系统的非线性随机响应分析

对于一个单自由度振动系统，其振动方程可写为

$$m \cdot \ddot{x} + d \cdot \dot{x} + k \cdot x + n(x) = f(t) \tag{13-4-1}$$

对应的递推公式可写为

$$k_i = k + a_{i-1} \tag{13-4-2}$$

$$m \cdot \ddot{x}_i + d \cdot \dot{x}_i + k_i \cdot x_i = f(t) \tag{13-4-3}$$

$$a_i = E[n(x_i) \cdot x_i] \cdot E[x_i^2]^{-1} \tag{13-4-4}$$

对于一个强非线性弹簧，有 $n(x) = bx^3$，将其代入递推公式(13-4-4)中得

$$a_i = E[bx_i^4] \cdot E[x_i^2]^{-1} = 3bE[x_i^2] \tag{13-4-5}$$

递推振动方程的脉冲响应函数为

$$h_i(\tau) = \frac{1}{\sqrt{\left[k_i / m - d^2 / (4m^2)\right]}} \exp\left(\frac{d\tau}{2m}\right) \sin\left(\sqrt{\left[k_i / m - d^2 / (4m^2)\right]}\right) \tau \tag{13-4-6}$$

假设激励 $f(t)$是一平稳白噪声过程，其自相关函数为 $R_{ff}(\tau) = 2\pi S_0 \delta(\tau)$，则对于小阻尼情况，有

$$E[x_i^2] = \frac{\pi S_0}{dk_i} \tag{13-4-7}$$

从而可以得到

$$a_i = 3bE[x_i^2] = \frac{3b\pi S_0}{dk_i} \tag{13-4-8}$$

对应的刚度迭代公式为

$$k_i = k + a_{i-1} = k + \frac{3b\pi S_0}{dk_{i-1}} \tag{13-4-9}$$

迭代截止条件为

$$\left|\frac{a_i - a_{i-1}}{a_i}\right| < \varepsilon \tag{13-4-10}$$

当取 $b=4$ 、 $S_0=1$ 、 $d=0.5$ 、 $k=90$ 及 $\varepsilon=0.0001$ 时，迭代的结果分别是 $a_0=0.837333$ ， $k_1=90.837333$ ， $a_1=0.8296148$ ， $\left|(a_1-a_0)/a_0\right|=0.0092>\varepsilon$ ， $k_2=90.8296148$ ， $a_2=0.8296852$ ， $\left|(a_2-a_1)/a_1\right|=0.000085<\varepsilon$ ， $k_3=90.8296852$ 。

可以看出，在本算例中，只需迭代两步就可以得到满足精度要求的等效线性化结果。

13.4.2　二自由度系统的非线性随机响应分析

一个二自由度非线性振动系统的方程为

$$\begin{cases}\ddot{x}_1+\beta_1\cdot\dot{x}_1+k_{11}\cdot x_1+k_{12}\cdot x_2+b_{11}\cdot x_1^3-b_{12}\cdot x_2^5=f_1(t)\\ \ddot{x}_2+\beta_2\cdot\dot{x}_2+k_{21}\cdot x_1+k_{22}\cdot x_2+b_{21}\cdot x_1^5-b_{22}\cdot x_2^3=f_2(t)\end{cases}\tag{13-4-11}$$

按照前述的递推公式，有

$$\boldsymbol{K}=\begin{bmatrix}k_{11} & k_{12}\\ k_{21} & k_{22}\end{bmatrix}\tag{13-4-12}$$

$$\boldsymbol{A}_i=\begin{bmatrix}3b_{11}(E[x_{1i}^2])^2+15b_{12}E[x_{1i}x_{2i}](E[x_{2i}^2])^2 & 3b_{11}E[x_{1i}x_{2i}]E[x_{1i}^2]+15b_{12}(E[x_{2i}^2])^3\\ 15b_{21}(E[x_{1i}^2])^3+3b_{22}E[x_{1i}x_{2i}]E[x_{2i}^2] & 15b_{21}E[x_{1i}x_{2i}](E[x_{1i}^2])^2+3b_{22}(E[x_{2i}^2])^2\end{bmatrix}\tag{13-4-13}$$

$$\boldsymbol{K}_i=\boldsymbol{K}+\boldsymbol{A}_{i-1}\tag{13-4-14}$$

$$\begin{cases}\ddot{x}_{1i}+\beta_1\cdot\dot{x}_{1i}+k_{11i}\cdot x_{1i}+k_{12i}\cdot x_{2i}=f_1(t)\\ \ddot{x}_{2i}+\beta_2\cdot\dot{x}_{2i}+k_{21i}\cdot x_{1i}+k_{22i}\cdot x_{2i}=f_2(t)\end{cases}\tag{13-4-15}$$

由于该二维振动系统的频率响应函数可写为

$$\boldsymbol{H}_i(\omega)=\left(-\omega^2\begin{bmatrix}1 & 0\\ 0 & 1\end{bmatrix}+\begin{bmatrix}k_{11i} & k_{12i}\\ k_{21i} & k_{22i}\end{bmatrix}+\mathrm{i}\omega\begin{bmatrix}\beta_1 & 0\\ 0 & \beta_2\end{bmatrix}\right)^{-1}\tag{13-4-16}$$

其中， $\mathrm{i}=\sqrt{-1}$ ，因此，对于随机激励输入的线性系统，其输出响应的功率谱密度为

$$\boldsymbol{S}_{X_i}(\omega)=\begin{bmatrix}S_{x_{1i}x_{1i}}(\omega) & S_{x_{1i}x_{2i}}(\omega)\\ S_{x_{2i}x_{1i}}(\omega) & S_{x_{2i}x_{2i}}(\omega)\end{bmatrix}=\boldsymbol{H}_i^*(\omega)^{\mathrm{T}}\boldsymbol{S}_f(\omega)\boldsymbol{H}_i(\omega)\tag{13-4-17}$$

而

$$E[x_{1i}^2]=\int_{-\infty}^{\infty}S_{x_{1i}x_{1i}}(\omega)\mathrm{d}\omega \tag{13-4-18}$$

$$E[x_{1i}x_{2i}]=\int_{-\infty}^{\infty}S_{x_{1i}x_{2i}}(\omega)\mathrm{d}\omega \tag{13-4-19}$$

$$E[x_{2i}x_{1i}]=\int_{-\infty}^{\infty}S_{x_{2i}x_{1i}}(\omega)\mathrm{d}\omega \tag{13-4-20}$$

$$E[x_{2i}^2]=\int_{-\infty}^{\infty}S_{x_{2i}x_{2i}}(\omega)\mathrm{d}\omega \tag{13-4-21}$$

有了上述这些响应的统计特征量，就可以得到递推公式中等效线性矩阵 $\boldsymbol{A}$ 的递推关系式。当振动系统的各系数分别为 $\beta_1=0.5$、$\beta_2=0.4$、$k_{11}=70$，$k_{12}=0$、$k_{21}=0$、$k_{22}=90$、$b_{11}=2.5$、$b_{12}=b_{21}=0$、$b_{22}=3.2$、$\varepsilon=0.0001$，输入激励 $f_1(t)$ 和 $f_2(t)$ 分别是自相关函数 $R_{f_1}(\tau)=2\pi S_1\delta(\tau)$ 和 $R_{f_2}(\tau)=2\pi S_2\delta(\tau)$（其中 $S_1=1.0$，$S_2=1.5$）的高斯白噪声过程时，只需 4 步即可得到满足精度要求的等效线性矩阵 $\boldsymbol{A}$，即

$$\boldsymbol{A}_4=\begin{bmatrix}0.66651 & 0\\ 0 & 1.23894\end{bmatrix} \tag{13-4-22}$$

上述两个例子表明，这种迭代统计线性化法在处理非线性随机振动问题时是有效的，尤其对幂函数形式的非线性项，这种方法是很有优势的。

第 14 章　模态分析方法

模态分析方法是将结构振动的多维(甚至无穷维)的物理坐标转化为模态坐标的分析方法。由于模态坐标具有正交性等特征，不仅可以实现解耦的目的，还可以通过叠加的方式实现物理坐标求解的目的。对于某一频率激励的问题，还可以通过模态截取的方式，降低叠加求和的计算量。

14.1　模态的思想

模态是指结构振动的一种模式，它源于自由振动的特征值和特征向量分析。对于一个无阻尼自由振动的结构系统，其振动方程可描述为

$$\boldsymbol{M}\cdot\ddot{\boldsymbol{X}}+\boldsymbol{K}\cdot\boldsymbol{X}=0 \tag{14-1-1}$$

其中，$\boldsymbol{M}$ 为质量矩阵；$\boldsymbol{K}$ 为刚度矩阵；$\boldsymbol{X}$ 为响应的物理向量(如位移等)。设 $\boldsymbol{X}=\boldsymbol{\varPhi}\mathrm{e}^{-\mathrm{i}\omega t}$，并将其代入方程中，可得下列特征方程：

$$(-\omega^2\boldsymbol{M}+\boldsymbol{K})\cdot\boldsymbol{\varPhi}=0 \tag{14-1-2}$$

由该方程可解出一系列的特征值 ω_i 和特征向量 $\boldsymbol{\varphi}_i$。特征值就是通常的固有频率，特征向量就是对应的模态(又称振型)。特征值可以按其数值的大小从低到高排列，分别称为低阶固有频率或高阶固有频率(或称自然频率)，特征值所对应的各阶特征向量称为对应的模态。特征值或模态的数量(又称总的阶数)和物理向量 $\boldsymbol{X}$ 的分量个数是一样的。对于离散系统，这个数量是有限的，但对于连续系统来说这个数量是无限的。

对于一个线性系统，若利用特征向量矩阵的模态进行坐标变换，即

$$\boldsymbol{X}=\sum_{i=1}^{n}\boldsymbol{\varphi}_i\boldsymbol{q}_i=\boldsymbol{\varPhi}\cdot\boldsymbol{q} \tag{14-1-3}$$

就可将物理向量 $\boldsymbol{X}$ 变换为模态坐标向量 $\boldsymbol{q}$，则有

$$\boldsymbol{M}\cdot\boldsymbol{\varPhi}\cdot\ddot{\boldsymbol{q}}+\boldsymbol{K}\cdot\boldsymbol{\varPhi}\cdot\boldsymbol{q}=0 \tag{14-1-4}$$

向量 $\boldsymbol{X}$ 的分量个数和模态坐标的分量个数是一样的。所不同的是，物理向量 $\boldsymbol{X}$ 各分量的成分内涵是相同的，而模态坐标各分量的成分内涵是不同的。不同的模态坐标分量分别对应不同阶的固有频率。除此之外，各阶模态之间对于质量矩阵和刚度矩阵还具有正交的特性，即

$$\boldsymbol{\varphi}_i^{\mathrm{T}} \boldsymbol{M} \boldsymbol{\varphi}_j = \begin{cases} m_{ii}, & i = j \\ 0, & i \neq j \end{cases} \tag{14-1-5}$$

$$\boldsymbol{\varphi}_i^{\mathrm{T}} \boldsymbol{K} \boldsymbol{\varphi}_j = \begin{cases} k_{ii}, & i = j \\ 0, & i \neq j \end{cases} \tag{14-1-6}$$

在工程振动分析和模态方法分析时，通常会利用坐标内涵的不同，只取一些重要的模态，而略去一些非重要的模态。这种略去的模态往往都是高阶模态，因此称为模态截取(或模态截断)。通过模态截取，可以大大降低问题的阶数(维数)，有利于对问题的高效分析。这一点对于连续体结构来说尤为重要。那么，到底略去哪些模态，截取哪些模态，是一个十分重要的问题。截取的模态太多，势必会影响问题的分析效率。截取得太少，势必会引起较大的分析误差。因此，模态截取应遵循一定的准则。工程上的处理方法往往是按动态响应所关心的最高频率值的 2～3 倍来截取频率值。但概念相对比较模糊。分析过程中会仁者见仁智者见智。为了能定量地给出一些模态截取的原则，人们提出了模态质量的判断原则、基于势能的判断原则以及基于响应的判断原则。由于误差是针对响应结果来说的，从响应误差的角度来确定模态截取准则应该是正确的。问题是在模态截取之前如何得到响应并利用它作为判断的准则。

14.2　模态的截取

无论是工程振动问题的分析，还是模态综合法的实施，都涉及模态截取(或称模态截断)的问题。对于有阻尼的受迫振动系统，其振动方程为

$$\boldsymbol{M} \cdot \ddot{\boldsymbol{X}} + \boldsymbol{C} \cdot \dot{\boldsymbol{X}} + \boldsymbol{K} \cdot \boldsymbol{X} = \boldsymbol{F}(t) \tag{14-2-1}$$

其中，$\boldsymbol{C}$ 为阻尼矩阵；$\boldsymbol{F}(t)$ 为外界激励向量。

将前述坐标转换关系代入振动方程(14-2-1)中，并左乘 $\boldsymbol{\Phi}^{\mathrm{T}}$，得

$$\boldsymbol{\Phi}^{\mathrm{T}} \cdot \boldsymbol{M} \cdot \boldsymbol{\Phi} \cdot \ddot{\boldsymbol{q}} + \boldsymbol{\Phi}^{\mathrm{T}} \cdot \boldsymbol{C} \cdot \boldsymbol{\Phi} \cdot \dot{\boldsymbol{q}} + \boldsymbol{\Phi}^{\mathrm{T}} \cdot \boldsymbol{K} \cdot \boldsymbol{\Phi} \cdot \boldsymbol{q} = \boldsymbol{\Phi}^{\mathrm{T}} \cdot \boldsymbol{F}(t) \tag{14-2-2}$$

对于瑞利阻尼(可描述成质量与刚度线性组合的阻尼)，利用模态的正交性，可得

$$m_{ii}\ddot{q}_i + c_{ii}\dot{q}_i + k_{ii}q_i = \boldsymbol{\varphi}_i^{\mathrm{T}}\boldsymbol{F}(t), \quad i = 1, 2, \cdots, n \tag{14-2-3}$$

或

$$\ddot{q}_i + 2\zeta_i\omega_i\dot{q}_i + \omega_i^2 q_i = \frac{\boldsymbol{\varphi}_i^{\mathrm{T}}\boldsymbol{F}(t)}{m_{ii}}, \quad i = 1, 2, \cdots, n \tag{14-2-4}$$

其中，$\omega_i = \sqrt{\dfrac{k_{ii}}{m_{ii}}}$ 为第 i 阶固有频率；$\zeta_i = \dfrac{c_{ii}}{2m_{ii}\omega_i}$ 为第 i 阶模态的阻尼比。

对于激励频率为 ω 的简谐激励 $F(t) = \boldsymbol{F}_0 \cos(\omega t)$，其响应为

$$q_i = \frac{1}{\sqrt{(1-\lambda_i^2)^2 + (2\zeta_i\lambda_i)^2}} \frac{\boldsymbol{\varphi}_i^{\mathrm{T}}\boldsymbol{F}_0}{k_{ii}} \cos(\omega t + \alpha) \tag{14-2-5}$$

其中，$\lambda_i = \dfrac{\omega}{\omega_i}$ 为激励频率与第 i 阶固有频率的比值；α 为相位差。对于一定的激励频率 ω，固有频率 ω_i 越大，λ_i 就越小。取系数

$$\beta_i = \frac{1}{\sqrt{(1-\lambda_i^2)^2 + (2\zeta_i\lambda_i)^2}}$$

该系数相当于一个动态放大因子，即动态情况下的响应相对静态响应的放大倍数，又称品质因子。对于静态激励，$\lambda_i = 0$，$\beta_i = 1$；对于共振激励，$\lambda_i = 1$，$\beta_i = \dfrac{1}{2\zeta_i}$。对于一定的激励频率，随着固有频率 ω_i 的不断增大，λ_i 逐渐趋近于 0，品质因子逐渐趋近于 1。不仅如此，随着频率阶数的增加，刚度也随之增大，其静态响应也在不断降低。总而言之，随着频率阶次的增加，其模态响应对结构物理向量响应的贡献成分不断降低。许多高阶模态的影响可忽略不计，这也是进行模态截取最基本的依据。

将模态坐标的响应还原为物理向量的响应，可得

$$\boldsymbol{X} = \sum_{i=1}^{n} \boldsymbol{\varphi}_i q_i \tag{14-2-6}$$

或

$$\boldsymbol{X}=\sum_{i=1}^{r}\boldsymbol{\varphi}_i q_i+\sum_{i=r+1}^{n}\boldsymbol{\varphi}_i q_i \tag{14-2-7}$$

若只截取前 r 阶模态，则有

$$\boldsymbol{X}=\sum_{i=1}^{r}\boldsymbol{\varphi}_i q_i \tag{14-2-8}$$

引起的误差为

$$\delta=\sum_{i=r+1}^{n}\boldsymbol{\varphi}_i q_i \tag{14-2-9}$$

将模态坐标解代入其中，得

$$\delta=\sum_{i=r+1}^{n}\beta_i\frac{\boldsymbol{\varphi}_i\boldsymbol{\varphi}_i^{\mathrm{T}}F_0}{k_{ii}}\cos(\omega t+\alpha) \tag{14-2-10}$$

或

$$\delta=\sum_{i=r+1}^{n}\beta_i\frac{\boldsymbol{\varphi}_i\boldsymbol{\varphi}_i^{\mathrm{T}}F_0}{\omega_i^2 M_{ii}}\cos(\omega t+\alpha) \tag{14-2-11}$$

对于远离激励频率的频率阶次，λ_i是个小量，此时有

$$\beta_i=\frac{1}{\sqrt{(1-\lambda_i^2)^2+(2\zeta_i\lambda_i)^2}}\approx 1+(1-2\zeta_i^2)\lambda_i^2 \tag{14-2-12}$$

将其代入式(14-2-11)，得

$$\delta=\sum_{i=r+1}^{n}\left[1+(1-2\zeta_i^2)\lambda_i^2\right]\lambda_i^2\frac{\boldsymbol{\varphi}_i\boldsymbol{\varphi}_i^{\mathrm{T}}F_0}{\omega_i^2 M_{ii}}\cos(\omega t+\alpha) \tag{14-2-13}$$

由于 λ_i 衰减速度很快，求和中的每一项也都衰减得很快。

以简支梁的振动为例，可以分析以下衰减情况。简支梁横向弯曲的自由振动方程可写为

$$EI\frac{\partial^4 w}{\partial x^4}+\rho\frac{\partial^2 w}{\partial t^2}=0 \tag{14-2-14}$$

其中，w 为挠度；x 为长度方向坐标；t 为时间；EI 为弯曲刚度，且其中 E 为弹性模量，I 为截面惯性矩；ρ 为质量密度。

为求解该偏微分方程，采用分离变量方法，设

$$w(x,t) = X(x)T(t) \tag{14-2-15}$$

将其代入方程，得

$$\frac{1}{T}\frac{\partial^2 T}{\partial t^2} = -\frac{EI}{\rho}\frac{1}{X}\frac{\partial^4 X}{\partial x^4} \tag{14-2-16}$$

由于方程左边仅是关于时间的函数，方程右边仅是关于坐标的函数，若使二者相等，必然只能都为常数，设这个常数为 $-\omega^2$，则得

$$\frac{\partial^2 T}{\partial t^2} + \omega^2 T = 0 \tag{14-2-17}$$

和

$$\frac{\partial^4 X}{\partial x^4} - \beta^4 X = 0 \tag{14-2-18}$$

其中，$\beta^4 = \dfrac{\omega^2 \rho}{EI}$。

方程(14-2-17)为一个一维自由振动方程，其中的 ω 就是固有频率。方程(14-2-18)的通解为

$$X = C_1\mathrm{ch}(\beta x) + C_2\mathrm{sh}(\beta x) + C_3\cos(\beta x) + C_4\sin(\beta x) \tag{14-2-19}$$

对于简支梁，其边界条件为 $X(0)=0$，$X''(0)=0$，$X(l)=0$，$X''(l)=0$，其中 l 为梁的长度。代入式(14-2-19)，按照各常数有非零解的条件，解得

$$\sin(\beta l) = 0 \tag{14-2-20}$$

从而解得

$$\beta_i = \frac{i\pi}{l}, \quad i = 1,2,\cdots \tag{14-2-21}$$

进而解得

$$\omega_i = \left(\frac{i\pi}{l}\right)^2 \sqrt{\frac{EI}{\rho}}, \quad i = 1, 2, \cdots \tag{14-2-22}$$

进一步可得

$$\lambda_i = \frac{\omega}{\omega_i} = \frac{1}{i^2}\left(\frac{l}{\pi}\right)^2 \omega \sqrt{\frac{\rho}{EI}} \tag{14-2-23}$$

将其代入模态叠加公式及误差公式中，分别得

$$X = \sum_{i=1}^{r} \left[1 + (1 - 2\zeta_i^2)\frac{1}{i^4}\left(\frac{l}{\pi}\right)^4 \omega^2 \frac{\rho}{EI}\right] \frac{1}{i^4}\left(\frac{l}{\pi}\right)^4 \omega^2 \frac{\rho}{EI} \frac{\boldsymbol{\varphi}_i \boldsymbol{\varphi}_i^{\mathrm{T}} \boldsymbol{F}_0}{\omega_i^2 M_{ii}} \cos(\omega t + \alpha) \tag{14-2-24}$$

及

$$\delta = \sum_{i=r+1}^{n} \left[1 + (1 - 2\zeta_i^2)\frac{1}{i^4}\left(\frac{l}{\pi}\right)^4 \omega^2 \frac{\rho}{EI}\right] \frac{1}{i^4}\left(\frac{l}{\pi}\right)^4 \omega^2 \frac{\rho}{EI} \frac{\boldsymbol{\varphi}_i \boldsymbol{\varphi}_i^{\mathrm{T}} \boldsymbol{F}_0}{\omega_i^2 M_{ii}} \cos(\omega t + \alpha) \tag{14-2-25}$$

从式(14-2-25)中可以看出，求和中的各项大体上按$1/i^4$的规律衰减，又由于

$$\sum_{i=1}^{\infty} \frac{1}{i^4} = \frac{\pi^4}{90} \approx 1 + \frac{7}{90} \tag{14-2-26}$$

因此，只要取求和中的少量几项，就可以得到很好的近似效果。

14.3　谐波间耦合动力问题的模态分析

作为模态分析方法的实例，下面分析谐波间耦合的动力问题。在工程计算中，谐波间耦合的动力问题是经常存在的，如旋转壳的一般几何缺陷问题、一般裂纹缺陷问题、非轴对称加肋的问题等。由于耦合作用的存在，计算中必须考虑所有谐波，这样就使得系统的自由度变得非常多，以致在大型计算机上都难以计算。例如，旋转壳若取 8 个单元 5 个谐波，其总刚度矩阵的维数将从无耦合问题的 784 增至 102400。可见其维数增加得非常多。为了解决这一问题，可采用模态分析的方法，把原来的物理坐标转换成模态坐标，然后利用频率截取原则，只截取起主要作用的低阶模态，把高阶模态的作用略

去，进而达到缩减自由度的目的。

14.3.1　坐标转换与模态截取

谐波间耦合问题的一般振动方程可写为

$$\boldsymbol{M}_{ii}\cdot\ddot{\boldsymbol{X}}_i+\boldsymbol{K}_{ii}\cdot\boldsymbol{X}_i+\sum_{j=0}^{N}\boldsymbol{K}'_{ij}\cdot\boldsymbol{X}_j=\boldsymbol{F}_i(t),\quad i=0,1,\cdots,N \tag{14-3-1}$$

其中，$\boldsymbol{M}_{ii}$ 为第 i 阶谐波的总质量矩阵；$\boldsymbol{K}_{ii}$ 为第 i 阶谐波的总刚度矩阵；$\boldsymbol{K}'_{ij}$ 为耦合刚度矩阵；$\boldsymbol{X}_i$ 为第 i 阶谐波的输出响应向量；$\boldsymbol{F}_i(t)$ 为外界输入激励向量；N 为所取的谐波总数。

当没有耦合项 $\boldsymbol{K}'_{ij}$ 存在时，可得无耦合的振动微分方程为

$$\boldsymbol{M}_{ii}\cdot\ddot{\boldsymbol{X}}_i+\boldsymbol{K}_{ii}\cdot\boldsymbol{X}_i=\boldsymbol{F}_i(t),\quad i=0,1,\cdots,N \tag{14-3-2}$$

设无耦合时的振动模态列向量为 $\boldsymbol{\phi}_{ik}\,(i=0,1,\cdots,N;k=0,1,\cdots,M)$，其中 i 为谐波阶数；k 为振型阶数，则 $\boldsymbol{\phi}_{ik}$ 应为下列特征值问题的归一化特征向量，即

$$(-\omega_{ik}^2\boldsymbol{M}_{ii}+\boldsymbol{K}_{ii})\cdot\boldsymbol{\phi}_{ik}=0,\quad i=0,1,\cdots,N;\quad k=0,1,\cdots,M \tag{14-3-3}$$

利用无耦合的振动模态 $\boldsymbol{\phi}_{ik}$ 可将输出响应的物理坐标 $\boldsymbol{X}_i$ 转换成模态坐标 $\boldsymbol{q}_i$，其变换关系为

$$\boldsymbol{X}_i=\boldsymbol{\Phi}_i^M\cdot\boldsymbol{q}_i=\sum_{r=1}^{M}\boldsymbol{\phi}_{ir}q_{ir},\quad i=0,1,\cdots,N \tag{14-3-4}$$

其中，$\boldsymbol{\Phi}_i^M$ 为无耦合模态矩阵，且 $\boldsymbol{\Phi}_i^M=[\boldsymbol{\phi}_{i1}\quad\boldsymbol{\phi}_{i2}\quad\cdots\quad\boldsymbol{\phi}_{iM}]$，指标 M 为 $\boldsymbol{X}_i$ 或 $\boldsymbol{q}_i$ 的维数。

这种变换虽然将物理坐标 $\boldsymbol{X}_i$ 转换为了模态坐标 $\boldsymbol{q}_i$，但二者的维数都是 M，并未达到缩减自由度的目的。经过仔细分析，$\boldsymbol{X}_i$ 与 $\boldsymbol{q}_i$ 的内涵不同，其不同之处在于，$\boldsymbol{X}_i$ 是纯粹的物理量，其每个元素对结构响应的贡献都是同等重要的；然而 $\boldsymbol{q}_i$ 却不是这样，它有明显的模态意义，其模态阶的 r 值越小，反映的越是低阶振型模态的作用，r 值越大，反映的越是高阶振型模态的作用。对于工程上的问题，由于外界激励的频率都比较低，低阶振型模态的作用才比较显著，可忽略高阶振型模态的影响。于是，在上述模态坐标转换公式中，可以把求和项数截取为 R 项 $(R\ll M)$，从而得到

$$\boldsymbol{X}_i=\sum_{r=1}^{R}\phi_{ir}q_{ir}=\boldsymbol{\Phi}_i^R\cdot\boldsymbol{q}_i^R,\quad i=0,1,\cdots,N \tag{14-3-5}$$

其中

$$\boldsymbol{\Phi}_i^R=[\boldsymbol{\phi}_{i1}\quad\boldsymbol{\phi}_{i2}\quad\cdots\quad\boldsymbol{\phi}_{iR}]$$

由于在工程计算中，一般可取$R\ll M$，模态坐标的维数要比物理坐标的维数低很多，从而达到了充分缩减自由度的目的。

将缩减自由度的模态坐标转换关系代回有耦合的振动方程中，并左乘$(\boldsymbol{\Phi}_i^R)^{\mathrm{T}}$，可得

$$\bar{\boldsymbol{M}}_{ii}\cdot\ddot{\boldsymbol{q}}_i^R+\bar{\boldsymbol{K}}_{ii}\cdot\boldsymbol{q}_i^R+\sum_{j=0}^{N}\bar{\boldsymbol{K}}'_{ij}\cdot\boldsymbol{q}_j^R=(\boldsymbol{\Phi}_i^R)^{\mathrm{T}}\boldsymbol{F}_i(t),\quad i=0,1,\cdots,N \tag{14-3-6}$$

其中，$\bar{\boldsymbol{M}}_{ii}=(\boldsymbol{\Phi}_i^R)^{\mathrm{T}}\boldsymbol{M}_{ii}\boldsymbol{\Phi}_i^R$；$\bar{\boldsymbol{K}}_{ii}=(\boldsymbol{\Phi}_i^R)^{\mathrm{T}}\boldsymbol{K}_{ii}\boldsymbol{\Phi}_i^R$；$\bar{\boldsymbol{K}}'_{ij}=(\boldsymbol{\Phi}_i^R)^{\mathrm{T}}\boldsymbol{K}_{ij}\boldsymbol{\Phi}_j^R$。

将上述各方程用统一矩阵形式表示，可写为

$$\begin{bmatrix}\bar{\boldsymbol{M}}_{00}&0&\cdots&0\\0&\bar{\boldsymbol{M}}_{11}&\cdots&0\\\vdots&\vdots&&\vdots\\0&0&\cdots&\bar{\boldsymbol{M}}_{NN}\end{bmatrix}\begin{bmatrix}\ddot{\boldsymbol{q}}_0^R\\\ddot{\boldsymbol{q}}_1^R\\\vdots\\\ddot{\boldsymbol{q}}_N^R\end{bmatrix}+\begin{bmatrix}\bar{\boldsymbol{K}}_{00}&0&\cdots&0\\0&\bar{\boldsymbol{K}}_{11}&\cdots&0\\\vdots&\vdots&&\vdots\\0&0&\cdots&\bar{\boldsymbol{K}}_{NN}\end{bmatrix}\begin{bmatrix}\boldsymbol{q}_0^R\\\boldsymbol{q}_1^R\\\vdots\\\boldsymbol{q}_N^R\end{bmatrix}$$
$$+\begin{bmatrix}\bar{\boldsymbol{K}}'_{00}&\bar{\boldsymbol{K}}'_{01}&\cdots&\bar{\boldsymbol{K}}'_{0N}\\\bar{\boldsymbol{K}}'_{10}&\bar{\boldsymbol{K}}'_{11}&\cdots&\bar{\boldsymbol{K}}'_{1N}\\\vdots&\vdots&&\vdots\\\bar{\boldsymbol{K}}'_{N0}&\bar{\boldsymbol{K}}'_{N1}&\cdots&\bar{\boldsymbol{K}}'_{NN}\end{bmatrix}\begin{bmatrix}\boldsymbol{q}_0^R\\\boldsymbol{q}_1^R\\\vdots\\\boldsymbol{q}_N^R\end{bmatrix}=\begin{bmatrix}\boldsymbol{\Phi}_0^{R\mathrm{T}}\boldsymbol{F}_0(t)\\\boldsymbol{\Phi}_1^{R\mathrm{T}}\boldsymbol{F}_1(t)\\\vdots\\\boldsymbol{\Phi}_N^{R\mathrm{T}}\boldsymbol{F}_N(t)\end{bmatrix} \tag{14-3-7}$$

或简写为

$$\bar{\boldsymbol{M}}\cdot\ddot{\boldsymbol{q}}^R+(\bar{\boldsymbol{K}}+\bar{\boldsymbol{K}}')\cdot\boldsymbol{q}^R=\boldsymbol{F}^R(t) \tag{14-3-8}$$

其中，$\boldsymbol{q}^R$和$\boldsymbol{F}^R(t)$的维数都是$(N+1)R$。

14.3.2　耦合谐波的模态分析

上述受迫振动方程对应的特征方程为

$$(-\omega_l^2\bar{\boldsymbol{M}}+\bar{\boldsymbol{K}}+\bar{\boldsymbol{K}}')\cdot\boldsymbol{u}_l^R=0 \tag{14-3-9}$$

其中，$\boldsymbol{u}_l^R$ 为 N+1 组 R 个元素的谐波子列向量组成的大列向量。若第 i 个谐波子列向量为 $\boldsymbol{u}_{il}^R$，则有 $\boldsymbol{u}_l^R=\begin{bmatrix}\boldsymbol{u}_{0l}^{R\mathrm{T}} & \boldsymbol{u}_{1l}^{R\mathrm{T}} & \cdots & \boldsymbol{u}_{Nl}^{R\mathrm{T}}\end{bmatrix}^{\mathrm{T}}$。

受迫振动的响应 $\boldsymbol{q}^R$ 可按模态叠加法写为

$$\boldsymbol{q}_i^R=\sum_{l=1}^{(N+1)R}\boldsymbol{A}_l\boldsymbol{u}_{il}^R\cos(\omega_l t),\quad i=0,1,\cdots,N \tag{14-3-10}$$

进而有

$$\boldsymbol{X}_i=\boldsymbol{\Phi}_i^R\cdot\boldsymbol{q}_i^R=\sum_{l=1}^{(N+1)R}\boldsymbol{A}_l(\boldsymbol{\Phi}_i^R\cdot\boldsymbol{u}_{il}^R)\cos(\omega_l t),\quad i=0,1,\cdots,N \tag{14-3-11}$$

14.3.3　算例

图 14.1 是一个具有非轴对称几何缺陷的双曲冷却塔旋转壳结构。对于旋转壳结构，一般的方法是半解析半有限法，即在轴向采用有限元的方法，而在环向采用三角级数展开(即三角级数各谐波叠加)的解析方法。对于轴对称的结构，各谐波间是无耦合的。但对于具有非轴对称几何缺陷的旋转壳结构，刚度矩阵存在谐波间的耦合作用。为此，可采用上述模态分析的方法对其进行分析和计算。

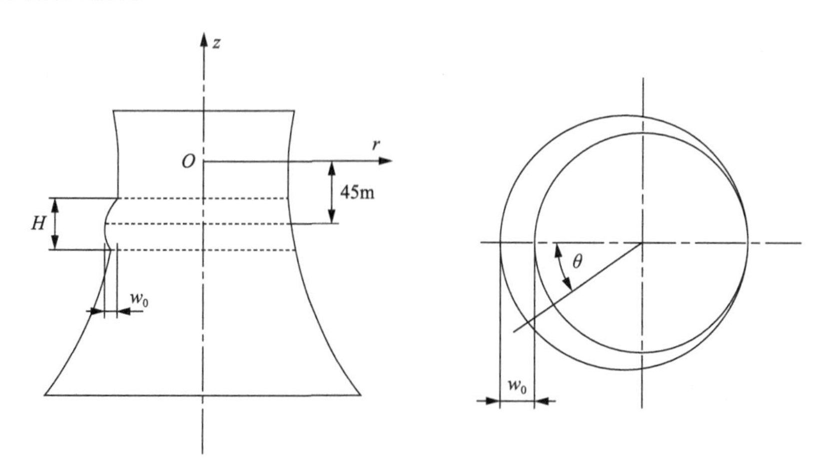

图 14.1　具有非轴对称几何缺陷的双曲冷却塔旋转壳结构

本例中的各参数如下：塔高 150m，旋转塔壳中面的曲面方程为 $r^2=$

$b^2 + az^2$，其中 $a = 0.16$，$b = 35.0$；壳厚为指数变化，其最大厚度、最小厚度及指数分别为 $h_{\min} = 0.5\text{m}$、$h_{\max} = 0.14\text{m}$、$\eta = 2.0$；材料参数为泊松比 $\upsilon = 0.167$，弹性模量 $E = 2700000\text{t/m}^2$，容重 $\rho = 2.45\text{t/m}^3$。缺陷中心位于 $z = -45\text{m}$ 处，缺陷范围 $H = 10\text{m}$，缺陷沿周向按 $\tilde{w} = 0.5 \times w_0[1 + \cos(\pi\theta / \theta_0)]$ 分布，且 $w_0 = 0.305\text{m}$，$\theta_0 = \pi$。固有频率的计算结果如表 14.1 所示，表中分别给出了无缺陷的完善壳与有缺陷壳的几个低阶的自然频率。与此同时也得出了阵风载荷作用下子午线方向薄膜内力 N_ϕ 的随机阵风动力响应因子（动力响应因子是完善壳静力响应的放大倍数）。完善壳的动力响应因子为 $G_{N_\phi} = 1.967$，缺陷壳的动力响应因子为 $G'_{N_\phi} = 2.032$。

表 14.1　固有频率的计算结果　　（单位：Hz）

完善壳	0.5243（f_{41}）	0.6292（f_{31}）	0.7672（f_{42}）	0.8420（f_{21}）	0.8531（f_{32}）
缺陷壳	0.4935	0.6216	0.7542	0.8404	0.8498

注：f_{ij} 表示第 i 阶谐波第 j 阶振型的自然频率。

从计算结果可以看出，缺陷的存在，降低了固有频率，增大了动力响应因子。

第 15 章　有限差分法

除了前文阐述的近似方法，求解微分方程还有一种很直观的常见方法。该方法将微分用差分、导数用差商来代替，将微分方程化为代数方程。这种方法称为差分法。对于大范围的空间连续体或长时间的连续时间历程，差分法是将连续体或连续时间历程的无穷维数问题转化为有限维数问题，因此也称为有限差分法。

有限差分法是一种把微分方程离散化，从而求得其数值解的基本方法。其基本思想是，把连续的区域用有限多个离散点构成的网格代替，这些离散点称为网格的节点(或称格点)；把在连续区域上定义的连续变量函数用网格点上定义的离散变量函数来近似；把原方程和条件(边界条件和初始条件)中的导数用差商来近似。于是，原微分方程和条件就可用代数方程组来近似代替，解此代数方程组就得到原问题的数值解。

有限差分法的求解过程大致如下：首先，将求解区域划分为有限个差分网格，用有限多个网格点代替连续的求解区域，并将待求解的变量存储在各网格点上；其次，将偏微分方程中的偏导数用差商来代替，从而将偏微分方程化为代数形式的差分方程，并得到含有网格点上待求未知变量的代数方程组；最后，通过求解代数方程组，就可以得到各个离散网格点的未知变量的解。

有限差分法最早源于牛顿、欧拉等学者的成果，他们用差商代替微商(导数)，可以进行简化近似计算，但精度和收敛性却是一个回避不了的问题。为此，库朗等证明了三大典型方程的典型差分格式的收敛性定理，为现代有限差分理论奠定了基础。与此同时，库朗还将有限差分法用于求取偏微分方程的数值解，将有限差分法进一步发展。由于有限差分法具有通用性，又便于机器实现，因此随着电子计算机的产生和使用，这一方法更得到了很大的发展及广泛的应用。一个典型的例子是冯·诺伊曼通过引入人工黏性项，利用差分法对无黏流体方程进行了计算。人工黏性法也因此成为现代流体计算的主导方法之一，对应的自适应算法思想也给其他计算方法的发展带来很大的启发和影响。在收敛性和稳定性方面，拉克斯等提出了一般差分格式的收敛性、稳定性等价定理。

有限差分法是与有限元法并行的现代数值计算方法，它可以应用于各类微分方程和积分-微分方程的各种定解问题，如微分方程初值问题、边值问题，玻尔兹曼方程求解问题、计算流体力学问题等。

15.1 差分与差商

差分是微分的近似，差商是导数的近似。微分或导数的原本定义就是求自变量微小变化趋于零时所对应的极限。差分或差商是对相应极限的放宽。差分是在给定自变量一个微小变化但不趋于零时对应的函数变化，差商是在给定自变量一个微小但不趋于零的变化时所对应的函数变化与自变量变化的比值。因此，其近似程度取决于自变量微小变化的量值。在具体计算分析时，这种自变量的微小变化通常称为步长。可以想象，步长越大，其近似程度越差，步长越小，其近似程度越好。

差分有三种格式，分别是向前差分、向后差分和中心差分，其具体形式分别如下。

(1) 向前差分：

$$\Delta y = f(x+\Delta x) - f(x) \tag{15-1-1}$$

其中，x 为自变量；$y = f(x)$ 为函数；Δx 为步长。

(2) 向后差分：

$$\Delta y = f(x) - f(x-\Delta x) \tag{15-1-2}$$

(3) 中心差分：

$$\Delta y = f(x+\Delta x) - f(x-\Delta x) \tag{15-1-3}$$

对应的差商也有三种形式，分别是向前差商、向后差商和中心差商，其具体形式分别如下。

(1) 向前差商：

$$\frac{\Delta y}{\Delta x} = \frac{f(x+\Delta x) - f(x)}{\Delta x} \tag{15-1-4}$$

(2) 向后差商：

$$\frac{\Delta y}{\Delta x} = \frac{f(x) - f(x-\Delta x)}{\Delta x} \tag{15-1-5}$$

(3) 中心差商：

$$\frac{\Delta y}{\Delta x}=\frac{f(x+\Delta x)-f(x-\Delta x)}{2\Delta x} \tag{15-1-6}$$

以上是针对一阶导数的情况而言的，也称为一阶差分或一阶差商。对应二阶或高阶的导数有相应的二阶或高阶的差分或差商。

二阶差分需要用到至少三个网格点，其二阶差商可表示为

$$\frac{\Delta^2 y}{\Delta x^2}=\frac{f(x+\Delta x)-2f(x)+f(x-\Delta x)}{(\Delta x)^2} \tag{15-1-7}$$

15.2　截断误差及精度分析

无论是哪种差分或差商，都是对微分或导数的近似计算。为了分析其近似的程度，可通过函数的泰勒级数展开来进行观察。对于一个小量参数 h，可将函数 $f(x)$ 在 x_0 点展开为

$$f(x_0+h)=f(x_0)+hf'(x_0)+\frac{1}{2!}h^2 f''(x_0)+\frac{1}{3!}h^3 f'''(x_0)+O(h^4) \tag{15-2-1}$$

其中，$O(h^4)$ 为 h 的四阶及四阶以上的小量。

利用上述泰勒级数展开式，以 h 为步长，对于 x_0 点处的向前差商，有

$$\frac{\Delta y}{\Delta x}=\frac{\Delta y}{h}=\frac{f(x_0+h)-f(x_0)}{h}=f'(x_0)+O(h) \tag{15-2-2}$$

或

$$f'(x_0)=\frac{\Delta y}{h}-O(h) \tag{15-2-3}$$

可以看出，用差商代替导数，其截断误差为 $O(h)$，是 h 的一阶小量。

类似地，x_0 点处的向后差商为

$$\frac{\Delta y}{\Delta x}=\frac{\Delta y}{h}=\frac{f(x_0)-f(x_0-h)}{h}=f'(x_0)-O(h) \tag{15-2-4}$$

或

$$f'(x_0)=\frac{\Delta y}{h}+O(h) \tag{15-2-5}$$

可以看出，用差商代替导数，其截断误差为 $O(h)$，也是 h 的一阶小量。

而对于 x_0 点处中心差商，有

$$\frac{\Delta y}{\Delta x}=\frac{\Delta y}{h}=\frac{f(x+h)-f(x-h)}{2h}=f'(x_0)+O(h^2) \tag{15-2-6}$$

或

$$f'(x_0)=\frac{\Delta y}{h}+O(h^2) \tag{15-2-7}$$

可以看出，此时，用差商代替导数，其截断误差为 $O(h^2)$，是 h 的二阶小量。因此，从精度和误差的角度看，中心差分法的精度更高一些。

对于 x_0 点处的二阶差商，有

$$\frac{\Delta^2 y}{\Delta x^2}=\frac{f(x_0+h)-2f(x_0)+f(x_0-h)}{h^2}=f''(x_0)+O(h^2) \tag{15-2-8}$$

或

$$f''(x_0)=\frac{\Delta^2 y}{\Delta x^2}-O(h^2) \tag{15-2-9}$$

用二阶差商代替二阶导数，其截断误差为 $O(h^2)$，是 h 的二阶小量。

采用差分法近似求解微分方程时，需重点关注其相容性、收敛性和稳定性的问题。

相容性是指当时间步长和空间步长趋近于零时差分方程与微分方程之间的相容程度，即差分方程逼近微分方程的程度。对于一个光滑函数 u，当时间步长 τ 和空间步长 h 趋近于零时，若差分方程的截断误差 $R_i^k=Lu-\hat{L}u_i^k$ 对于每一点 (x_i,t_k) 都能趋近于零，则认为差分方程 $\hat{L}u_i^k$ 能逼近微分方程 Lu，此时可以称差分方程与微分方程相容。

收敛性是指当时间步长和空间步长趋近于零时差分方程的解逼近微分方程的解的程度。如果差分方程 $\hat{L}u_i^k=0$ 的数值解为 u_i^k，微分方程 $Lu=0$ 的精确解为 $u(x,t)$，当时间步长 τ 和空间步长 h 趋近于零时，若其离散化误差为 $e_i^k=\left|u_i^k-u(x,t)\right|\to 0$，则认为差分方程的解能够逼近微分方程的解，可以称差分格式收敛。

稳定性是指数值计算求解差分方程过程中，随着计算时间的增加，其累积的误差被抑制的程度。如果在某一时刻 t_k 的误差为 ε_i^k，而在 t_{k+1} 时刻的误

差为 ε_i^{k+1}，若其范数 $\left\|\varepsilon_i^k\right\| = \left[\sum_{-\infty}^{\infty}(\varepsilon_i^k)^2 \Delta x^2\right]^{\frac{1}{2}}$ 满足 $\left\|\varepsilon_i^{k+1}\right\| \leqslant \left\|\varepsilon_i^k\right\|$，则认为差分方程是稳定的。

15.3　偏微分的差分

上述差商公式所针对的函数是只有单个自变量的函数，对应的微分方程是常微分方程。当函数有多个自变量时，对应的微分方程是偏微分方程。此时的偏微分或偏导数的差分或差商可做如下类似的分析。

设函数 $u(x,y,z)$ 是空间三维坐标 (x,y,z) 的函数，则其一阶偏导数用下面的向前差商、向后差商和中心差商来近似，可分别表示为

$$\frac{\partial u}{\partial x} \approx \frac{u(x+h,y,z)-u(x,y,z)}{h} \tag{15-3-1}$$

$$\frac{\partial u}{\partial x} \approx \frac{u(x,y,z)-u(x-h,y,z)}{h} \tag{15-3-2}$$

$$\frac{\partial u}{\partial x} \approx \frac{u(x+h,y,z)-u(x-h,y,z)}{2h} \tag{15-3-3}$$

其中，h 为差分的步长小量。

二阶偏导数用差商可近似表示为

$$\frac{\partial^2 u}{\partial x^2} \approx \frac{u(x+h,y,z)-2u(x,y,z)+u(x-h,y,z)}{h^2} \tag{15-3-4}$$

一维问题是线段问题，某一点的微分是常微分，其差分公式中的点只和左右相邻点相联系。二维问题是平面问题，某一点在某个方向的微分是偏微分，其对应差分的点不仅和左右相邻点相联系，还和上下相邻点相联系，因此就有左右与上下相协调的问题。而对于三维空间问题，不仅需要左右与上下相协调，还需要与前后相协调。这将具体体现在网格点的选取模式上。

15.4　网格的划分

网格划分就是依据差分步长对研究对象的离散化剖分。对于一维问题，划分出的是若干线段；对于二维问题，划分出的是若干块；而对于三维问题，

划分出的则是若干体。网格的交点称为格点，又称节点。微分方程的差分求解就是求解出各个格点上的值。对于一个无穷维的连续体，通过这样的网格划分，可转化为有限维的离散点。网格点的数量直接取决于差分的步长。

网格的形式有许多种，常见的如矩形网格、三角形网格或扇形网格等。具体选哪一种，要参考研究对象的形状以及坐标系的选取等。

例如，对于二维的平面静态问题，可以选上下和左右相同步长的五点差分格式，对应的网格将是正方形的网格。对于某个格点 $o(x,y)$，用格点在总网格中的序号 i、j 代表，当用中心差商近似该点的一阶偏导数和二阶偏导数时，有如下关系：

$$\frac{\partial u}{\partial x} \approx \frac{u(i+1,j)-u(i-1,j)}{2h} \tag{15-4-1}$$

$$\frac{\partial u}{\partial y} \approx \frac{u(i,j+1)-u(i,j-1)}{2h} \tag{15-4-2}$$

$$\frac{\partial^2 u}{\partial x^2} \approx \frac{u(i+1,j)-2u(i,j)+u(i-1,j)}{h^2} \tag{15-4-3}$$

$$\frac{\partial^2 u}{\partial y^2} \approx \frac{u(i,j+1)-2u(i,j)+u(i,j-1)}{h^2} \tag{15-4-4}$$

对于一个平面的拉普拉斯方程：

$$\nabla^2 u = 0 \tag{15-4-5}$$

其五点等步长差分方程可写为

$$u(i+1,j)+u(i-1,j)+u(i,j+1)+u(i,j-1)-4u(i,j)=0 \tag{15-4-6}$$

15.5　边界条件的处理

用差分法求解微分方程，针对的都是定解问题，而不是通解问题。而定解问题都需要有对应的边界条件和初始条件。对于只有空间边界条件的静态微分方程求解问题，一般称为边值问题。而对于无边界条件的动态微分方程求解问题，因只有初始条件，一般称为初值问题。对于有边界条件的动态微分方程求解问题，因既有边界条件也有初始条件，一般称为混合问题。

用有限差分法求解微分方程问题时的边界条件涉及两个问题：一个是边

界条件的类型；另一个是差分网格在边界上的格点处理。

边界条件的类型有三种，分别是第一类边界条件、第二类边界条件和第三类边界条件。第一类边界条件给出的是未知函数(或待求函数)在边界上的值；第二类边界条件给出的是未知函数(或待求函数)的导数(一般为外法线方向的导数)在边界上的值；第三类边界条件给出的是未知函数(或待求函数)与其导数(一般为外法线方向的导数)的线性组合在边界上的值。假如未知函数(或待求函数)为u，其导数为u'，一般的边界条件可写为$Au|_\sigma + Bu'|_\sigma = C$，其中$\sigma$代表边界。当$A \neq 0$且$B = 0$时，对应的是第一类边界条件；当$A = 0$且$B \neq 0$时，对应的是第二类边界条件；当$A \neq 0$且$B \neq 0$时，对应的是第三类边界条件。

边界上格点的处理包含两方面：一方面是指对不在正常网格点上的边界点的处理；另一方面是指对边界点导数的差分处理。

对于第一类边界条件，假如边界点正好落在划分的网格点上，则无须做任何特殊处理，直接把该点的函数值代入即可。然而，对于大多数自然的边界，边界点很难与划分的网格点重合。对于边界点与网格点不重合的情况，邻近边界的点的一阶导数仍可按向前差分或向后差分的方法来确定。然而，由于一阶导数的中心差商或二阶导数的差商都需要三个网格点(包括边界点)，需对边界处的差分方程做相应的调整。

以二维平面问题中等步长为h的五点差分格式为例，若边界点(右侧点和上侧点)距中心点(邻近边界的点)的距离分别为$h_1 < h$和$h_2 < h$，则右侧边界点的函数$u(x, y)$可按小量h_1在中心点(x_0, y_0)处进行泰勒级数展开，为

$$u(x_0 + h_1, y_0) = u(x_0, y_0) + h_1 \frac{\partial u(x_0, y_0)}{\partial x} + \frac{1}{2!} h_1^2 \frac{\partial^2 u(x_0, y_0)}{\partial x^2} + \frac{1}{3!} h_1^3 \frac{\partial^3 u(x_0, y_0)}{\partial x^3} + O(h_1^4) \tag{15-5-1}$$

而左侧网格点可按小量h进行泰勒级数展开，其展开式为

$$u(x_0 - h, y_0) = u(x_0, y_0) - h \frac{\partial u(x_0, y_0)}{\partial x} + \frac{1}{2!} h^2 \frac{\partial^2 u(x_0, y_0)}{\partial x^2} - \frac{1}{3!} h^3 \frac{\partial^3 u(x_0, y_0)}{\partial x^3} + O(h^4) \tag{15-5-2}$$

用h和h_1分别乘以式(15-5-1)和式(15-5-2)，再相加，并截取到二阶小量，得

$$\frac{\partial^2 u(x_0, y_0)}{\partial x^2} \approx \frac{2}{(h + h_1) h_1} u(x_0 + h_1, y_0) + \frac{2}{(h + h_1) h} u(x_0 - h, y_0) - \frac{2}{h h_1} u(x_0, y_0) \tag{15-5-3}$$

同理有

$$\frac{\partial^2 u(x_0,y_0)}{\partial y^2} \approx \frac{2}{(h+h_2)h_2}u(x_0,y_0+h_2)+\frac{2}{(h+h_2)h}u(x_0,y_0-h)-\frac{2}{hh_2}u(x_0,y_0) \tag{15-5-4}$$

通过这样的调整，得出了邻近边界点的二阶偏导数的差商形式。

类似地，为了得到准中心差商形式(非等步长，因此不是中心点，只能称为中间点)的一阶差商，可用 h^2 和 h_1^2 分别乘以前述两式，之后二者相减，并截取到二阶小量，得

$$\frac{\partial u(x_0,y_0)}{\partial x} \approx \frac{h^2[u(x_0+h_1,y_0)-u(x_0,y_0)]-h_1^2[u(x_0-h,y_0)-u(x_0,y_0)]}{(h+h_1)hh_1} \tag{15-5-5}$$

同理有

$$\frac{\partial u(x_0,y_0)}{\partial y} \approx \frac{h^2[u(x_0,y_0+h_2)-u(x_0,y_0)]-h_2^2[u(x_0,y_0-h)-u(x_0,y_0)]}{(h+h_2)hh_2} \tag{15-5-6}$$

当 $h_1=h_2=h$ 时，式(15-5-6)准中心差商形式退化为标准的中心差商形式。

对于第二类边界条件或第三类边界条件，需要处理边界点的导数。要将边界点的导数描述成差商的形式，即将边界导数离散化。对此，也可以分两种情况来分析：一种是边界点正好落在划分的网格点上；另一种是边界点与网格点不重合的情况。

对于前一种情况，当网格线与求导方向一致时，其导数可以直接由向后差分形式的差商来近似，即用边界点和邻近边界点函数值的差商来近似边界点的导数，其步长等同于网格点之间的步长，这样，第三类边界条件的离散化形式可描述为

$$Au_0+B\frac{u_0-u_1}{h}=C \tag{15-5-7}$$

其中，u_0 为边界点的函数值；u_1 为邻近边界点的函数值；h 为网格点之间的步长。

在这种情况下，若给定的导数方向与网格线方向不一致(如边界的法向导数)，只需将该法向导数沿网格线方向做分量分解即可。按方向导数的性质，函数 $u(x,y,z)$ 沿 n 方向的方向导数 $\dfrac{\partial u}{\partial n}$ 可写为

$$\frac{\partial u}{\partial n}=\frac{\partial u}{\partial x}\frac{\partial x}{\partial n}+\frac{\partial u}{\partial y}\frac{\partial y}{\partial n}+\frac{\partial u}{\partial z}\frac{\partial z}{\partial n}=\frac{\partial u}{\partial x}\cos(x,n)+\frac{\partial u}{\partial y}\cos(y,n)+\frac{\partial u}{\partial z}\cos(z,n) \quad (15\text{-}5\text{-}8)$$

这样就将函数的方向导数分解成函数对坐标导数求和的形式。函数对坐标的导数可按上述向后差分法进行离散化处理。

对于第二种情况，也可参照第一种情况的方法进行边界条件的离散化处理，只是在进行向后差商计算时，其步长应按实际的点间隔(边界点与邻近边界点的间隔)步长选取，而不是按网格点间的步长选取。

无论是哪种类型的边界条件，对边界条件的处理实质上就是对边界点函数值及其导数值的离散化处理。对函数值的处理，还可以通过直接法、线性插值法来进行离散化处理。直接法就是直接用边界点的函数值来代替边界邻近网格点的函数值，而线性插值法就是用边界邻近网格点两侧点的函数值的线性插值来代替边界邻近网格点的函数值。

这两侧点当中，一个是边界点，另一个是网格点。其插值分析过程为：设 B 点是边界点，对应的函数值是 u_B，P 点是边界邻近的网格点，对应的函数值是 u_P，T 点是 P 点内侧的网格点，对应的函数值是 u_T。由于在差分方程中没有边界点的函数值 u_B，只有边界邻近网格点 P 的函数值，为了利用边界给定的条件，可通过线性插值的方法用边界点的函数值 u_B 替换 P 点的函数值 u_P。取 P 点为坐标原点，设网格线上的函数值为 $u(x)=a+bx$，则网格点 P 的函数值为 $u_P=a$，网格点 T 的函数值为 $u_T=a-bh$，其中 h 为网格点间距，边界点 B 的函数值为 $u_B=a+bd$，其中 d 为边界点 B 与邻近网格点 P 之间的距离，从而可解得

$$u_P=\frac{d}{h+d}u_T+\frac{h}{h+d}u_B \quad (15\text{-}5\text{-}9)$$

将此关系代入差分方程中，就会得到含边界点函数值的差分方程组，进而保证差分方程组是封闭可求解的方程组。

15.6　一维热传导问题的差分求解

考虑一个长度为 l 的细杆，两端受 $T=T_1$ 热源的热烤，假设杆表面绝热，热量只沿杆长度方向传播，温度在杆横截面内均匀分布，分析杆内的温度变化规律。

该问题属于一个一维热传导方程的定解问题，可描述为

$$\begin{cases} \dfrac{\partial T}{\partial t} = \alpha \dfrac{\partial^2 T}{\partial x^2} \\ T(0,x) = T_0 \\ T(t,0) = T_1 \\ T(t,l) = T_1 \end{cases} \tag{15-6-1}$$

其中，$T(t,x)$ 为细杆内 x 处 t 时刻的温度，t 为时间，x 为位置坐标；T_0 为初始温度；T_1 为两端的热源温度；l 为杆长；系数 $\alpha = \dfrac{k}{c\rho}$，且其中的 k 为细杆材料的热传导系数，ρ 为细杆材料的质量密度，c 为比热容。

这是一个典型的偏微分方程问题。在利用有限差分法求解时，时间的偏导数可以采用向前差商的形式，将其近似表示为

$$\frac{\partial T(t,x)}{\partial t} \approx \frac{T(t+\Delta t,x) - T(t,x)}{\Delta t} \tag{15-6-2}$$

空间坐标的二阶偏导数可以采用中心差商的形式，将其近似表示为

$$\frac{\partial^2 T(t,x)}{\partial x^2} \approx \frac{T(t,x+\Delta x) - 2T(t,x) + T(t,x-\Delta x)}{\Delta x^2} \tag{15-6-3}$$

在划分网格后，若取当前的时间为 t_n，空间坐标点为 x_i，即网格点为 i，则上述差商还可以表示为

$$\left[\frac{\partial T(t,x)}{\partial t}\right]_i^n \approx \frac{T_i^{n+1} - T_i^n}{\Delta t} \tag{15-6-4}$$

$$\left[\frac{\partial^2 T(t,x)}{\partial x^2}\right]_i^n \approx \frac{T_{i+1}^n - 2T_i^n + T_{i-1}^n}{\Delta x^2} \tag{15-6-5}$$

将其代入热传导方程中，得

$$T_i^{n+1} = T_i^n + \alpha \frac{\Delta t}{\Delta x^2}(T_{i+1}^n - 2T_i^n + T_{i-1}^n) \tag{15-6-6}$$

其边界条件属于第一类边界条件，在划分网格时，可将边界点落在网格点上，因此边界条件无须做特殊处理，可直接代入差分方程中。

以 Δx 间隔划分网格后，包括端点共有 $N=\dfrac{l}{\Delta x}+1$ 个格点，即可取 $i=0,1,\cdots,N-1$，其中需要求解的格点为 $N-2=\dfrac{l}{\Delta x}-1$。当按照时间间隔 Δt 划分时间时，可根据需要从 0 时刻取到 $t_M=M\Delta t$，包括已知的初始条件，时间上可取 $n=0,1,\cdots,M$。

假设在算例中，取 $\alpha\dfrac{\Delta t}{\Delta x^2}=\dfrac{1}{2}$，则上述热传导差分方程可化为

$$T_i^{n+1}=\frac{1}{2}(T_{i+1}^n+T_{i-1}^n) \tag{15-6-7}$$

其中的边界条件为 $T_0^n=T_{N-1}^n=T_1$，$n=0,1,\cdots,M$。而其中的初始条件为：当 n=0 时，端点处 $T_0^0=T_1$，$T_{N-1}^0=T_1$，其余处为 $T_i^0=T_0$，$i=1,2,\cdots,N-2$。

例如，取 $T_0=0$，$T_1=100$，则差分求得的细杆不同时刻、不同位置的温度如图 15.1 所示。

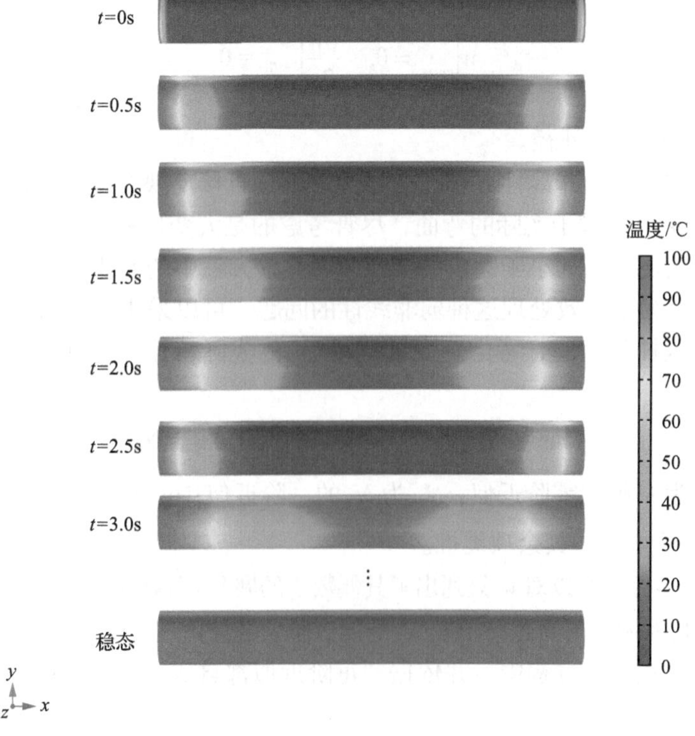

图 15.1　一维细杆内不同时刻、不同位置热传导的温度变化过程

15.7 圆板非线性冲击动力问题的差分求解

考虑一个周围固支的圆形薄板，求受自身惯性力冲击时的动态弯曲响应。圆形薄板受均布载荷作用时的非线性动力弯曲方程可写为

$$\begin{cases} D\dfrac{1}{r}\dfrac{\partial}{\partial r}\left\{r\dfrac{\partial}{\partial r}\left[\dfrac{1}{r}\dfrac{\partial}{\partial r}\left(r\dfrac{\partial w}{\partial r}\right)\right]\right\}-\dfrac{1}{r}\dfrac{\partial}{\partial r}\left(rN_r\dfrac{\partial w}{\partial r}\right)+\bar{m}\dfrac{\partial^2 w}{\partial t^2}=q(t) \\ r^2\dfrac{\partial^2 N_r}{\partial r^2}+3r\dfrac{\partial N_r}{\partial r}+\dfrac{Eh}{2}\left(\dfrac{\partial w}{\partial r}\right)^2=0 \end{cases} \tag{15-7-1}$$

其中，w 为扰度；r 为径向坐标；D 为板的抗弯刚度；N_r 为支承板的径向内力；$\bar{m}$ 为支承板系统单位面积的质量；E 为弹性模量；h 为板的厚度；$q(t)$ 为单位面积的惯性载荷，当受自身惯性力冲击时的过载加速度为 $a(t)$ 时，有 $q(t)=\bar{m}\cdot a(t)$。

周围固支的边界条件描述为

$$w\big|_{r=r_0}=0,\quad \left.\frac{\partial w}{\partial r}\right|_{\substack{r=r_0\\ r=0}}=0 \tag{15-7-2}$$

其中，r_0 为圆板的外径。

上述方程属于非线性方程，非线性项不是直接反映在挠度上而是反映在转角 $\partial w/\partial r$ 上。对于实际的弯曲，尽管考虑的是大变形和大挠度，但圆板中心点的最大挠度要远小于圆板的半径。因此，方程中的非线性项 $\partial w/\partial r$ 呈小量的特征。为了有效处理这种弱非线性的问题，可以采用摄动的方法。

针对这样的问题，考虑到变量 w 和 N_r 的实际特性，将其按下列形式展开，即

$$w=w_0+w_2+w_4+\cdots,\quad N_r=N_{r_1}+N_{r_3}+N_{r_5}+\cdots \tag{15-7-3}$$

其中，w_0 为 w 解的零阶近似；N_{r_1} 为 N_r 的一阶近似；w_2 为 w 的二阶增量；N_{r_3} 为 N_r 的三阶增量，其余项类推。

式(15-7-3)之所以对 w 只列出了其偶数阶的展开，而对 N_r 只列出了其奇数阶的展开，是因为 w 的奇数阶项及 N_r 的偶数阶项在计算过程中均会自动消去。

将展开式代入方程中，并依据“每阶近似都自成平衡”的原则，可得下列方程。

对于零阶近似，有

$$
\begin{cases}
D\dfrac{1}{r}\dfrac{\partial}{\partial r}\left\{r\dfrac{\partial}{\partial r}\left[\dfrac{1}{r}\dfrac{\partial}{\partial r}\left(r\dfrac{\partial w_0}{\partial r}\right)\right]\right\}+\bar{m}\dfrac{\partial^2 w_0}{\partial r^2}=q(t) \\
w_0\big|_{r=r_0}=0,\quad \dfrac{\partial w_0}{\partial r}\bigg|_{r=r_0}=0
\end{cases}
\tag{15-7-4}
$$

对于一阶增量，有

$$
\begin{cases}
r^2\dfrac{\partial^2 N_{r_1}}{\partial r^2}+3r\dfrac{\partial N_{r_1}}{\partial r}=-\dfrac{Eh}{2}\left(\dfrac{\partial w_0}{\partial r}\right)^2 \\
\left[r\dfrac{\partial N_{r_1}}{\partial r}+(1-\mu)N_{r_1}\right]_{r=r_0}=0
\end{cases}
\tag{15-7-5}
$$

对于二阶增量，有

$$
\begin{cases}
D\dfrac{1}{r}\dfrac{\partial}{\partial r}\left\{r\dfrac{\partial}{\partial r}\left[\dfrac{1}{r}\dfrac{\partial}{\partial r}\left(r\dfrac{\partial w_2}{\partial r}\right)\right]\right\}+\bar{m}\dfrac{\partial^2 w_2}{\partial t^2}=\dfrac{1}{r}\dfrac{\partial}{\partial r}\left(rN_{r_1}\dfrac{\partial w_0}{\partial r}\right) \\
w_2\big|_{r=r_0}=0,\quad \dfrac{\partial w_2}{\partial r}\bigg|_{r=r_0}=0
\end{cases}
\tag{15-7-6}
$$

依此类推，可得到各阶近似的方程。

零阶近似方程实质上是不考虑非线性的圆形薄板小扰度弯曲的动力方程，一阶和二阶等各增量的方程才是反映非线性特性的高阶部分。

上述各阶方程都属偏微分方程，为了有效求解各阶的偏微分方程，这里只对空间坐标采用有限差分法，并采用中心差分法进行，用中心差商近似代替导数，上述微分方程和边界条件可化成如下差分形式，注意 $r=i\varDelta$，$r_0=n\varDelta$。其中，i 为第 i 个差分点，$\varDelta$ 为差分点间距。

$$
\begin{cases}
\dfrac{\bar{m}}{D}\ddot{w}_0^{(i)}+\dfrac{i-1}{i\varDelta^4}w_0^{(i-2)}+\dfrac{1}{\varDelta^4}w_0^{(i-1)}\left(\dfrac{-8i^3+4i^2-2i-1}{2i^3}\right) \\
+\dfrac{1}{\varDelta^4}w_0^{(i)}\left(6+\dfrac{2}{i^2}\right)+\dfrac{1}{\varDelta^4}w_0^{(i+1)}\left(\dfrac{-8i^3-4i^2-2i+1}{2i^3}\right) \\
+\dfrac{1}{i\varDelta^4}w_0^{(i+2)}\dfrac{i+1}{i}=\dfrac{q(t)}{D},\quad i=1,2,\cdots,n \\
w_0^{(n)}=0 \\
w_0^{(n+1)}-w_0^{(n-1)}=0
\end{cases}
\tag{15-7-7}
$$

$$\begin{cases}\left(i^2+\dfrac{3}{2}i\right)N_{r_1}^{(i+1)}-2i^2N_{r_1}^{(i)}+\left(i^2-\dfrac{3}{2}i\right)N_{r_1}^{(i-1)}=-\dfrac{Eh}{8\varDelta^2}\left(w_0^{(i+1)}-w_0^{(i-1)}\right)^2\\ \dfrac{n}{2}\left(N_{r_1}^{(n+1)}-N_{r_1}^{(n+1)}\right)+(1-\mu)N_{r_1}^{(n)}=0,\quad i=1,2,\cdots,n\end{cases}\tag{15-7-8}$$

$$\begin{cases}\dfrac{\overline{m}}{D}w_2^{(i)}+\dfrac{1}{\varDelta^4}w_2^{(i-1)}\left(\dfrac{-8i^3+4i^2-2i-1}{2i^3}\right)+\dfrac{1}{\varDelta^4}w_2^{(i)}\left(6+\dfrac{2}{i^2}\right)\\ +\dfrac{1}{\varDelta^4}w_2^{(i+2)}\left(\dfrac{i+1}{i}\right)+\dfrac{i-1}{i\varDelta^4}w_2^{(i-2)}+\dfrac{1}{\varDelta^4}w_2^{(i+1)}\left(\dfrac{-8i^3-4i^2-2i+1}{2i^3}\right)\\ =\dfrac{N_{r_1}^{(i)}}{2i\varDelta^2D}\left(w_0^{(i+1)}-w_0^{(i-1)}\right)+\dfrac{1}{D}N_{r_1}^{(i)}\dfrac{1}{\varDelta^2}\left(w_0^{(i+1)}-2w_0^{(i)}+w_0^{(i-1)}\right)\\ -\dfrac{1}{4\varDelta^2D}\left(w_0^{(i+1)}-w_0^{(i-1)}\right)\left(N_{r_1}^{(i+1)}-N_{r_1}^{(i-1)}\right),\quad i=1,2,\cdots,n\\ w_2^{(n)}=0\\ w_2^{(n+1)}-w_2^{(n-1)}=0\end{cases}\tag{15-7-9}$$

上述公式中是将半径为 r_0 的圆板在径向等分成 $n+1$ 个差分点，且有 $\varDelta=r_0/n$。

对于以上各式，将边界条件代入方程之后，消去边界上和边界外差分点的变量，得到含 n 个变量的 n 个方程构成的方程组，且为封闭的方程组，可以求解。

需指出的一点是，上述构成的方程组，其系数矩阵是非对称的，为了便于分析，本节依据系统变形能守恒的原则，将非对称的刚度矩阵通过 $k_{ij}^*=0.5(k_{ij}+k_{ji})$ 变换，可化成对称的刚度矩阵。

上述各动力方程的一般形式为

$$[M]\{\ddot{x}\}+[K]\{x\}=\{f(t)\}\tag{15-7-10}$$

其中，$[M]$ 为质量矩阵；$[K]$ 为刚度矩阵；$\{x\}$ 为响应列阵；$\{f(t)\}$ 为外力载荷列阵。

对于式(15-7-7)，$\{x\}$ 代表各差分点挠度的零阶近似；对于式(15-7-8)，$\{x\}$ 代表各差分点内力的一阶近似，且有 $\{\ddot{x}\}=0$；对于式(15-7-9)，$\{x\}$ 代表各差分点挠度的二阶增量；依此类推。

通过特征值计算，可求出式(15-7-10)对应的固有频率和振型，分别用$[\Omega]$和$[\Phi]$表示。其中

$$[\Omega]=\begin{bmatrix}\ddots & 0 & 0\\ 0 & \omega^{(k)} & 0\\ 0 & 0 & \ddots\end{bmatrix}$$

是一对角阵；

$$[\Phi]=\left[\{\phi_1\}\ \{\phi_2\}\ \cdots\ \{\phi_n\}\right]$$

考虑初始条件为零的冲击，挠度二阶近似的稳态解为

$$w^{(k)}=w_0^{(k)}+w_2^{(k)}=\frac{1}{m_{ii}}\sum_{i=1}^{n}\sum_{j=1}^{n}\frac{1}{\omega_i}\phi_{ki}\phi_{ij}\int_0^t\left[\frac{q(\tau)}{D}+f_j^*(\tau)\right]\sin\left[\omega_i(t-\tau)\right]\mathrm{d}\tau \tag{15-7-11}$$

其中，ω_i 为固有频率，且 $\omega_i=\sqrt{k_{ii}/m_{ii}}$；$\phi_{ij}$ 为振型；$m_{ii}=\bar{m}/D$。

式(15-7-11)中的频率和振型等变量是将式(15-7-7)和式(15-7-9)化成式(15-7-10)的形式后所求得的。式中的 $f_j^*(\tau)$ 的表达式为

$$f_j^*(\tau)=\begin{cases}\dfrac{1}{D}\left[-\dfrac{n^4}{2r_0^4}\left(2w_0^{(2)}-2w_0^{(1)}\right)-\dfrac{n^4}{4r_0^4}\left(2w_0^{(2)}-2w_0^{(1)}\right)N_{r_1}^{(2)}\right], & j=1\\ \dfrac{1}{D}\left[-\dfrac{n^4}{r_0^4}N_{r_1}^{(j)}\left(w_0^{(j+1)}-2w_0^{(j)}+w_0^{(j-1)}\right)-\dfrac{n^4}{4r_0^4}\left(w_0^{(j+1)}\right.\right. & \\ \left.\left.-w_0^{(j-1)}\right)\left(N_{r_1}^{(j+1)}-N_{r_1}^{(j-1)}\right)-\dfrac{n^4}{2ir_0^4}\left(w_0^{(j+1)}-w_0^{(j-1)}\right)\right], & j=2,3,\cdots,n-1\\ \dfrac{1}{D}\left[-\dfrac{n^4}{r_0^4}N_{r_1}^{(n)}2w_0^{(n-1)}\right], & j=n\end{cases} \tag{15-7-12}$$

得到了圆形薄板中各差分点的挠度响应，就可以求得相应差分点的弯矩 M_r、扭矩 M_θ，以及应力 σ_τ、σ_θ，其差分公式为

$$M_r^{(i)}=\begin{cases}-D\mu\dfrac{n}{r_0^2}\left(w^{(2)}-w^{(i)}\right), & i=1\\ -D\left[\dfrac{n^2}{r_0^2}\left(w^{(i+1)}-2w^{(i)}+w^{(i-1)}\right)+\mu\dfrac{n}{2r_0^2}\left(w^{(i+1)}-w^{(i-1)}\right)\right], & i=2,3,\cdots,n-1\\ -D\dfrac{n^2}{r_0^2}2w^{(n-i)}, & i=n\end{cases}\tag{15-7-13}$$

$$M_\theta^{(i)}=\begin{cases}-D\mu\dfrac{n}{r_0^2}\left(w^{(2)}-w^{(i)}\right), & i=1\\ -D\left[\dfrac{n^2}{2r_0^2}\left(w^{(i+1)}-w^{(i)}\right)+\mu\dfrac{n^2}{r_0^2}\left(w^{(i+1)}-2w^{(i)}+w^{(i-1)}\right)\right], & i=2,3,\cdots,n-1\\ -\mu D\dfrac{n^2}{r_0^2}2w^{(n-i)}, & i=n\end{cases}\tag{15-7-14}$$

$$\sigma_r^{(i)}=6M_r^{(i)}/h^2\tag{15-7-15}$$

$$\sigma_\theta^{(i)}=6M_\theta^{(i)}/h^2\tag{15-7-16}$$

针对两个马赫数贯穿 20mm 钢板式的过载，其过载曲线如图 15.2 所示，本节对半径为 0.2m、厚度为 3.5mm 铝支承板的动态弯曲进行计算。铝支承板系统的质量为 11.6kg,铝板材的杨氏模量为 $7.2\times10^{10}\,\mathrm{N/m^2}$,泊松比为 0.03。其不同时刻总挠度的变化图形如图 15.3 所示，边界点(即 $r=r_0$)弯矩 M_r 和扭矩 M_θ 随时间的变化曲线如图 15.4 所示，边界点的弯曲应力和扭曲应力随时间的变化曲线如图 15.5 所示。计算表明，当挠度较小时，总挠度以零阶挠度为主，二阶挠度增量可略去不计，但当挠度较大时，二阶挠度增量不应再略去。弯矩、扭矩相应的应力都是在边界上为最大，故图中只给出了边界点($r=r_0$ 时)的相应曲线，计算还表明，挠度的最大点位于 $r=0.5r_0$ 附近，此处的位移最大。

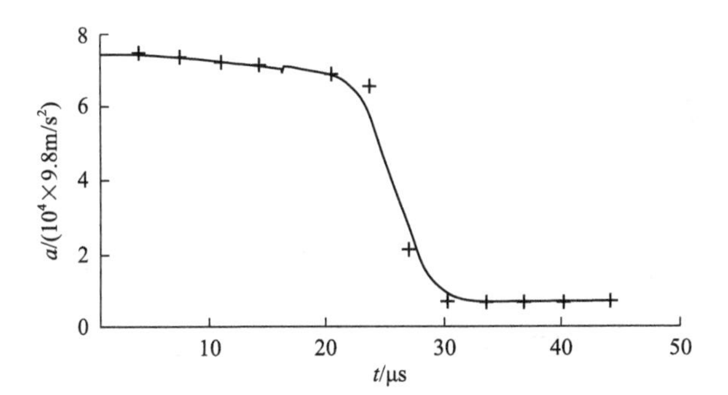

图 15.2　两个马赫数贯穿钢板的过载曲线

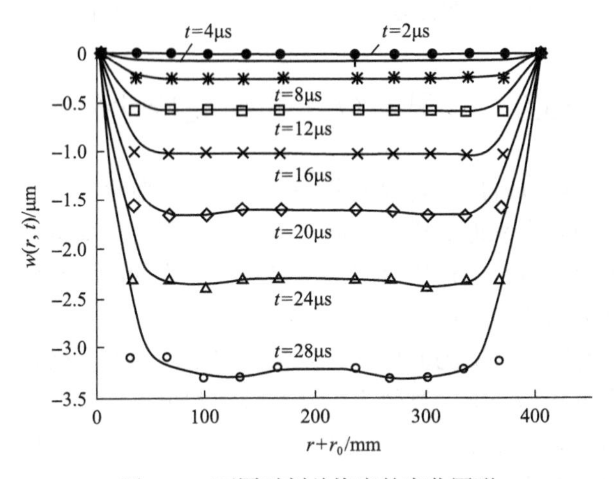

图 15.3　不同时刻总挠度的变化图形

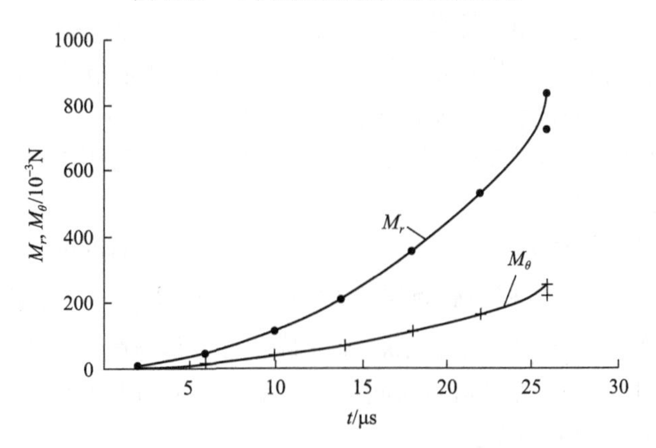

图 15.4　边界点弯矩、扭矩随时间变化曲线

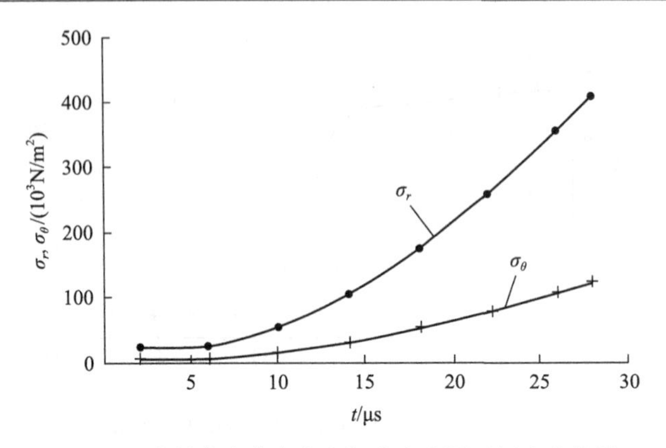

图 15.5　边界点弯曲应力和扭曲应力随时间变化曲线

15.8　有限差分法的相关特性分析

从上述分析可以看出，有限差分法也是一种离散化的方法。但与有限元法不同，它是用差商来近似代替微商，把微分方程直接离散化的方法。对于一个连续的定解区域，通过用有限多个离散点构成的网格来使区域离散化。这些离散点又称网格的节点。

应该说，有限差分法的原理并不复杂，但不同的差分格式有不同的近似效果，会产生不同的数值计算效应，其有效性和可靠性如何，需要客观地分析和判断。为了确认差分法的有效性和可靠性，需要从相容性、收敛性和稳定性几个方面来确认。

如 15.2 节所述，相容性是指差分方程与微分方程之间是否相容；收敛性是指差分方程的解逼近微分方程解的程度；而稳定性是指计算机数值求解过程中对误差的抑制程度。具体的分析和定义可重述如下：

(1) 相容性。相容性是指当时间步长和空间步长趋近于零时，差分方程逼近微分方程的程度。

具体定义可简述为：对于一个足够光滑的函数 u，若时间步长 τ 和空间步长 h 趋近于零，差分方程的截断误差 R_i^k 对于每一点 (x_i,t_k) 都趋近于零，则该差分方程 $Lu_i^k=0$ 逼近微分方程 $Lu=0$，称差分方程与微分方程相容。

(2) 收敛性。收敛性是指当时间步长和空间步长趋近于零时，差分方程的解逼近微分方程的解的程度。

具体定义可简述为：差分方程 $Lu_i^k=0$ 的数值解为 u_i^k，微分方程 $Lu=0$ 的精确解为$u(x,t)$，两者之间的误差为e_i^k，称为离散化误差。若时间步长τ和空间步长h趋近于零，离散化误差$e_i^k \to 0$，则称差分格式收敛，即差分方程的解可逼近微分方程的解。

(3)稳定性。用计算机数值求解差分方程时，计算误差总是不可避免的。计算误差包括舍入误差、离散误差和初值误差等。设微分方程的精确解为u，具有计算误差的差分方程数值解为$\overline{u_i^k}$，则计算误差定义为

$$\varepsilon_i^k = u - \overline{u_i^k} = (u - u_i^k) + (u_i^k - \overline{u_i^k}) \tag{15-8-1}$$

其中，$e_i^k = u - u_i^k$为离散化误差；$\varepsilon_r = (u_i^k - \overline{u_i^k})$为舍入误差。根据收敛性条件，当$\lim\limits_{\substack{\tau\to 0\\ h\to 0}} e_i^k = 0$时，差分方程收敛于微分方程，而对于$\varepsilon_r$的讨论就是稳定性的范围。由此可知，稳定性是讨论在计算过程中，某一时刻、某一点产生计算误差，随着计算时间的增加，这个误差能否被抑制的问题。

具体定义可简述为:在某一时刻t_n存在计算误差ε_i^k,若在t_{n+1}时刻满足:

$$\left\|\varepsilon_i^{k+1}\right\| \leqslant k\left\|\varepsilon_i^k\right\| \quad 或 \quad \left\|\varepsilon_i^k\right\| \leqslant k\left\|\varepsilon_i^0\right\| \tag{15-8-2}$$

则差分方程是稳定的，其中 $\left\|\varepsilon_i^k\right\| = \left[\sum\limits_{i=-\infty}^{\infty} (\varepsilon_i^k)^2 \Delta x^2\right]^{\frac{1}{2}}$ 称为范数。

从定义上看较为抽象，可以通过实例理解一下具象的表达。尽管对于一般微分方程的差分方程求解问题，上述三个特性不容易分析，但可通过下面的例子对其进行说明，以加深理解和认识。

针对下面的平流方程:

$$\frac{\partial u}{\partial t} + a\frac{\partial u}{\partial x} = 0 \tag{15-8-3}$$

先看一下相容性。

按照时间向前、空间向前的差分格式，有对应的差分方程为

$$\frac{u_i^{n+1} - u_i^n}{\Delta t} + a\frac{u_{i+1}^n - u_i^n}{\Delta x} = 0 \tag{15-8-4}$$

差分方程的截断误差为

$$R_i^n = \frac{u_i^{n+1} - u_i^n}{\Delta t} + a\frac{u_{i+1}^n - u_i^n}{\Delta x} - \left[\left(\frac{\partial u}{\partial t}\right)_i^n + a\left(\frac{\partial u}{\partial x}\right)_i^n\right] \tag{15-8-5}$$

依据泰勒级数展开，有

$$u_i^{n+1} = u_i^n + \left(\frac{\partial u}{\partial t}\right)_i^n \Delta t + O(\Delta t^2) \tag{15-8-6}$$

和

$$u_{i+1}^n = u_i^n + \left(\frac{\partial u}{\partial x}\right)_i^n \Delta x + O(\Delta x^2) \tag{15-8-7}$$

截断误差可化为

$$R_i^n = O(\Delta t^2) + O(\Delta x^2) \tag{15-8-8}$$

可以看出，当时间步长 Δt 和空间步长 Δx 趋近于零时，差分方程的截断误差 R_i^n 对于每一点 (x_i, t_n) 都趋近于零，差分方程

$$\frac{u_i^{n+1} - u_i^n}{\Delta t} + a\frac{u_{i+1}^n - u_i^n}{\Delta x} = 0 \tag{15-8-9}$$

是逼近微分方程

$$\frac{\partial u}{\partial t} + a\frac{\partial u}{\partial x} = 0 \tag{15-8-10}$$

因此可以说，差分方程与微分方程是相容的。

再看一下收敛性。定义时间和空间的步长比(又称网格比)为 α ，即

$$\alpha = \frac{\Delta t}{\Delta x} \tag{15-8-11}$$

则上述的时间向前、空间向前的差分格式可表示为

$$u_i^{n+1} = (1 + a\alpha - a\alpha T)u_i^n \tag{15-8-12}$$

其中，$T=\dfrac{u_{i+1}^{n}}{u_{i}^{n}}$定义为空间平移算子。

进一步递推可得

$$u_i^n=(1+a\alpha-a\alpha T)^n u_i^0 \tag{15-8-13}$$

通过分析和计算，这样时间向前、空间向前的差分格式对于$a>0$的情况是不收敛的。如果换成时间向前、空间向后的差分公式，即

$$\frac{u_i^{n+1}-u_i^n}{\Delta t}+a\frac{u_i^n-u_{i-1}^n}{\Delta x}=0 \tag{15-8-14}$$

对应的递推形式为

$$u_i^{n+1}=-(1-a\alpha)u_i^n+a\alpha T u_{i-1}^n \tag{15-8-15}$$

通过分析和计算，当$a>0$时，对于$a\alpha\ll 1$的情况，这种时间向前、空间向后的差分格式是收敛的。

相比相容性来说，收敛性的判断比较烦琐，为了处理这样的问题，可将收敛性的问题转化为稳定性的问题。而稳定性的问题又有多种等价的判断方法。

收敛性的问题能否转化为稳定性的问题，可以利用 Lax 定理来判定。Lax 定理是指：对于一个适定的线性初值问题以及一个具有相容性的差分格式，差分格式的稳定性是差分格式收敛性的充分必要条件。

可以看出，Lax 定理是有条件的，其条件包括初值问题、线性问题和适定性三个方面。一般来说，差分格式的相容性是容易判断的，差分格式的收敛性是难以判断的，而差分格式的稳定性又有多种判断方法和准则，因此利用 Lax 定理，可以着重进行稳定性的分析和判断，通过对稳定性的分析进行收敛性的判断。

稳定性判断的方法有 Fourier 方法(或称 von Neumann 方法)、直接法、Hirt 法、能量分析法等。依据 von Neumann 条件的判断方法可适应多种类型的差分格式。

von Neumann 判断条件大体可简述如下，详细的说明可参见相关资料。对于一个差分格式：

$$u_i^{n+1}=L(u_i^n) \tag{15-8-16}$$

通过变换，即

$$u_i^n = U_i^n \mathrm{e}^{\mathrm{i}kx_i} \tag{15-8-17}$$

得到

$$U_k^{n+1} = G(k) U_k^n \tag{15-8-18}$$

其中，$G(k)$为增长因子，其差分格式稳定的充分必要条件是，存在常数τ和M，使得当$\Delta t \leqslant \tau$时，对所有的$k \in \mathbf{R}$，有

$$\left|\rho_i(G(k))\right| \leqslant 1 + M\Delta t \tag{15-8-19}$$

其中，$\rho_i(G(k))$为$G(k)$的特征值。

对于平流方程：

$$\frac{\partial u}{\partial t} + a\frac{\partial u}{\partial x} = 0 \tag{15-8-20}$$

时间向前、空间向前的差分格式为

$$\frac{u_i^{n+1} - u_i^n}{\Delta t} + a\frac{u_{i+1}^n - u_i^n}{\Delta x} = 0 \tag{15-8-21}$$

有

$$u_i^{n+1} = u_i^n - a\alpha(u_{i+1}^n - u_i^n) \tag{15-8-22}$$

通过变换

$$u_i^n = U_i^n \mathrm{e}^{\mathrm{i}kx_i} \tag{15-8-23}$$

得

$$U_i^{n+1} = [1 - a\alpha(\mathrm{e}^{\mathrm{i}k\Delta x} - 1)]U_i^n \tag{15-8-24}$$

增长因子为

$$\begin{aligned} G(k) &= 1 - a\alpha\left(\mathrm{e}^{\mathrm{i}k\Delta x} - 1\right) = 1 - a\alpha\left[\cos(k\Delta x) + \mathrm{i}\sin(k\Delta x) - 1\right] = 1 + a\alpha\left[1 - \cos(k\Delta x)\right] \\ &\quad - \mathrm{j}a\alpha\sin(k\Delta x) = 1 + 2a\alpha\sin^2\frac{k\Delta x}{2} - \mathrm{j}\,(2a\alpha)\sin\frac{k\Delta x}{2}\cos\frac{k\Delta x}{2} \end{aligned} \tag{15-8-25}$$

其模的平方为

$$|G(k)|^2=\left(1+2a\alpha\sin^2\frac{k\Delta x}{2}^2\right)+\left((2a\alpha)\sin\frac{k\Delta x}{2}\cos\frac{k\Delta x}{2}\right)^2=1+4a\alpha(1+a\alpha)\sin^2\frac{k\Delta x}{2} \tag{15-8-26}$$

可以看出，当$-1\leqslant a\alpha\leqslant 0$时，有$|G(k)|\leqslant 1$，满足 von Neumann 条件，因此其差分格式是稳定的。由于网格比应该为正，即$\alpha>0$，只有当$a<0$，且$\alpha\leqslant -1/a$时，这种差分格式才是稳定的，而当$a>0$时，这种时间向前、空间向前的差分格式是不稳定的，也是不收敛的。

然而，对于时间向前、空间向后的差分格式，其收敛性有所不同，其差分格式为

$$\frac{u_i^{n+1}-u_i^n}{\Delta t}+a\frac{u_i^n-u_{i-1}^n}{\Delta x}=0 \tag{15-8-27}$$

经变换，即

$$u_i^n=U_i^n e^{ikx_i} \tag{15-8-28}$$

后，得

$$U_i^{n+1}=[1-a\alpha(1-e^{-ik\Delta x})]U_i^n \tag{15-8-29}$$

增长因子为

$$G(k)=1-a\alpha(1-e^{-ik\Delta x})=1-a\alpha[1-\cos(k\Delta x)+i\sin(k\Delta x)]=1-a\alpha[1-\cos(k\Delta x)]$$
$$-ia\alpha\sin(k\Delta x)=1-2a\alpha\sin^2\frac{k\Delta x}{2}-j(2a\alpha)\sin\frac{k\Delta x}{2}\cos\frac{k\Delta x}{2} \tag{15-8-30}$$

其模的平方为

$$|G(k)|^2=\left(1-2a\alpha\sin^2\frac{k\Delta x}{2}\right)^2+\left((2a\alpha)\sin\frac{k\Delta x}{2}\cos\frac{k\Delta x}{2}\right)^2=1-4a\alpha(1-a\alpha)\sin^2\frac{k\Delta x}{2} \tag{15-8-31}$$

可以看出，当$0\leqslant a\alpha\leqslant 1$时，有$|G(k)|\leqslant 1$，满足 von Neumann 条件，因此其差分格式是稳定的。这种差分格式稳定的条件是$a>0$，且$\alpha\leqslant 1/a$。

再看一下时间向前、空间中心差分的格式，其稳定性又会如何。其差分格式为

$$\frac{u_i^{n+1}-u_i^n}{\Delta t}+a\frac{u_{i+1}^n-u_{i-1}^n}{2\Delta x}=0 \tag{15-8-32}$$

经变换

$$u_i^n=U_i^n \mathrm{e}^{\mathrm{i}kx_i} \tag{15-8-33}$$

后，得

$$U_i^{n+1}=\left[1-\frac{a\alpha}{2}(\mathrm{e}^{\mathrm{i}k\Delta x}-\mathrm{e}^{-\mathrm{i}k\Delta x})\right]U_i^n \tag{15-8-34}$$

增长因子为

$$G(k)=1-\frac{a\alpha}{2}(\mathrm{e}^{\mathrm{i}k\Delta x}-\mathrm{e}^{-\mathrm{i}k\Delta x})=1-a\alpha\mathrm{i}\sin(k\Delta x) \tag{15-8-35}$$

其模的平方为

$$|G(k)|^2=1+(a\alpha)^2\sin^2(k\Delta x) \tag{15-8-36}$$

可以看出，当$\sin(k\Delta x)\neq 0$时，无论怎样选取网格比α，都有

$$|G(k)|>1 \tag{15-8-37}$$

不满足 von Neumann 的稳定必要条件，因此其差分格式是不稳定的。

从上述相容性、收敛性和稳定性的分析可以看出，不同的差分格式会表现出不同的特性。为了保证所选的差分格式有效，就需要其具有相容性、收敛性和稳定性的特征。然而，即使像平流方程这样简单的一阶微分方程，其相容性、收敛性和稳定性的分析都是很复杂的，对于一般的微分方程，这种特性的分析就会更加复杂。在实际的数值计算中，可结合实际的计算过程来综合判定其相应的特性。

实际应用中微分方程的种类有很多，包括常微分方程、偏微分方程、线性微分方程、非线性微分方程、齐次微分方程、非齐次微分方程、一阶微分方程、高阶微分方程等。其中二阶偏微分方程是工程上常见的一类微分方程。

二阶偏微分方程的一般形式为

$$a_{11}\frac{\partial^2 u}{\partial x^2}+2a_{12}\frac{\partial^2 u}{\partial x\partial y}+a_{22}\frac{\partial^2 u}{\partial y^2}+b_1\frac{\partial u}{\partial x}+b_2\frac{\partial u}{\partial y}+cu=f \tag{15-8-38}$$

其中，a_{11}、a_{12}、a_{22}、b_1、b_2、c 均不是 u、$\frac{\partial u}{\partial x}$、$\frac{\partial^2 u}{\partial x^2}$、$\frac{\partial u}{\partial y}$、$\frac{\partial^2 u}{\partial y^2}$ 等的函数，属于常系数二阶偏微分方程。

根据系数之间关系的不同，这种二阶偏微分方程又可分为双曲型、抛物线型和椭圆型三种，判断的方法依赖于系数关系 $\Delta=a_{12}^2-a_{11}a_{22}$。当 $\Delta>0$ 时，偏微分方程是双曲型方程；当 $\Delta=0$ 时，偏微分方程是抛物线型方程；当 $\Delta<0$ 时，偏微分方程是椭圆型方程。

下面的方程属于典型的抛物线型偏微分方程：

$$\frac{\partial u}{\partial t}-a\frac{\partial^2 u}{\partial x^2}=0,\quad a>0,\quad t>0,\quad x\in(a,b) \tag{15-8-39}$$

针对这种抛物线型的偏微分方程，可以有多种形式的差分格式。不同的差分格式具有不同的稳定性等特征，下面分别给出其对应的特征。

最简显示格式(古典显示格式)的差分方程为

$$\frac{1}{\tau}\left(u_i^{k+1}-u_i^k\right)=\frac{a}{h^2}\left(u_{i+1}^k-2u_i^k+u_{i-1}^k\right),\quad 1\leqslant i\leqslant I-1;\ 0\leqslant k\leqslant K-1 \tag{15-8-40}$$

令 $r=\frac{\tau}{h^2}$ 为步长比，于是格式可改写为

$$u_i^{k+1}=aru_{i+1}^k+(1-2ar)u_i^k-aru_{i-1}^k,\quad i=1,2,\cdots;\quad k=1,2,\cdots \tag{15-8-41}$$

其局部截断误差为

$$R_i^k=\frac{\tau}{2}\frac{\partial^2 u}{\partial t^2}(x_i,t_k)-\frac{ah^2}{12}\frac{\partial^4 u}{\partial x^4}(x_i,t_k)+\cdots \tag{15-8-42}$$

当 $ar\leqslant\frac{1}{2}$ 时，该差分格式是稳定的。

最简隐式格式(古典隐式格式)的差分形式为

$$\frac{1}{\tau}\left(u_i^k-u_i^{k-1}\right)=\frac{a}{h^2}\left(u_{i+1}^k-2u_i^k+u_{i-1}^k\right),\quad 1\leqslant i\leqslant I-1;\ 0\leqslant k\leqslant K \tag{15-8-43}$$

或者

$$u_i^{k-1} = -aru_{i+1}^k + (1+2ar)u_i^k - aru_{i-1}^k, \quad i=1,2,\cdots; \quad k=1,2,\cdots; \quad r=\frac{\tau}{h^2} \tag{15-8-44}$$

其截断误差为

$$R_i^k = \frac{\tau}{2}\frac{\partial^2 u}{\partial t^2}(x_i,t_k) - \frac{ah^2}{12}\frac{\partial^4 u}{\partial x^4}(x_i,t_k) + \cdots \tag{15-8-45}$$

这种差分格式是无条件稳定的。

Richardson 格式的形式为

$$\frac{1}{2\tau}\left(u_i^{k+1} - u_i^{k-1}\right) = \frac{a}{h^2}\left(u_{i+1}^k - 2u_i^k + u_{i-1}^k\right), \quad 1 \leqslant i \leqslant I-1, \quad 1 \leqslant k \leqslant K-1 \tag{15-8-46}$$

或

$$u_j^{k+1} = u_j^{k-1} + 2ar(u_{j+1}^k - 2u_j^k + u_{j-1}^k), \quad r=\frac{\tau}{h^2} \tag{15-8-47}$$

此格式是绝对不稳定的。

Crank-Nicolson 格式为

$$\frac{u_i^{k+1} - u_i^k}{\tau} = \frac{a}{2h^2}\left[\left(u_{i+1}^k - 2u_i^k + u_{i-1}^k\right) + \left(u_{i+1}^{k+1} - 2u_i^{k+1} + u_{i-1}^{k+1}\right)\right] \tag{15-8-48}$$

其截断误差为

$$R_i^k = \left[\frac{1}{24}\frac{\partial^3 u}{\partial t^3}(x_i,\eta_k) - \frac{1}{8}\frac{\partial^4 u}{\partial x^2 \partial t^2}(x_i,\xi_k)\right]\tau^2 + \frac{a}{12}\left[\frac{\partial^4 u}{\partial x^4}(x_i,t_k) + \frac{\partial^4 u}{\partial x^4}(x_i,t_{k+1})\right]h^2 + \cdots \tag{15-8-49}$$

此格式是无条件稳定的。

加权隐式格式的形式为

$$\frac{u_i^k - u_i^{k-1}}{\tau} - a\left[\theta\frac{u_{i+1}^k - 2u_i^k + u_{i-1}^k}{h^2} + (1-\theta)\frac{u_{i+1}^{k-1} - 2u_i^{k-1} + u_{i-1}^{k-1}}{h^2}\right] = 0 \tag{15-8-50}$$

或

$$-aru_{i+1}^{k}+(1+2ar)u_{i}^{k}-aru_{i-1}^{k}=ar(1-\theta)u_{i+1}^{k-1}+\left[1-2ar(1-\theta)\right]u_{i}^{k-1}$$
$$+ar(1-\theta)u_{i-1}^{k-1},\quad r=\frac{\tau}{h^{2}} \tag{15-8-51}$$

其截断误差为

$$R_{i}^{k}=a\left(\frac{1}{2}-\theta\right)\tau\left[\frac{\partial^{3}u}{\partial^{2}x\partial t}\right]_{i}^{k}+\cdots \tag{15-8-52}$$

当 $\theta=0$ 时，此格式为古典显式格式，当 $ar\leqslant\frac{1}{2}$ 时稳定；当 $\theta=\frac{1}{2}$ 时此格式为 Crank-Nicolson 格式，无条件稳定；当 $\theta=1$ 时，此格式为古典隐式格式，无条件稳定。

下列拉普拉斯方程是属于椭圆型的偏微分方程：

$$\frac{\partial^{2}u}{\partial x^{2}}+\frac{\partial^{2}u}{\partial y^{2}}=0 \tag{15-8-53}$$

其有限差分格式有五点差分格式和九点差分格式。

五点差分格式是以 (i,j) 点为中心的上下左右各一点共五个点为考虑对象的差分格式，其形式为

$$\frac{u_{i+1,j}-2u_{ij}+u_{i-1,j}}{h_{1}^{2}}+\frac{u_{i,j+1}-2u_{ij}+u_{i,j-1}}{h_{2}^{2}}=0 \tag{15-8-54}$$

此格式的局部截断误差为

$$R_{i}^{k}=\frac{h_{1}^{2}}{12}\frac{\partial^{4}u}{\partial x^{4}}(x_{i},y_{i})+\frac{h_{2}^{2}}{12}\frac{\partial^{4}u}{\partial y^{4}}(x_{i},y_{i}) \tag{15-8-55}$$

九点差分格式是在五点差分格式基础上又进一步拓展的一种格式，其九个格点如图 15.6 所示，其中 (i,j) 点对应图中的 0 点。所针对的不仅可以是拉普拉斯方程（齐次），还可以是下列的泊松方程（非齐次），即

$$\frac{\partial^{2}u}{\partial x^{2}}+\frac{\partial^{2}u}{\partial y^{2}}=-f(x,y) \tag{15-8-56}$$

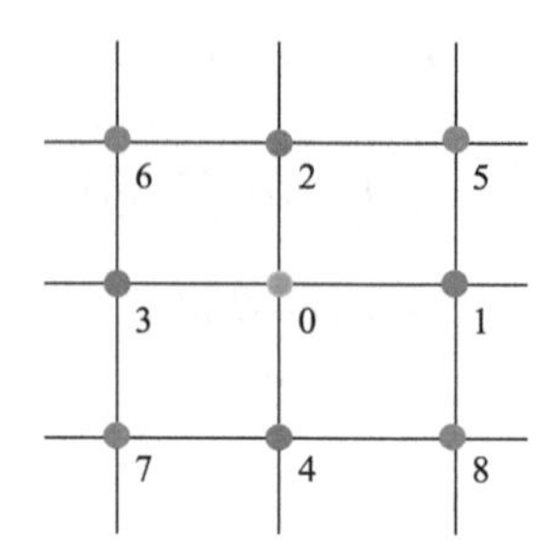

图 15.6　九点差分格式的格点

其思路是将$(i+1,j)$点的$u_{i+1,j}$和$(i-1,j)$点$u_{i-1,j}$再相对(i,j)点进行泰勒级数展开，展开后有

$$\frac{u_{i+1,j}-2u_{ij}+u_{i-1,j}}{h_1^2}=\frac{\partial^2 u_{i,j}}{\partial x^2}+\frac{h_1^2}{12}\frac{\partial^4 u_{i,j}}{\partial x^4}+\frac{h_1^4}{360}\frac{\partial^6 u_{i,j}}{\partial x^6}+O(h_1^6) \tag{15-8-57}$$

同理有

$$\frac{u_{i,j+1}-2u_{ij}+u_{i,j-1}}{h_2^2}=\frac{\partial^2 u_{i,j}}{\partial y^2}+\frac{h_2^2}{12}\frac{\partial^4 u_{i,j}}{\partial y^4}+\frac{h_2^4}{360}\frac{\partial^6 u_{i,j}}{\partial y^6}+O(h_2^6) \tag{15-8-58}$$

当取$h_1=h_2=h$时，将上述两式相加，得

$$\begin{aligned}&\frac{u_{i+1,j}-2u_{ij}+u_{i-1,j}}{h^2}+\frac{u_{i,j+1}-2u_{ij}+u_{i,j-1}}{h^2}=\frac{\partial^2 u_{i,j}}{\partial x^2}+\frac{\partial^2 u_{i,j}}{\partial y^2}\\&+\frac{h_1^2}{12}\frac{\partial^4 u_{i,j}}{\partial x^4}+\frac{h_2^2}{12}\frac{\partial^4 u_{i,j}}{\partial y^4}+O(h^4)\end{aligned} \tag{15-8-59}$$

经进一步整理，得

$$\begin{aligned}&\frac{u_{i+1,j}-2u_{ij}+u_{i-1,j}}{h^2}+\frac{u_{i,j+1}-2u_{ij}+u_{i,j-1}}{h^2}=-f_{ij}+\frac{h^2}{12}\left(\frac{\partial^2}{\partial x^2}+\frac{\partial^2}{\partial y^2}\right)\left(\frac{\partial^2 u_{i,j}}{\partial x^2}+\frac{\partial^2 u_{i,j}}{\partial y^2}\right)\\&-\frac{h^2}{6}\frac{\partial^4 u_{i,j}}{\partial x^2\partial y^2}+O(h^4)\end{aligned} \tag{15-8-60}$$

由于

$$\frac{\partial^4 u_{i,j}}{\partial x^2 \partial y^2} = \frac{1}{h^4}(u_{i+1,j+1} - 2u_{i,j+1} + u_{i-1,j+1} - 2u_{i+1,j} + 4u_{i,j} - 2u_{i-1,j} + u_{i+1,j-1} - 2u_{i,j-1} + u_{i-1,j-1}) + O(h^2) \tag{15-8-61}$$

及

$$\frac{\partial^2 u_{i,j}}{\partial x^2} + \frac{\partial^2 u_{i,j}}{\partial y^2} = -f_{ij} \tag{15-8-62}$$

因此式(15-8-60)可化为

$$\frac{u_{i+1,j} - 2u_{ij} + u_{i-1,j}}{h^2} + \frac{u_{i,j+1} - 2u_{ij} + u_{i,j-1}}{h^2} + \frac{1}{6h^2}(u_{i+1,j+1} - 2u_{i,j+1} + u_{i-1,j+1} - 2u_{i+1,j} + 4u_{i,j} - 2u_{i-1,j} + u_{i+1,j-1} - 2u_{i,j-1} + u_{i-1,j-1}) = -f_{ij} - \frac{h^2}{12}\left(\frac{\partial^2}{\partial x^2} + \frac{\partial^2}{\partial y^2}\right) f_{ij} + O\left(h^4\right) \tag{15-8-63}$$

舍去截断误差，并经整理，可得

$$4(u_{i+1,j} + u_{i-1,j} + u_{i,j+1} + u_{i,j-1}) - 20u_{ij} + (u_{i+1,j+1} + u_{i-1,j+1} + u_{i+1,j-1} + u_{i-1,j-1}) = -6h^2 f_{ij} - \frac{h^4}{2}\left(\frac{\partial^2}{\partial x^2} + \frac{\partial^2}{\partial y^2}\right) f_{ij} \tag{15-8-64}$$

表达式比较复杂，也可写为

$$4S_1 + S_2 - 20u_0 = -6h^2 f_{ij} - \frac{1}{2} h^4 \Delta f_{ij} \tag{15-8-65}$$

其中

$$S_1 = u_{i+1,j} + u_{i-1,j} + u_{i,j+1} + u_{i,j-1} \tag{15-8-66}$$

$$S_2 = u_{i+1,j+1} + u_{i-1,j+1} + u_{i+1,j-1} + u_{i-1,j-1} \tag{15-8-67}$$

$$u_0 = u_{ij} \tag{15-8-68}$$

$$\varDelta = \left(\frac{\partial^2}{\partial x^2} + \frac{\partial^2}{\partial y^2} \right) \tag{15-8-69}$$

这种九点差分格式的局部截断误差精度是四阶的。

参 考 文 献

陈万吉. 1986. 更一般的杂交广义变分原理元模型. 应用数学和力学, 7(5): 443-449.

高世桥, 卢文达. 1988a. 解决谐波间耦合动力问题的摄动法. 应用数学和力学, 9(11): 975-980.

高世桥, 卢文达. 1988b. 具有非轴对称缺陷双曲冷却塔的动力有限元解. 应用数学和力学, 9(6): 476-480.

高世桥, 臧岩, 谭惠民. 1996. 引信典型支承板受冲击载荷作用时的非线性动力分析. 北京理工大学学报, 16(4): 385-400.

高世桥, 刘海鹏, 金磊, 等. 2013. 混凝土侵彻力学. 北京: 中国科学技术出版社.

高世桥, 金磊, 牛少华, 等. 2019. 微结构力学. 北京: 国防工业出版社.

胡海昌. 1985. 关于拉格朗日乘子法及其他. 力学学报, 17(5): 426-434.

胡海昌. 1987. 多自由度结构固有振动理论. 北京: 科学出版社.

姜忻良, 王菲. 2011. 基于势能判据的约束模态综合法截断准则. 振动与冲击, 30(2): 32-38.

李家春, 周显初. 1999. 数学物理中的渐近方法. 北京: 科学出版社.

钱伟长. 1979. 弹性理论中广义变分原理的研究及其在有限元计算中的应用.力学与实践, 1(2): 18-27.

钱伟长. 1980. 变分法及有限元上册. 北京: 科学出版社.

钱伟长. 1983. 高阶拉氏乘子法和弹性理论中更一般的广义变分原理. 应用数学和力学, 4(2): 137-150.

钱伟长. 1985. 广义变分原理. 北京: 知识出版社.

钱伟长. 1993. 应用数学. 合肥: 安徽科学技术出版社.

田育民. 1994. 复杂结构模态分析中的截断准则. 强度与环境, (2): 18-21.

王文亮, 杜作润. 1988. 结构振动与动力子结构方法. 上海: 复旦大学出版社.

谢耕, 郑兆昌. 1990. 动力子结构法中 Ritz 基的一种选择. 振动工程学报, 3(2): 28-37.

姚敬之. 1993. 杂文/混合有限元的有效算法. 河海大学学报, 21(5): 29-33.

殷家驹. 1983. 半解析有限单元法及其应用. 西安交通大学学报, 17(4): 119-124.

Gao S Q, Niemann H J. 1994. Method of iterative linearization to solve non-linear stochastic vibration problems. Communications in Numerical Methods in Engineering, 10: 67-71.

Gao S Q, Niemann H J. 2001a. Nonlinear stochastic response of rotational shell under the action of strong wind loads. Journal of Beijing Institute of Technology (English Edition), 10(1): 29-33.

Gao S Q, Niemann H J. 2001b. Effect of nonlinear geometric behavior on random response of rotational shell. Journal of Beijing Institute of Technology (English Edition), 10(1): 23-28.

Gao S Q, Jin L, Niemann H J, et al. 2001. Investigation of random response of rotational shell when considering geometric nonlinear behaviour. Applied Mathematics and Mechanics, 22(11): 1142-1146.

Irschik H, Hayek H, Ziegler F.1987. Nonstationary random vibrations of continuous inelastic structures taking into account the finite spread of plastic zones. Proceedings of IUTAM Symposium, Innsbruck.

Kozin F. 1987. The method of statistical linearization for nonlinear stochastic vibration. Proceedings of IUTAM Symposium, Innsbruck.